普通高等教育"十三五"规划教材

食品安全
管理体系概论

吴 澎 主编　相启森　张一敏　杨 悦 副主编

Dongxiao Sun-Waterhouse　审

化学工业出版社

·北京·

《食品安全管理体系概论》共 8 章，分别阐述了概论、国际食品安全管理体系认证、美国食品安全管理体系、欧盟食品安全管理体系、英国食品安全管理体系、日本食品安全管理体系、新加坡食品安全管理体系、中国食品安全管理体系等内容，对国内外相关先进的食品管理体系进行了系统介绍，相互借鉴，取长补短。

《食品安全管理体系概论》可作为高等院校食品科学与工程、食品质量与安全等相关专业的师生教学用书，也可作为相关科研、管理、技术人员参考用书。

图书在版编目（CIP）数据

食品安全管理体系概论/吴澎主编. —北京：化学工业出版社，2017.3（2022.9 重印）

普通高等教育"十三五"规划教材

ISBN 978-7-122-28990-2

Ⅰ.①食… Ⅱ.①吴… Ⅲ.①食品安全-质量管理体系-高等学校-教材 Ⅳ.①TS207

中国版本图书馆 CIP 数据核字（2017）第 020349 号

责任编辑：尤彩霞　　　　　　　　　　装帧设计：张　辉
责任校对：王素芹

出版发行：化学工业出版社（北京市东城区青年湖南街 13 号　邮政编码 100011）
印　　装：北京天宇星印刷厂
787mm×1092mm　1/16　印张 16½　字数 416 千字　2022 年 9 月北京第 1 版第 2 次印刷

购书咨询：010-64518888　　　　　　　售后服务：010-64518899
网　　址：http://www.cip.com.cn
凡购买本书，如有缺损质量问题，本社销售中心负责调换。

定　　价：49.80 元

普通高等教育"十三五"规划教材

《食品安全管理体系概论》
编写人员名单

主　　　编：吴澎

副　主　编：相启森　张一敏　杨　悦　王　颖

　　　　审：Dongxiao Sun-Waterhouse

参加编写人员（排名不分先后）：

吴　澎	山东农业大学食品学院
张一敏	山东农业大学食品学院
杨　悦	山东农业大学食品学院
唐文婷	青岛农业大学食品学院
许　瑞	河北科技师范学院
何述栋	合肥工业大学生物与食品工程学院
相启森	郑州轻工学院
翟娅菲	郑州轻工业学院
张清安	陕西师范大学食品工程与营养科学学院
刘芳迪	荷兰瓦格林根大学
朱兰兰	中国水产科学研究院黄海水产研究所
宫俊杰	龙大食品有限公司
齐　丽	中共泰安市委党校
Dr Carol Yongmei Zhang	英国皇家农业大学
杨凌宸	湖南农业大学
王　颖	黑龙江八一农垦大学

序言

地球的人口到 2050 年预计将超过 95 亿。 当前不断扩大的经济财富和购买力，更促使全球粮食生产和供应在未来 35 年内需要增加一倍，以满足消费者的需求。 这种大规模的全球粮食生产和贸易增加，在气候变化、可用淡水减少、能源枯竭、耕地竞争以及新食源性病原体出现的背景下，挑战着现有的从"农田到餐桌"整个供应链的食品安全管理体系和规范。 食品质量和安全是当今社会的核心问题，影响着人类健康、社会稳定和国家经济。 食品安全达到的程度不仅取决于法律框架，也取决于有效的公众教育。 不完善的食品安全法规会导致范围广泛的食品安全问题和消费者健康问题。 此外，消费者对饮食和健康关系意识的提高以及人类饮食习惯的变化带来了新型的、超越传统的、与质量相关的食品安全挑战。 这些挑战包括新的营养保障和安全问题以及使用包括生物技术和纳米技术等新技术来开发的食品配料、消费者食品、食品包装及食品接触材料的潜在危险。

自从 1860 年英国推出了食品法以来，食品法已稳步发展成为我们今天所拥有的具有较精密框架的法规，食品法的持续升级更新以满足日益复杂的全球食品供应链和不断演变的监管环境，也是可以预期的。 公共教育和社会参与也是成功食品链管理的关键因素。 及时了解全球食品发展趋势、食品安全管理的进展、提高公众食品安全意识和责任是全球协调一致的行动。 综上所述，本书旨在提高对人类现在和不久的将来将面临的食品安全问题的普遍认识。

作者们有针对性地定位了本书的食品安全教育的范畴和对象，把重点设立于食品安全和质量规范以及对进入本领域的年轻科研人员和行业实习生的参考阅读。 本书是以出版一本含有各国食品安全管理体系最新发展和规范以便于读者使用为目的的，因此，可以作为本科生和研究生或者食品行业培训学员的教科书和教学资源。 本书还可以成为与食品相关的各层次专业人员（包括来自企业的专业人员、分销商和利益相关者)有益的参考书籍。 本书分为八章。 第一、二章概述了食品安全的基本概念、食品管理体系、风险分析和评估，包括了 HACCP、ISO 22000、FSSC 22000 以及其他国际标准和认证体系。 第三～八章分别介绍了美国食品安全管理体系、欧盟食品安全管理体系、英国食品安全管理体系、日本食品安全管理体系、新加坡食品安全管理体系以及中国食品安全管理体系。 虽然本书选定的一些食品安全系统并不能完全覆盖世界上所有国家，但是选取的这些国家和机构是解决全球食品安全挑战的领先者，并对中国食品安全法律法规体系有一定的影响作用。 本书的重点内容围绕着各国食品安全管理体系的五个主要单元进行详解：1)食品法规；2)食品管理；3)食品监管；4)实验室检测；5)信息、教育、交流和培训。 本书包含了各种监管和政策制定以及食品安全管理和风险分析的相关食品安全活动的技术细节，注入了一些全球前瞻性对策和行动措施的信息。 同时演示了与全球食品供应链环节相关的食品安全案例分析，以帮助读者对构思和制定具体的食品安全管理模式的系统化过程取得更深入的了解。 由于所选取国家的食品安全状况和管理系统是以类似格式来撰写，读者可以很容易地在战略、优势和不足上对各国作比较。 本书反映了作者们对全球尤其是中国的食品安全管理系统未来发展的预期。

食品安全的科学知识不断更新，因此食品安全法规也必须不断地修正完善。 本书因此不可能涵盖全球食品安全管理的所有方面及其动态变化。 建议和鼓励读者通过查阅政府或食品安全主管部门的官方正式出版物以及食品安全专家编写的同行评审期刊和文章来不断更新知识。 本书紧跟食品安全新发展启动了一个议题，如突出了采取跨学科方法解决食品安全问题的必须性，以及新技术包括生物技术和纳米技术对食品生产与消费和相关食品安全保障与检测的影响。

本书是由吴澎博士联合十四位来自不同院校及科研单位的作者编写、审校，并融入了我的建议和指导，我很高兴被邀请撰写本书的序言。 希望将来在吸取了反馈意见、新信息以及食品安全领域的新研究和新发展的基础上，能出版本书的后续版本，以便能进一步提升本书的价值和可用性。

The human population of Earth is projected to surpass 9. 5 billion by 2050. Coupled with expanding economic wealth and purchasing power, global food production and supply over the next 35 years will need to double to satisfy consumer demand. Such a massive increase in global food production and trade in the context of climate change, reduction in available fresh water, fossil fuel depletion and competition for arable land, as well as the emergence of new foodborne pathogens, will challenge the existing food safety management systems and practices throughout the whole supply chain from farm to table. Food quality and safety are central issues in today's society, and impact human health, social stability and national economies. The degree of food safety attainable is not only determined by legislative frameworks but also by effective public education. Inadequate food safety legislation can result in a wide spectrum of food safety issues and health problems for consumers. Further, increasing consumer awareness of the relationship between diet and health, together with changes in human eating patterns, creates new challenges related to food safety beyond traditional quality-related safety issues. These challenges include new nutritional security and safety concerns, and the potential hazards associated with the use of novel technologies including biotechnology or nanotechnology for the development of food ingredients, consumer foods, food packaging and contact materials.

Since the introduction of the Food Adulteration Act in 1860, food laws have evolved steadily into the sophisticated framework of legislation we have today, and it is anticipated that constant upgrades will be needed to satisfy the increasingly complex global food supply chain and the continually evolving regulatory environments. Whilst the government of a nation retains the dominant position in food safety supervision, public education and social participation are also critical factors for successful food chain management. Timely understanding of global food development trends, advances in food safety management, and the raising public awareness and responsibility for food safety could become concerted actions. With a view to all of the above, the current book "Overview of Food Safety Management System" attempts to raise general awareness about food safety issues facing mankind now and in the near future.

There are a large number of food safety-related publications available in literature. The authors of this book have targeted food safety education, placing an emphasis on food safety and quality practices that support young researchers or industry interns entering this field. This book is intended to be a user-friendly compendium of up-to-date developments and practices of food safety management systems of certain countries, and as such, can be used as a textbook or teaching resource for undergraduate and postgraduate students or food industry trainees. The book also serves as a useful reference book for food-related professionals of all levels, including those from various companies, distributors and stakeholders. This book is organized into eight chapters. Chapters 1 and 2 provide an overview of the basic concepts of food safety, food management systems, risk analysis and assessment including HACCP, ISO 22000, FSSC 22000 and other international standards and certification systems.Chapters 3-8 describe the food safety management systems of the U.S.A, European Union(EU), England, Japan, Singapore and China.Although the selected food safety systems do not fully cover all the countries, the nations or bodies selected are the frontrunners in addressing global food safety challenges and have significant influence on China's food safety regulatory framework.The book is focused on the five key components of a food safety management system: 1)Food regulations; 2)Food management; 3)Food supervision; 4)Laboratory testing; and 5)Information, education, communication and training.The book contains sufficient technical details on a wide range of food safety activities covering regulation and policy development to food safety management and risk analysis, whilst also incorporating some global forward looking strategies and actions.Food safety case studies are presented that demonstrate links in the global food supply chain and help readers to gain deeper understanding of a systematic process for conceptualizing and developing a specific food safety management model.A comparison on the strategies, strengths and weaknesses of different countries can easily be made from the similar style in which food safety status and management systems of the selected countries are presented.The book also reflects the authors' perceptions on the future development of global food safety management systems, especially in China.

Scientific knowledge underpinning food safety is continually improving and accordingly food safety legislation must also be constantly amended.This book therefore cannot possibly cover all aspects and the dynamic changes of global food safety management. Readers are encouraged to constantly update their knowledge by consulting official publications of governments or food safety authorities as well as peer-reviewed journals and trade articles prepared by food safety experts.This book starts a dialog on the need to keep up with new developments associated with food safety e.g. through highlighting the need to adopt interdisciplinary approaches for resolving food safety issues and the impacts of novel technologies including biotechnology and nanotechnology on food manufacturing and consumption and associated safety assurance and detection.

It is my pleasure to be invited to prepare the preface for this book.This book was prepared by Dr.Wu Peng in conjunction with fourteen co-authors from different institutions and research institutes, with my input and guidance.It is my hope that subsequent editions of this book will be published, that assimilate feedback, ongoing updates, new research and developments in the food safety field.In particular, developments in merging food safety and the nutrition framework could further enhance the usefulness of later editions of this book.

Dr.Dongxiao Sun-Waterhouse

Chair Professor of Shandong Agricultural University, China

Fellow of the New Zealand Institute of Food Science and Technology, New Zealand

2017. 2

第四章 欧盟食品安全管理体系

Chapter

4

Chapter 4 Food safety management system in European Union(EU)

第五章　英国食品安全管理体系
Chapter 5　Food safety management systems in UK

第一章 概论
Chapter 1　Introduction

第一节　食品安全的概念和现状
Concepts and current situation of food safety

一、食品的基本概念
Basic concepts of food

1. 食品的定义
The definition of food

食物是人体生长发育、更新细胞、修补组织、调节机能必不可少的营养物质，也是产生热量、保持体温、进行各种活动的能量来源。食物是人体的必需营养品，没有食物，人类就不能生存。通常，人们把加工了的食物称为食品，而根据 2015 年修订的《中华人民共和国食品安全法》（以下简称《食品安全法》），食品是指各种供人食用或者饮用的成品和原料以及按照传统既是食品又是中药材的物品，但是不包括以治疗为目的的物品。该定义包括了食品和食物的所有内容，第一部分是指加工后的食物，即供人食用或饮用的成品；第二部分是指通过种植、饲养、捕捞、狩猎获得的食物，即食品原料；第三部分是指食药两用物品，指既是食品又是药品的动植物原料，但不包括药品。

2. 食品的基本要求
Essential requirements for food

通常来讲，食品必须满足以下三个基本要求：一是营养性，是指食品能提供人体所需的营养成分和能量，满足人体的营养需要，它是食品的主要功能；二是感官性，是指食品具有良好的色、香、味、形和质构等属性，能够满足人们对感官的不同嗜好要求，从而发挥增进食欲、促进消化和稳定情绪等作用；三是安全性，是指食品应对人体无毒无害，对人体健康不造成任何危害。除以上三点外，真正作为商品销售的食品，还应满足包装合理、开启简单、食用方便、耐贮藏运输等要求。

二、食品安全的基本概念
Basic concepts of food safety

1. 食品安全的定义
The definition of food safety

食品安全是指食品被食入后，对人体健康没有任何危害。依据我国《食品安全法》，食品安全指食品无毒、无害，符合应当有的营养要求，对人体健康不造成任何急性、亚急性或者慢性危害。

食品安全是一个综合概念，包括食品卫生、食品质量、食品营养等相关方面的内容。1984 年世界卫生组织（World Health Organization，简称 WHO）在《食品安全在卫生和发展中的作用》文件中，把"食品安全"等同于"食品卫生"。但随后发生的一系列食品安全事件使人们逐渐认识到，仅仅是卫生的食品已不能保障公众身体健康和生命安全，因而提出食品安全的概念。

2. 食品安全的特点
Characteristics of food safety

食品安全不仅与公众的健康有关，还与社会经济、食品生产等方面有关，并具有以下特点。

（1）食品安全的重要性　食品是人类赖以生存和发展的最基本的物质条件，食品安全涉及人类最基本权利的保障。食品安全不仅关系消费者的身体健康和生命安全，还关系到一个国家经济的正常发展，关系到社会的稳定和政府的威望。因此，如何保证食品安全已经成为一个社会性和世界性的重大课题。

（2）食品安全的复杂性　食品安全的复杂性主要体现在食品经营主体多、食品种类多、危害食品安全的因素多、食品安全监管部门多等方面。例如，国家标准 GB 2760—2013《食品添加剂使用卫生标准》规定我国许可使用的食品添加剂品种达 23 个类别，2300 多种；同时，食品安全监督管理涉及卫生、食品药品监管、工商、质检、农业等多个部门和种植、养殖、加工、运输、销售、消费等多个环节。这都给食品安全的监督管理带来了巨大挑战。

（3）食品安全的特殊性　食品安全的特殊性在于它不像一般的传染病会随着经济的发展、生活水平的提高而得到有效的控制。相反，随着食品生产的机械化和集中化，化学物品和新技术的广泛使用，检测手段和技术的发展以及消费者保健意识的提高，新的食品安全问题会不断涌现。

（4）食品安全的相对性　美国学者 Jones 曾建议把食品安全区分为绝对安全性与相对安全性。绝对安全性是指确保不可能因食用某种食品而危及健康或造成伤害的一种承诺，也就是食品应绝对没有风险。由于人类天然食物中的化学组分种类繁多，人为的因素使食品中存在的化学物质更为复杂，实际上食品的绝对安全性或零风险是很难达到的。食品安全的相对性是指一种食物或成分在合理食用方式和正常食用量前提下不会对健康造成损害。因此，只能尽量减少食品中存在的有害物质或消除可能存在的有害因素，在现有的检测方法和条件下，力求把可能存在的任何风险降低到最低限度，科学地保护消费者的利益。

（5）食品安全的动态性　食品安全的概念并非一成不变，而是处在不断的演变与发展之中。食品安全与社会发展密切相关，不同国家以及不同发展时期，食品安全所面临的突出问题有所不同。随着科技的发展、食品生产加工技术的提高和政府部门监管体系的不断完善，传统的食品安全问题得到了有效控制；与此同时，随着新型食品加工技术的出现、食品检测技术的不断发展和公众对食品安全需求的提高，又会出现新的食品安全问题。

三、影响食品安全的危害因素
Hazard factors of food safety

根据污染物性质的不同，食品中的危害因素可分为生物性危害、化学性危害和物理性危害。

1. 生物性危害
Biological hazards

食品中的生物性危害是指微生物（细菌、霉菌）及其毒素、病毒、寄生虫及其虫卵等对食品的污染而引起的食品质量安全问题。

（1）细菌性危害　细菌性危害是指细菌及其毒素产生的生物性危害，主要包括沙门氏菌、金黄色葡萄球菌、副溶血性弧菌、蜡样芽孢杆菌、产气荚膜梭菌、变形杆菌、小肠结肠耶尔森菌、致病性大肠杆菌、空肠弯曲菌、单核细胞增生李斯特菌、肉毒梭菌等食源性病原菌及肉毒毒素、产气荚膜杆菌肠毒素、蜡状芽孢杆菌肠毒素等细菌毒素。

（2）真菌性危害　真菌性危害包括真菌及其毒素和有毒蘑菇造成的危害，主要包括曲霉、镰刀霉属霉菌、禾谷镰刀菌、黑麦麦角菌等真菌及其产生的黄曲霉毒素、赭曲霉毒素、呕吐毒素、伏马毒素、玉米赤霉烯酮、展青霉素、单端孢霉烯族毒素和串珠镰刀菌素等真菌毒素；此外，还包括黄粉末牛肝菌、毒蝇鹅膏、黄盖鹅膏、赭鹿花菌、叶状耳盘菌等有毒蘑菇。

（3）病毒和立克次氏体　如甲型肝炎病毒（Hepatitis A）、轮状病毒（Rotavirus）、柯萨奇病毒（Coxsackie virus）和埃可病毒（Echoviruses）等引起的危害。

（4）寄生虫病　包括原生动物（如阿米巴、鞭毛虫等）、绦虫（如牛猪绦虫和某些吸虫、线虫等）造成的危害。

（5）昆虫　包括蝇类、蟑螂和螨类等造成的寄生虫病。

（6）其他生物危害——朊病毒　不属于上述分类的其他生物的食品安全危害，包括朊病毒，也被称为蛋白质感染颗粒，是由蛋白质组成的传染性病原体。朊病毒已被证实能够引发多种人类和动物疾病，如牛海绵状脑病（Bovine spongiform encephalopathy，简称BSE，俗称疯牛病）、人新型克-雅氏病（Variant Creutzfeldt-Jakob disease，简称VCJD）、羊痒病（Scrapie）等。其中疯牛病是危害严重的一类人畜共患传染病，可通过污染的饲料进行传播，也可通过污染的牛肉或其制品传染给人类，目前没有治疗方法或疫苗，被认为是21世纪危害人类安全的最为严重的问题之一。

2. 化学性危害
Chemical hazards

化学性危害是指食品原料本身含有的，在食品加工过程中污染、添加以及由化学反应产生的各种有害化学物质引起的危害。食品中的化学性危害主要包括食品中的天然有害物质（龙葵碱、河豚毒素、秋水仙碱等）、农药（对硫磷、DDT、氨基甲酸酯类、拟除虫菊酯类等）、兽药（四环素、链霉素、氯霉素、土霉素等）、化肥、重金属（汞、镉、铅、砷、铝、铬等）、食品添加剂（亚硝酸盐、磷酸氢二钙）、环境污染物（如多氯联苯、二噁英）等。

3. 物理性危害
Physical hazards

物理性危害是指食品生产加工过程中混入食品中的杂质超过规定的含量，或食品吸附、吸收外来的放射性元素所引起的食品质量安全问题。食品的物理性危害主要包括：原料外来物质，如金属、沙石等；包装材料携带的物质，如碎玻璃、塑料、木屑等；加工过程操作失误、污染或员工带入的外来物质，如头发、昆虫残体、饰物、金属异物等。食品中的各种有害异物，人误食后可能造成身体外伤、窒息或其他健康问题。

四、食品中有害物质的来源
Sources of hazardous substance in food

食品中有害物质的来源主要包括：不恰当地使用农药、兽药，包括施药过量、施药期不当或使用禁用药物；来自加工、贮藏或运输过程中的污染，如操作不卫生、杀菌不符合要求或贮藏方法不当等；来自特定食品加工工艺，如肉类熏烤、蔬菜腌制、油炸等加工工艺中产生的苯并芘、氮亚硝基化合物和丙烯酰胺；来自包装材料中的有害物质，某些有害物质可能从包装材料迁移到被包装的食品中；来自环境污染物，如二噁英、多氯联苯等；以及来自食品原料中固有的天然有毒物质，如龙葵碱、秋水仙碱等。

五、食品安全问题的危害和影响
Harmfulimpacts of food safety issues

食品安全是一个重要的公共卫生问题，不仅危害人们的健康和生活，而且严重影响个人、家庭、社会乃至整个国家的经济利益，甚至引发国际贸易争端和影响政府公信力及国家形象。

1. 食品安全问题危及公众健康
Food safety issues threat public health

食品是否安全直接关系到每个人的身体健康甚至生命安全。科学研究表明，食品中的有毒有害物质直接影响人的生长发育，诱发急性中毒和慢性疾病，甚至导致死亡。据世界卫生组织 2015 年 12 月发布的统计数据，全球每年有多达 6 亿人因食用受到污染的食品而生病，共造成 42 万人死亡，其中 12.5 万人是五岁以下的儿童；仅腹泻病每年就造成 5.5 亿人患病和 23 万人死亡。

2. 食品安全问题造成经济损失
Food safety issues cause great economic loss

世界各地频发的食品安全事件不仅对人类身体健康带来了严重危害，而且对农业、食品工业、旅游业等也造成了不同程度的影响，给全球造成了巨大的经济损失。

3. 食品安全问题引发国际贸易争端
Food safety issues interrupt international food trade

随着经济全球化和贸易自由化的迅猛发展，食品贸易已经从国内领域扩展到了国际领域，这就可能导致疯牛病、禽流感等食品安全事件在全球范围内发生。针对食品贸易国际化给食品安全带来的新挑战，大部分国家对进口食品制定了足以保护国内食品安全的超高食品安全标准以及动植物卫生检验检疫措施，极易引发国际贸易争端。

4. 食品安全影响政府公信力和国家形象
Food safety issues influence government's credibility and national image

个别食品安全事件不仅严重影响消费者的消费信心，重创社会诚信道德体系，甚至影响政府的公信力和国家形象。

第二节　国家食品安全管理体系
National food safety management system

一、食品安全管理体系
Food safety management system

（一）食品安全管理体系的概念
Food safety management system basics

食品安全管理体系（Food safety management system，简称 FSMS）是指在食品安全方面，用于指挥和控制组织建立方针和目标并实现这些目标的相互关联或相互作用的一组要素。

（二）食品安全管理体系的构成
Food safety management system composition

食品安全管理体系可分为国家食品安全管理体系和食品链的食品安全管理体系两大类。

1. 国家食品安全管理体系
National food safety management system

国家食品安全管理体系是指国家或地方当局为保护消费者健康利益，确保所有食品是安全的、适宜人类消费的一种管理体制和管理行为，包括立法、制定标准、设立机构、安全监控和日常管理等。

2. 食品链的食品安全管理体系
Food safety management system of the food chain

食品链的食品安全管理体系是指与食品链相关的组织（生产、加工、包装、运输、销售的企业和团体）以良好生产规范（Good Manufacturing Practice，简称GMP）和卫生标准操作程序（Sanitation Standard Operation Procedures，简称SSOP）为基础，以国际食品法典委员会（Codex Alimentarius Commission，简称CAC）颁布的《HACCP体系及其应用准则》为核心，融入组织所需的管理要素，将消费者食品安全作为关注焦点的管理体制和行为。

二、国家食品安全管理体系
National food safety management system

（一）国家食品安全管理体系的目标
Objectives of the national food safety management system

在当前全球食品贸易量剧增的形势下，世界各国均采取有效措施强化本国的食品安全管理体系，其目标包括减少食物中毒、肠道传染病、人畜共患传染病等食源性疾病的危害，保护公众的身体健康和生命安全；防范不卫生的、有害健康的、误导的或假冒的食品，以保护消费者的合法权益；通过建立一个完全依照规则的国际或国内食品贸易体系，以保持消费者对国家食品安全管理体系的信心，从而保障公民安居乐业和社会稳定，促进社会经济的健康发展。

（二）国家食品安全管理体系的构成
National food safety management systems composition

参与从食品生产到食品消费全过程的每个人（包括种植者、养殖者、加工者、监管者、分销商、零售商以及消费者）都对食品安全负有责任，但政府必须为食品管理提供一个可行的制度和法规环境。大部分国家都已经建立了适当的食品管理体系，主要由食品法律法规与标准、食品管理、食品监管、食品监测和监督及信息、教育、交流和培训5部分组成。

1. 食品法律法规与标准
Food safety laws，regulations and standards

主要包括与食品质量安全有关的法律、法规、部门规章、规范性文件、条例、标准等。以食品法律法规为支撑和以食品标准为准绳是保障食品安全的一项重要战略举措。食品法律是指与食品相关的法律，是食品生产、经营、检验和监督管理等所有食品相关活动的法律依据，如《食品安全法》、《农产品质量安全法》等。食品法规指与食品相关的行政法规、技术法规和部门规章，如《食品安全法实施条例》等。除食品安全立法以外，政府部门还需要及时升级和更新食品标准。国家应积极借鉴 CAC 制定的《国际食品法典标准》等最新的、国际上认可的食品标准，学习其他国家在食品安全标准制定方面的做法，将有关信息、概念和需求加以修正，纳入本国标准体系，从而使国家标准体系既能满足本国需要，又符合卫生和植物检疫措施协定以及贸易伙伴的需要。

2. 食品管理

Food management

有效的食品管理需要政府在国家层面上有效地进行协调，并出台适宜的政策。国家在食品管理中的核心职责是建立规范的措施，保障监督体系的运行，持续改进硬件条件并提供政策指南。发达国家目前的趋势是建立食品安全管理机构，并通过立法明确上述机构的职责，主要包括：制定、执行国家统一的食品管理战略和食品管理措施，提供全面的政策指导；定期对食品安全管理体系运行情况进行评估，以保证其有效运行；运作国家食品管理项目，并不断进行改进；获得资金并分配资源；制定食品标准和相关操作规范；保证食品检验人员人手充足、能胜任并受过培训；参与国际食品安全管理的联合行动；制定食品安全事件应急反应预案并对食品安全事故进行应急处置；开展食品安全风险监测、风险分析和风险预警工作等。

3. 食品监管

Food supervision

食品法律法规的行政管理和实施需要合格的、经过训练的、效率高又诚信可靠的食品监管人员和食品检验机构。食品监管人员是与食品工业、商业以及公众每天接触的主要公务人员，负责执行有关的食品法律并核实食品企业在生产、加工、流通和销售的各个环节是否遵循了相关的法律要求。食品监管体系的声誉和公正性在很大程度上取决于检验人员的正直态度和技术。因此，食品监管人员应当是高素质的、训练有素的、诚实的、经过培训并具有执法和案件处理经验。国家应通过持续的人力资源政策，保证调查人员不断得到培训和提高，逐步形成调查专家队伍。

4. 食品监测和监督

Food monitoring and surveillance

食品监测和监督工作是食品管理体系的一个基本构成要素，政府有责任确保建立官方实验室网络来监测食物链并加强对食品监督和食源性疾病监测网络的支持。食品监测和监督工作可以确保消费者在食品供应中避免接触到化学污染物或有害微生物，还可以发现企业层面的监控措施能否有效减少接触到杀虫剂和兽药残留、化学污染物或病原体的机会。从事官方样品分析的实验室应遵循国际认可的程序或工作标准并使用经过论证的分析方法，以确保实验的可信度和有效性。从监测和监督工作中获得的信息是食品安全风险管理决策的基础，同时也为开展控制和预防工作提供了技术支持。

5. 信息、教育、交流和培训

Information, education, communication and training

在"从农田到餐桌"的食品安全管理体系中，向利益相关者传递信息、进行食品安全教育和提出改进建议等工作变得越来越重要。这些工作包括开展多形式、多途径的食品安全教育和培训，加强食品药品安全法律法规、政策和标准的宣传报道，推出面向食品行业行政管理人员和工作人员的教育和培训项目，普及食品安全基础知识，提高公众的食品药品安全意识、食品从业人员的社会责任意识和保障食品安全的能力、食品监管人员的职能责任意识和依法行政的能力。

（三）影响国家食品安全管理体系的因素
Factors that influence the national food safety management system

即使不考虑国家食品管理体系的复杂程度，多种多样的影响因素正日益向负责食品安全的政府机构提出了越来越高的要求。这些因素主要包括不断增加的国际贸易量、国际和地区组织的扩张及相应产生的法律义务、食品类型和地域来源的日益复杂化、农业与动物生产的集约化及产业化、日益发展的旅游和观光产业、食品加工模式的改变、膳食模式与食物制备方法偏好的变化、新的食品加工方法、新的食品和农业技术、细菌对抗生素耐药性的不断增强、人类/动物与疾病传播潜在因素之间相互作用的不断变化等（图1-1）。

图 1-1 促使国家食品安全体系发生变化的因素

三、国家食品安全管理的原则和原理
Guidelines and princeples of the national food safety management

（一）国家食品安全管理的原则
Principles of the national food safety management system

当国家在建立、升级、强化或改变国家食品安全管理体系时，必须考虑以下原则：一是在食品链中尽可能充分地应用预防原则，以最大幅度地降低食品风险；二是对"从农田到餐桌"链条的定位；三是建立食品召回制度、制定食品安全事件应急反应预案等应急机制以处理特殊的食品安全危害；四是建立基于风险分析等科学原理的食品安全控制战略；五是建立食品安全危害分析的优先制度和食品安全风险管理的有效措施；六是建立对经济损益和目标风险整体的统一行动；七是认识到食品安全管理是一种多环节且具有广泛责任的工作，并需要各种利益代言人的积极互动。

（二）国家食品安全管理的原理
Guidelines of the national food safety management systems

1. "从农田到餐桌"的全程监管重在源头的监管理念
"From farm to fork" the entire regulation concepts stressing on the source of food

食品在其种植、养殖、生产、加工、储存、运输、销售、餐饮等各个环节都有可能由于生产技术、操作规范的缺陷或外部环境污染等原因而导致安全问题。因此，降低食品安全风险的最有效途径就是在食品生产、加工和销售链条中遵循预防性原则，对食品安全实行"从农田到餐桌"的全过程无缝隙监管。食品质量和安全问题可能发生在食品链上的不同环节，要一一找出这些危害是非常困难的，并且成本也是十分昂贵的。对食品链上一些潜在的风险和危害可以通过应用良好农业规范（Good Agricultural Practices，简称 GAP）、良好生产规范（GMP）、良好卫生规范（Good Hygienic Practices，简称 GHP）、危害分析与关键控制点（Hazard Analysis and Critical Control Point，简称 HACCP）等食品安全控制体系加以控制，从而提高食品的安全性。

2. 风险分析
Risk analysis

食品安全风险分析是食品安全法律监管措施的基础环节，已经被国际社会普遍接受并广泛应用于食品安全管理领域。食品安全风险分析由风险评估、风险管理和风险交流三个相互关联的部分组成。风险评估是以科学为基础对食品可能存在的危害进行危害识别、危害特征描述、暴露评估和风险特征描述的过程。风险管理是对风险评估的结果进行咨询，对消费者的保护水平和可接受程度进行讨论，对公平贸易的影响程度进行评估，以及对政策变更的影响程度进行权衡，从而选择适宜的预防和控制措施的过程。风险交流是指在食品安全科学工作者、管理者、生产者、消费者以及感兴趣的团体之间进行风险评估结果、管理决策基础意见和见解传递的过程。

3. 透明性原则
Principles of transparency

食品安全管理必须发展成一种透明行为。要鼓励所有相关团体之间的合作，提高食品安全管理体系的认同性。此外，消费者对供应食品的质量与安全的信心是建立在对食品控制运作和行动的有效性以及整体性运作能力之上的，应允许食品链上所有的利益相关者都能发表积极的建议，管理部门应对决策的基础给予充分的解释。

食品安全权威管理部门应该掌握将何种与食品安全有关的信息介绍给公众。这些信息包括对食品安全事件的科学意见、调查行为的综述、涉及食源性疾病食品细节的发现、食物中毒的情节，以及典型的食品造假行为等，这些信息都可以作为对消费者进行食品安全风险交流的一部分，使消费者能更好地理解食源性危害，并在食源性危害发生时，能最大限度地减少损失。

四、国家食品安全监管模式及发展趋势
Supervision patterns and trends of the national food safety management

（一）国家食品安全监管模式
National food safety supervision

由于不同国家和地区的经济社会发展水平、政府机构的设置方式、食品生产和消费状况、社会监管力量的参与程度等都存在很大差异，不同国家的食品安全监管体制呈现出多样化的特征。根据联合国粮农组织与世界卫生组织的分类方法，食品安全监管体制大致可以分为单一部门食品安全监管模式、多部门食品安全监管模式和综合型食品安全监管模式三种类型。

1. 单一部门食品安全监管模式
Single department food safety supervision pattern

单一部门食品安全监管模式是指由一个政府部门承担保障公众健康和食品安全的所有职责。这种体制具有能够统一实施保护措施、保证食品标准的一体化、有利于结合实际情况协调食品安全问题、职责明晰、应对食品安全突发事件反应快速等优点。但这种监管模式也存在以下弊端：一是增加了整体的行政管理层次，降低整个管理链的适应性，导致管理僵化，使得信息损失增加；二是扩大了最高决策层的管理跨度，决策者除了要优先处理食品安全问题外，还必须同时应对食品卫生、产业、贸易等多方面的问题。

受各国政治制度不同和各利益集团的制约，只有爱尔兰、丹麦等少数国家采用单一部门监管模式。爱尔兰在20世纪90年代就着手改革其食品安全监管体系，成立了爱尔兰食品安全局（Food Safety Authority of Ireland，简称FSAI），规定由FSAI负责协调、监管政府各部门履行管理职责的情况，成为欧盟内部第一个建立独立食品安全协调机构的国家。而在丹麦，由丹麦食品、农业与渔业部（Ministry of Food，Agriculture and Fisheries of Denmark）来负责丹麦的食品安全监管工作。

2. 多部门食品安全监管模式
Multi-department food safetysupervision pattern

多部门食品监管模式是指由两个或两个以上的政府部门共同负责食品安全监管。在这种监管模式下，食品安全监管一般由农业、卫生、商业、环境、贸易、产业管理、旅游等多个政府部门共同负责。多部门食品监管模式形成的根本原因是：食品安全监管除了要达到保障食品安全的首要目标外，还要考虑经济目标，即发展食品及相关产业、促进国内外食品相关贸易和减少可避免的损失并保护自然资源。因此，食品监管应该由农业、卫生、商业等多个部门共同负责，食品安全的管理也应该分配到这些部门。

多部门监管模式的优点是可以对食品安全实行专业化的监管，提高监管的科学性，减少监管资源的浪费。但这种监管模式也存在法定活动重复、管理机构重叠、管理成本增加、管理力量分散、沟通不畅和协调不利等问题。

美国是食品安全监管多部门分工模式的代表。美国联邦及各州政府具有食品安全管理职能的机构有20个，但最主要的是5个具有制定食品安全法规和进行执法监管的联邦行政部门：健康及人类服务部（The Health and Human Services，简称HHS）下属的食品药品监督管理局（The Food and Drug Administration，简称FDA）、农业部（The United States Department of Agriculture，简称USDA）下属的食品安全检疫局（The Food Safety and Inspection Service，简称FSIS）和动植物卫生检疫局（The Animal and Plant Health Inspection Service，简称APHIS）、美国环境保护署（The Environmental Protection Agency，简称EPA）和国土安全部（The Department of Homeland Security，简称DHS）所属的海关与边境保护局（U. S. Customs and Border Protection，简称CBP）等。该体系以联邦和各州的相关法律及生产者生产安全食品的法律责任为基础，通过联邦政府授权的管理食品安全机构的通力合作，形成一个相互独立、互为补充、综合的、有效的食品安全监管体系，保证了美国是全世界食品安全水平很高的国家之一。

3. 综合型食品安全监管模式
Comprehensive food safety supervision pattern

综合型食品安全监管模式是指在多部门监管的基础之上，建立一个综合性的国家食品控制机构。其优点是有利于实现"从农田到餐桌"的食物链中各监管部门之间的协调和合作，在政治上更容易被接受，但仍然存在监管越位与缺位的可能性。

澳大利亚属于典型的综合型食品安全监管模式，澳大利亚新西兰食品监管部长理事会是其食品安全监管的政策决策层，主要负责食品安全和消费者保护方针政策和立法，其下有政策委员会和执行委员会；在部长理事会之下，参与食品安全监管工作的政府机构还包括澳大利亚卫生部及其下属的澳大利亚新西兰食品管理局（Australia New Zealand Food Authority，简称ANZFA）、农渔林业部及其下属的澳大利亚检疫检验局（Australian Quarantine Inspection Service，简称AQIS）等。

综合型食品安全监管模式把食品安全国家控制体系分为4个层次：第1层负责制定并说明食品安全政策、开展风险评估管理以及制定相关标准（如澳大利亚新西兰食品监管部长理事会）；第 2 层负责协调相关部门的食品监管工作，并进行监督和监测（如澳大利亚新西兰食品标准局）；第 3 层直接负责食品安全监督执法和检验；第 4 层对从事管理的人的教育与培训。其中设立一个专门的国家级部门负责第 1 和第 2 层次的工作，而其他相关部门在职责范围内负责第 3 和第 4 层次的工作。

（二）食品安全监管模式的发展趋势
Growingtrend of food safety supervision pattern

单一部门型、多部门型和综合型食品安全监管体系各有优劣，不同的国家可根据本国的地域范围、人口数量、政治体制和文化背景来决定采取何种模式。从目前不同国家的变革来看，三种模式也在相互借鉴，不断完善。总体来说，食品安全国家监管模式的发展趋势主要体现在以下几个方面。

① 以科学的风险分析为基础，构建统一、协调、透明的国家食品安全法律法规体系，为具体监管工作的一致性、有序性和科学性提供法律保障和执行依据。法律应覆盖"从农田到餐桌"的整个食物链，确立生产者是食品安全第一责任人的观念，并实行不合格食品的召回制度。

② 设立独立的评估和协调机构，在风险评估的基础上，对食品安全相关部门进行评价和监督，并组织、沟通和协调各相关部门，使纵向的食品安全监管转变为网状的监管。

③ 各地方政府直接负责食品安全具体监督执法和检验工作；国家行政部门负责指导政策和标准的执行，并设立专门的监测机构和人员进行全国性和区域性的定期监督和抽查，保证食品安全具体执法监督行为的合法性和公正性。

④ 重视公众信息的反馈，设立专门的机构收集来自于消费者、协会或科研组织的信息，并进行专门的研究，并将研究结果作为政策和标准制定的参考，以保证政策制定目的与维护公众利益相一致。

⑤ 建立以预防为主的管理机制，在食品安全监管中应高度重视食品安全的预警和防范，完善食品安全预警机制，加强风险信息分析和应急处理能力，建立健全食品安全信息跟踪、采集和分析制度，对所收集到的食品安全预警信息进行分析和评估，预测危害发生的可能性和严重程度。

第三节　食品安全风险分析
Food safety risk analysis

一、食品安全风险分析概述
Overviews of food safety risk analysis

（一）风险分析的概念
Concepts of risk analysis

风险分析（Risk analysis）是对食品安全进行科学管理的体现，是制定食品安全监管措施的依据，已成为国际公认的食品安全管理的理念和手段之一。风险分析目的在于通过风险评估手段选择适当的风险管理措施来降低风险，并且通过风险交流使社会各界达到认同风险管理措施或使风险管理措施更加完善。

（二）食品安全风险分析框架

Framework of food safety risk analysis

食品安全风险分析框架由风险评估（Risk assessment）、风险管理（Risk management）和风险交流（Risk communication）三个相互关联的部分组成（图1-2）。

图1-2 风险分析框架

1. 风险评估

Risk assessment

风险评估是指各种危害（化学性、生物性和物理性）对人体产生的已知的或潜在的不良健康作用的可能性的科学评估，是一个由科学家独立完成的纯科学技术过程，不受其他因素的影响。食品安全风险评估是世界贸易组织（World Trade Organization，简称WTO）和国际食品法典委员会（CAC）强调的用于食品安全控制措施的必要技术手段，也是政府制定食品安全法规、制定、修订食品安全标准和对食品安全实施监督管理的科学依据。

2. 风险管理

Risk management

风险管理是根据专家的风险评估结果权衡可接受的、减少的或降低的风险，并选择和实施适当措施的管理过程，包括制定和实施国家法律、法规、标准以及相关监管措施。风险管理是政府立法或监督部门的工作，因此必然受各国的政治、文化、经济发展水平、生活习惯、贸易中地位（进口或出口）的影响。以食品安全标准为例，尽管各国在制定食品安全标准时所依据的风险评估结果（安全摄入量）是一致的，但标准的内容则往往不同。

3. 风险交流

Risk communication

无论是专家的风险评估结果，还是政府的风险管理决策，都应该通过媒体或政府渠道向所有与风险相关的集团和个人进行通报，而与风险相关的集团和个人也可以并且应该向专家或政府部门提出他们所关心的食品安全问题和反馈意见，这个过程就是风险交流。交流的信息应该是科学的，交流的方式应该是公开和透明的。风险交流的主要内容包括危害的性质、风险的大小、风险的可接受性以及应对措施等。

（三）食品安全风险分析的起源与发展

Origin and development of food safety risk analysis

风险分析最早应用于环境危害控制领域，并于1989年开始应用于食品风险安全领域。1991年，联合国粮农组织（Food and Agriculture Organization of the united，FAO）、世界卫生组织（World Health Organization，WHO）和关贸总协定（General Agreement on Tariffs and Trade，GATT）在意大利罗马联合召开了"食品标准、食物化学品及食品贸易"

会议，建议法典各分委员会及顾问组织"在评价时，继续以适当的科学原则为基础，并遵循风险评估的决定"。随后，FAO和WHO召集专家进行磋商，提出了风险分析的三个组成部分：风险评估、风险管理和风险交流。1991年举行的国际食品法典委员会（CAC）第19次大会采纳了该决定。1995年5月13～17日，在WHO总部召开了FAO/WHO联合专家咨询会议，会议最终形成了一份题为《风险分析在食品标准问题上的应用》的报告，同时对风险评估的方法以及风险评估过程中的不确定性和变异性进行了探讨。1997年1月27～31日，在FAO总部召开了FAO/WHO联合专家咨询会议，会议提交了题为《风险管理与食品安全》的报告，该报告规定了风险管理的框架和基本原理。1998年2月2～6日，在罗马召开了FAO/WHO联合专家咨询会议，会议提交了题为《风险情况交流在食品标准和安全问题上的应用》的报告，对风险情况交流的要素和原则进行了规定，同时对进行有效风险情况交流的障碍和策略进行了讨论，标志着食品安全风险分析的理论框架已经形成。世界贸易组织（WTO）制定的《实施动植物卫生检疫措施的协议》（SPS协议）第5条明确要求各国政府采取的卫生措施必须建立在风险评估的基础上，以避免隐藏的贸易保护措施。此后，基于风险分析的食品安全监督管理体系被越来越多的国家所采用。

二、食品安全风险评估
Food safety risk assessment

（一）食品安全风险评估概述
Overviews of food safety risk analysis

1. 食品安全风险评估的概念
Definition of food safety risk assessment

根据《食品安全法实施条例》，食品安全风险评估（Risk assessment）是指对食品、食品添加剂中生物性、化学性和物理性危害对人体健康可能造成的不良影响所进行的科学评估，包括危害识别（Hazard identification）、危害特征描述（Hazard characterization）、暴露评估（Exposure assessment）和风险特征（Risk characterization）描述4个步骤。风险评估是WHO和CAC强调的用于制定食品安全控制措施的必要技术手段，其核心是要坚持以科学为基础，运用科学的手段，遵循科学的规律，讲求科学的实效，最终实现科学监管。风险评估是风险分析框架中的重要一环，食品安全风险评估结果是制定、修订食品安全标准、评价食品安全管理措施效果、开展公众风险交流的科学依据，也是风险交流的信息来源。

2. 食品安全风险评估的框架
Framework of food safety risk assessment

按照CAC的描述，食品安全风险评估是由危害识别、危害特征描述、暴露评估和风险特征描述4个步骤组成的科学评估过程，其中危害识别是风险评估的基础，它能够提供定性的信息；其他3个步骤提供定量的评估。在危害识别之后，这些步骤的执行顺序并不固定。一般情况下，随着数据和假设的进一步完善，整个过程要不断重复，其中有些步骤也要重复进行（图1-3）。

（1）危害识别　危害识别是指根据流行病学、动物试验、体外试验、结构-活性关系等科学数据和文献信息确定人体暴露于某种危害后是否会对健康造成不良影响、造成不良影响的可能性，以及可能处于风险之中的人群和范围。危害识别中的"危害"指食品中所含有的对健康有潜在不良影响的生物性、化学性、物理性因素或食品存在状况。

（2）危害特征描述　危害特征描述是指对与危害相关的不良健康作用进行定性或定量描

述。可以利用动物试验、临床研究以及流行病学研究确定危害与各种不良健康作用之间的剂量-反应关系、作用机制等。如果可能，对于毒性作用有阈值的危害因素应建立人体安全摄入量水平。

（3）暴露评估　暴露评估是指描述危害进入人体的途径，估算不同人群摄入危害的水平。根据危害在膳食中的水平和人群膳食消费量，初步估算危害的膳食总摄入量，同时考虑其他非膳食进入人体的途径，估算人体总摄入量并与安全摄入量进行比较。

（4）风险特征描述　风险特征描述是指在危害识别、危害特征描述和暴露评估的基础上，综合分析危害对人群健康产生不良作用的风险及其程度，同时应当描述和解释风险评估过程中的不确定性。风险特征描述有定性和（半）定量两种，定性描述通常将风险表示为高、中、低等不同程度；（半）定量描述以数值形式表示风险和不确定性的大小。对于食品中的化学性危害因素和生物性危害因素，在风险特征描述过程中所采用的方法有所不同。

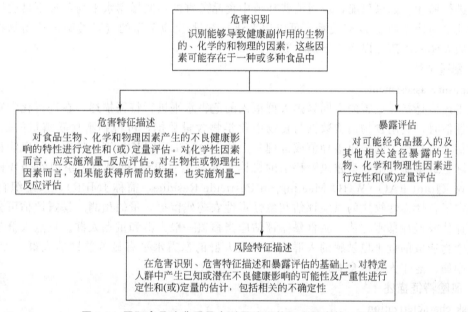

图1-3　国际食品法典委员会对风险评估组成要素的一般描述

3. 食品安全风险评估的一般特征
General characteristics of food safety risk assessment

当不考虑具体情形时，风险评估一般具有许多相似的基本特征，主要包括：风险评估应该客观、透明、资料完整，并可供进行独立评审；在可行的情况下，风险评估和风险管理的职能应分别执行；在整个风险评估过程中，风险评估者和风险管理者应保持不断的互动交流；风险评估应遵循结构化和系统性的程序；风险评估应以科学数据为基础，并考虑到"从生产到消费"的整个食物链；要明确记录风险评估中的不确定性及其来源和影响，并向风险管理者解释；如果认为有必要，风险评估应进行同行评议；当有新的信息或需要新的资料时，应该对风险评估进行审议和更新。

（二）食品中化学性危害的风险评估
Risk assessment of chemical hazards in food

化学危害物的风险评估主要包括食品添加剂、农药残留、兽药残留、重金属、环境污染物、天然毒素以及食品加工过程形成的有害物质等。

1. 危害识别

Hazard identification

化学性危害物危害识别的目的是识别人体暴露在某一种化学物质下对健康所造成的潜在的负面影响，并识别这种负面影响发生的可能性及与之相关联的确定性和不确定性。针对化学性危害物，危害识别应从危害因素的理化特性、吸收、分布、代谢、排泄、毒理学特性等方面进行描述。危害识别不是对暴露人群的风险进行定量的外推，而是对暴露人群发生不良作用的可能性作定量评价。食品中的化学性危害通常按照流行病学研究、动物毒理学研究、体外试验、定量的结构-活性关系、剂量-效应关系的顺序进行研究。

2. 危害特征描述

Hazard characterization

在危害特征描述的过程中，风险评估者应对已知与特定危害相关的不良健康影响的性质和程度进行描述。如果可能，应对消费环节中食品危害的不同暴露水平与各种不良健康影响的可能性之间建立剂量-反应关系。可以用来建立剂量-反应关系的资料类型包括动物毒性研究、临床人体暴露研究以及流行病学数据。

3. 暴露评估

Exposure assessment

暴露评估是指对危害的不同暴露人群摄入的危害水平进行特征描述。在进行化学物的膳食暴露评估时，利用食物消费数据与食物中化学物含量数据，可得到膳食暴露量的估计值。再将该估计值与相关的健康指导值或毒理学上的 NOAEL、BMDL 等比较来进行风险特征描述。国际上最早研究膳食暴露风险评估的机构主要是粮农组织/世界卫生组织农药残留联合专家会议（Joint FAO/WHO Meeting on Pesticide Residue，简称 JMPR），该组织自 1995年就制定了急性毒性物质的风险评估和急性毒性农药残留摄入量的预测。暴露评估可分为急性暴露评估或慢性暴露评估。膳食暴露评估应当覆盖一般人群和重点人群。重点人群是指那些对化学物造成的危害更敏感的人群或与一般人群的暴露水平有显著差别的人群，如婴儿、儿童、孕妇、老年人和素食者。

4. 风险特征描述

Risk characterization

风险特征描述是风险评估过程的第四步，是将危害特征描述和暴露评估的信息进行整合后，向风险管理者提供科学建议。风险评估结果可定性或定量表述，还有二者之间的各种形式。同时，在风险描述时，必须说明风险评估过程中每一步所涉及的不确定性。

（三）食品中生物性危害的风险评估

Risk assessment of biological hazards in food

食品中的生物性危害因素主要包括微生物（细菌、真菌、病毒等）、寄生虫、原生动物、藻类及其所产生的毒性产物。在这些危害中，食品中的致病性微生物，特别是致病性细菌是当前全球面临的最重要问题。相对于化学危害物而言，目前尚缺乏足够的资料以建立衡量食源性病原体风险的可能性和严重性的数学模型。而且，生物性危害物还会受到很多复杂的因素的影响，因此生物性风险评估以定性方式为主，通常采用定量模型来描述基本的食品安全状况，并估计目前能够提供的消费者保护水平。

1. 危害识别

Hazard identification

食品中生物性危害的危害识别是指对所关注的病原生物及其毒素的危害进行明确识别，

一般需要综合临床研究、流行病学研究与监测、动物实验、病原生物的生物学特性研究（如致病菌的特定菌株或基因型）、微生物在食品链中的生长、繁殖和死亡的动力学过程及其传播、扩散潜力等信息，对可能存在于食品中能引起健康危害的病原生物及其毒素进行定性描述，并明确致病生物及其毒素对人体健康的不利影响。

2. 危害特征描述

Hazard characterization

食品中生物性危害的危害特征描述是指对食品中的生物性危害所产生的不良健康影响的严重程度和时间进行定性或定量描述。在危害特征描述中，需考虑病原生物及其毒素的传染性、毒力、抗生素耐药性等危害因素和生理易感性、免疫状态、既往暴露史、并发疾病等宿主因素。在实际研究中，有时很难获得生物性危害的剂量-反应数据；只能获得很少的人类资料来建立针对特定人群的剂量-反应曲线的模型。对于无法获得剂量-反应关系资料的微生物，可根据专家意见确定危害特征描述需要考虑的重要因素（如感染力等），也可利用风险排序获得微生物或其所致疾病严重程度的特征描述。对微生物危害来说，反应指标包括与不同剂量相关的感染率、发病率、住院率和死亡率。当进行经济学分析时，危害特征描述应该包括由急性期后的并发症所引起的食源性疾病造成的巨大影响，如大肠杆菌 O157：H7 引起的溶血性尿毒综合征（Hemolytic Uremic Syndrome，简称 HUS）、弯曲杆菌引起的格林-巴利综合征（Guillain-Barré Syndrome，简称 GBS）等。

3. 暴露评估

Exposure assessment

对于食品中生物性危害，要建立一个包括消费环节在内的食物链暴露途径模型，这样就能应用人体剂量-反应曲线进行风险估计。人体的暴露水平取决于很多因素，包括原料食品的初始污染程度，与危害生物体的存活、繁殖或死亡有关的食品特点和食品加工过程以及食用前的储存和制备条件。例如，针对微生物的暴露评估，需要考虑致病菌及其毒素水平在食物生产到消费全过程中的变化，并与消费人群的膳食数据结合，评估实际消费的食品中致病菌的暴露水平（图 1-4）。

图 1-4　评估肉类产品中微生物危害暴露的典型流程

4. 风险特征描述

Risk characterization

生物性危害的风险特征描述可以是定性描述，如将某种致病菌的风险分成高、中、低三个级别，也可以表述为定量形式，如每份食品中风险的累计频数分布、目标人群每年发生的风险、不同食品或致病菌的相对风险等。

（四）食品中物理性危害的风险评估

Risk assessment of physical hazard in food

与化学性危害和生物性危害的识别相比，物理性危害的危害识别较容易，主要是了解和控制食品原料、食品加工过程物理性掺杂物可能产生的潜在危险因素。食品中物理危害造成人体伤亡和发病的概率较低，但一旦发生后果则非常严重。物理性危害的确定不需要进行流行病学研究和动物试验，暴露的唯一途径是误食了混有物理危害物的食品，也不存在阈值。根据危害识别、危害特征描述以及暴露评估的结果给予高、中、低的定性估计。

（五）中国食品安全风险评估
Food safety risk assessment in China

尽管我国食品安全风险评估研究工作起步已有 20 多年，但作为国家制度还是 2009 年颁布实施的《中华人民共和国食品安全法》予以确立。

（1）法律法规基础　2009 年 6 月 1 日施行的《中华人民共和国食品安全法》将食品安全风险评估作为提高国家食品安全管理水平的一项重要科学保障措施，明确了食品安全风险评估的基本原则和保障体系。此后，国务院、卫生部分别制定了《食品安全法实施条例》《食品安全风险评估管理规定（试行）》，这些规范性法律文件对食品安全风险评估制度作了明确规定，使其更具操作性。

（2）食品安全风险评估组织机构　根据《农产品质量安全法》规定，农业部于 2007 年组建了国家农产品质量安全风险评估专家委员会，承担对可能影响农产品质量安全的潜在危害进行风险分析和评估的任务。此后，卫生部于 2011 年 10 月 13 日设立了国家食品安全风险评估中心（China National Center For Food Safety Risk Assessment，简称 CFSA），专门负责食品安全风险评估工作，并全面承担国家食品安全风险评估、监测、预警、交流和食品安全标准等技术性的工作。

（3）食品安全风险评估工作　风险评估技术手段在我国食品安全工作中早已得到应用。自 20 世纪 70 年代起，卫生部就牵头完成了全国 20 多个地区食品中铅、砷、镉、汞、铬、硒、黄曲霉毒素 B_1 等污染物的流行病学调查，并分别于 1959 年、1982 年、1992 年和 2002 年进行了 4 次中国居民营养与健康调查，初步积累了我国居民膳食消费基础数据。我国于 2001 年建立了食品污染物监测以及食源性疾病监测网络系统，初步掌握了我国食品中重要污染物的污染状况。自 2010 年以来，我国共开展优先评估项目 20 项（如中国居民膳食镉、铝、铅、反式脂肪酸暴露的风险评估工作等），应急风险评估项目 10 余项（如针对食盐加碘、白酒中检出塑化剂、不锈钢锅锰迁移等突发事件开展的应急评估工作），针对风险监测结果的评估工作 190 余项，涉及 100 多种食品中危害因素。

三、食品安全风险管理
Food safety risk management

（一）食品安全风险管理概述
Overviews of food safety risk management

1. 风险管理的概念
Definition of risk management

风险管理（Risk management）是依据风险评估的结果，权衡管理决策方案，并在必要时选择并实施适当的管理措施（包括制定措施）的过程，它产生的结果是制定食品安全标准、准则和其他建议性措施。

2. 食品安全风险管理的目标
Objectives of risk management

食品安全风险管理的目标是通过选择和实施适当的措施，鉴定食源性危害的相对重要性，建立措施框架，使风险降低到可接受水平，对食源性危害所引起的风险评估决策的效率进行评价，把食品风险降低到可接受的水平，从而保障公众健康。

（二）食品安全风险管理的框架

Conceptual framework of food safety risk management

FAO/WHO 提出了风险管理的一般框架，这一框架可为风险分析的所有部分提供一个结构化过程。该框架包括了 4 个主要环节：风险评价（即初步的风险管理活动）、确定并选择风险管理方法、风险管理决策的实施和监控与评估（图 1-5）。

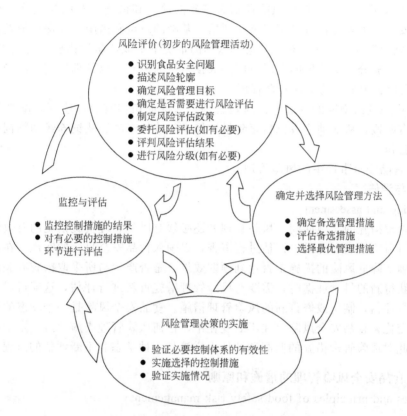

图 1-5 食品安全风险管理的一般框架

1. 风险评价

Risk evaluation

风险评价又称为初步风险管理活动，它是风险管理活动的起始阶段，直接影响了风险管理选择的质量和风险管理的整体效果。风险评价一般包括识别与描述食品安全问题、风险概述、确定风险管理目标、确定是否需要进行风险评估、制定风险评估政策、委托风险评估（如有必要）、评判风险评估结果、进行风险分级（如有必要）等内容。在风险评价过程中，良好的风险交流非常重要，因为风险评价的过程往往确定了对某个食品安全问题的管理程序和方向。因此在这个阶段，利益各方意见和信息的交流非常重要，为了充分识别食品安全问题，获得描述风险概述所需的科学资料及阐明风险评估需要解决的问题，有必要与外部利益相关方进行交流，使各方都能参与到风险管理活动中。

2. 确定并选择风险管理方法

Determine and choose the risk mangement methods

食品安全风险管理的第二阶段是确定、评价和选择风险管理措施。风险管理措施的选择和评估包括 3 个步骤：一是确定现有的管理措施；二是评价可供选择的管理措施，包括采用合理水平的食品安全标准；三是选择风险管理措施。

3. 风险管理决策的实施
Implement of risk management decision

食品安全风险管理的第三阶段是风险管理措施的实施。风险管理措施主要由政府主管部门、食品企业和消费者等多方实施。根据风险的类型及食品安全问题的重要性，管理决策执行的内容通常包含 5 个方面。

① 已知风险管理——采取以风险评估为基础的政策和措施。对已知或确定将要发生的风险，食品安全管理者应通过采用以风险评估为基础的政策和措施，以保护消费者的健康。

② 未知风险管理——在没有充分科学依据的情况下采取预防性措施。对于未知的风险，管理部门在缺乏充分科学依据的情况下应采取预防性的措施，以管理这些不能确定的风险。

③ "从农田到餐桌"的全程安全管理。

④ 食品产地及污染物的可追溯性风险管理。为保证切实有效，追溯制度必须涵盖整个食品链的所有阶段，从活动物或原料直到最后加工包装的产品、从饲养经动物饲料公司直到食品部门的公司。

⑤ 突发食品安全事件中的风险管理。

4. 监控与评估
Monitoring and assessment

在风险管理措施的实施期间，风险管理者还必须对风险管理实施措施的有效性进行评估并在必要时对风险管理和（或）评估进行审查，以确保食品安全目标的实现。在此阶段，风险管理者应确认降低风险的措施是否达到预期效果，是否产生与所采取措施有关的非预期后果，特别在获得新的科学证据时，需要对风险管理措施重新进行评估，这就可以进入第一个阶段重新进行评估，制定或修订新的风险管理措施。食品安全风险是一个动态的过程，随着外界环境的变化，食品安全风险也在不断变化中，任何风险管理措施都有一定的时效性和不确定性，因此对风险管理措施的监测和评估也应该是一种常态和不断评估的过程。

（三）食品安全风险管理的措施和原则
Measures and principles of food safety risk management

1. 食品安全风险管理的措施
Food safety risk management measures

食品安全风险管理的措施主要包括以下几个方面：一是制定相关食品标准，包括制定最大残留限量（MRLs）、允许最大浓度（MLs）等食品中化学物限量标准、微生物限量标准等；此外，还包括制定食品标签标准，例如对转基因食品和食物致敏原的标识要求；二是制定良好生产规范（GMP）、营养要求等操作规程；三是实施公众教育计划；四是通过使用替代品或改善农业或生产规范以减少某些化学物质的使用等。

2. 食品安全风险管理的原则
Food safety risk management principles

在进行食品安全风险管理时，应遵循以下几项基本原则。

（1）遵循结构性方法　风险管理应当遵循一个具有结构化的方法，即包括风险评价、风险管理选择评估、执行管理决定以及监控和审查。在某些情况下，不是所有的要素都是风险管理活动必需的，例如标准制定由食品法典委员会负责，而标准及控制措施执行则是由政府负责。

（2）在风险管理决策中应当首先考虑保护人体健康　对风险的可接受水平应主要根据对

人体健康的考虑决定，同时应避免风险水平上随意性的和不合理的差别。在某些风险管理情况下，尤其是决定将采取的措施时，应适当考虑其他因素（如经济费用、效益、技术可行性和社会习俗）。这些考虑不应是随意性的，而应当保持清楚和明确。

（3）风险管理的决策和执行应当透明　风险管理应当包含风险管理过程（包括决策）所有方面的鉴定和系统文件，从而保证决策和执行的理由对所有有关团体都是透明的。

（4）风险评估政策的决定应当作为风险管理的一个特殊的组成部分　风险评估政策是为价值判断和政策选择制定准则，这些准则将在风险评估的特定决策点上应用，因此最好在风险评估之前，与风险评估人员共同制定。从某种意义上来讲，决定风险评估政策往往成为进行风险分析实际工作的第一步。

（5）应当确保风险评估过程的科学独立性　风险管理应当通过保持风险管理与风险评估功能的分离，确保风险评估过程的科学完整性，减少风险评估和风险管理之间的利益冲突。但是应当意识到，风险分析是一个循环反复的过程，风险管理人员和风险评估人员之间的相互作用在实际应用中是至关重要的。

（6）风险管理决策应当考虑风险评估结果的不确定性　在任何可能的情况下，风险评估都应包含关于风险不确定性的定量分析，而且定量分析必须采用风险管理者容易理解的形式。如有可能，对风险的估计应包括将不确定性量化，并且以易于理解的形式提交给风险管理人员，以便他们在决策时能充分考虑不确定性的范围。例如，如果风险的估计很不确定，风险管理决策将更加保守；决策者不能以科学上的不确定性和变异性作为不针对某种食品风险采取行动的借口。也就是说，如果开始出现某种潜在危险和无法逆转的情况，而又缺乏科学证据进行充分的科学评估，风险管理人员在法律和政治上有理由采取预防措施，不必等待科学上的确证。

（7）应当保持与所有利益相关者进行充分的信息交流　保持与所有利益相关者的相互交流是风险管理整体过程中不可缺少的一项重要工作。风险情况交流不仅仅是信息的传播，而更重要的功能是将有效进行风险管理至关重要的信息和意见并入决策的过程。

（8）风险管理应当是一个持续循环的过程　风险管理应当是一个持续的过程，该过程应不断评估和审查风险管理决策中已经产生的所有新的资料和信息。在应用风险管理决策后，为确定其在实现食品安全目标方面的有效性，应对决定进行定期评价。为进行有效的审查，监控和其他活动是必须的。

四、食品安全风险交流
Food safety risk communication

（一）风险交流概述
Overviews of risk communication

1. 风险交流的概念
Definition of risk communication

风险交流（Risk communication）也称风险沟通，是食品安全风险分析框架（风险评估、风险管理和风险交流）的一个重要组成部分。世界卫生组织/联合国粮农组织（WHO/FAO）出版的《食品安全风险分析——国家食品安全管理机构应用指南》中明确指出，风险交流是指在风险分析全过程中就危害、风险、风险相关因素和风险认知在风险评估人员、风险管理人员、消费者、产业界、学术界和其他感兴趣各方中对信息和看法的互动式交流，内容包括对风险评估结果的解释和风险管理决定的依据。由于食品安全事件高度敏感，涉及人群广泛，食品安全事件的成因也十分复杂，食品安全的风险交流在食品安全控制和事件处理过程中十分重要和必要。

2. 风险交流的参与者
Participants in risk communication

根据 WHO/FAO 对风险交流的定义，风险分析涉及的所有人都是风险交流的参与者，主要包括政府管理者、风险评估专家、消费者和消费者组织、食品生产经营者、认证机构、食品行业协会、大众传播媒介（媒体）、非政府国际组织（如 CAC、FAO、WHO 和 WTO）等（图 1-6）。

图 1-6　食品安全风险交流的参与者

（1）政府　不管采用什么方法来管理危害公众健康的风险，政府都对风险交流负有根本的责任，有义务保证参与风险分析的有关各方能够有效地交流信息，同时还有义务了解和回答公众关注的有关危害健康的风险问题。在交流风险信息时，政府应该尽力采用一致的和透明的方法，进行交流的方法应根据不同问题和不同对象而有所不同。通常政府有责任进行公共健康教育，并向卫生界传达有关信息。

（2）企业界　企业有责任保证其生产食品的质量和安全，同时也有责任将风险信息传递给消费者。企业全面参与食品安全风险分析工作，对做出有效的决定是十分必要的，并且这可以为风险评估和管理提供一个主要的信息来源。企业和政府间经常性的信息交流通常涉及在制定标准或批准新技术、新成分或新标签的过程中。风险管理的一个目标是确定最低的、合理的和可接受的风险，这就要求对食品加工和处理过程中一些特定信息有一定了解，而企业对这些信息具有最好的认识，这对风险管理和风险评估者拟定有关文件和方案时将发挥至关重要的作用。

（3）消费者和消费者组织　在公众看来，广泛而公开地参与国内的风险分析工作是切实保护公众健康的一个必要因素。在风险分析过程的早期，公众或消费者组织的参与将有助于确保消费者关注的问题得到重视和解决，并且还会使公众更好地理解风险评估过程以及如何做出风险决定，而且这能够进一步为由风险评估产生的风险管理决定提供支持。消费者和消费者组织有责任向风险管理者表达他们对健康风险的关注和观点。消费者组织应经常和企业政府一起工作，以确保消费者关注的风险信息得到很好的传播。

（4）学术界和研究机构　由于具备对于健康和食品安全的科学专业知识以及识别危害的能力，学术界和研究机构的人员在风险分析过程中发挥重要作用。通常，学术界和研究机构的人员在公众和媒体心目中具有很高的可信度，同时也可作为不受其他影响的信息来源。

（5）媒体　媒体既是风险交流的媒介，也是风险交流的主体之一。社会媒体既有再现风险与预警风险的正面作用，又有隐藏风险与扩大风险的负面作用。媒体并不局限于从官方获得信息，它们的信息常常反映出公众和社会其他部门所关注的问题。这使得风险管理者可以从媒体中了解到以前未认识到的公众关注的问题。所以媒体能够并且确实促进了风险交流工作。

3. 风险交流的要素和信息
Key elements and information of risk communication

进行有效的风险交流应该包括风险的性质、利益的性质、风险评估的不确定性和风险管理的选择 4 个方面的要素。

（1）风险的性质　包括危害的特征和重要性、风险的大小和严重程度、情况的紧迫性、风险的变化趋势、危害暴露的可能性、暴露量的分布、能够构成显著风险的暴露量、风险人群的性质和规模、最高风险人群等。

（2）利益的性质　包括与风险有关的实际或者预期利益、受益者和受益方式、风险和利益的平衡点、利益的大小和重要性、所有受影响人群的全部利益等。

（3）风险评估的不确定性　即评估风险的方法，每种不确定性的重要性，所有资料的缺点或不准确度，估计所依据的假设，估计对假设变化的敏感度，有关风险管理决定估计变化的效果。

（4）风险管理的选择　即控制或管理风险的行动，可能减少个人风险的个人行动，选择一个特定风险管理选项的理由，特定选择的有效性，特定选择的利益，风险管理的费用和来源，执行风险管理选择后仍然存在的风险。

4. 风险交流的原则

Guidelines of risk communication

食品安全风险交流工作以科学为准绳，以维护公众健康权益为根本出发点，贯穿食品安全工作始终，服务于食品安全工作大局。开展食品安全风险交流应该坚持科学客观、公开透明、及时有效、多方参与的原则。

（1）认识交流对象　进行风险交流时，应分析交流对象并了解他们的动机和观点。

（2）科学专家的参与　作为风险评估者，科学专家必须有能力解释风险评估的概念和过程。风险管理者也必须能够解释风险管理决定是如何作出的。

（3）建立交流的专门技能　成功的风险交流需要具备向有关各方传达易理解的有用信息的专门技能。

（4）确保信息来源可靠　来源可靠的信息更可能影响公众对风险的看法。从长远来看，对信息的遗漏、歪曲及出于自身利益的声明都会损害风险交流的可靠性。

（5）分担责任　国家、地区与地方政府机构都对风险交流负有根本的责任。媒体在交流过程中也分担这些责任。所有参与风险交流的各方都要了解风险评估的基本原则、支持数据及作出风险管理决定的政策依据。

（6）考虑风险　管理措施时，将"事实"与"价值"分开是有必要的。风险交流有责任说明所了解的事实以及此认识的局限性。在"可接受的风险水平"的概念中包含了"价值判断"，故风险交流者应能够对公众说明可接受的风险水平的理由。风险交流的一个重要功能，是在实际中解释清楚"安全的食品"通常意味着食品是"足够安全的"。

（7）确保透明度　除专利信息或数据等因合法原因需保密以外，风险分析中的透明度必须体现在过程的公开性和可供有关各方审议两方面。在风险管理者、公众和有关各方之间进行的有效的双向交流是确保透明度的关键。

（8）正确认识风险　要正确认识风险，一种方法是研究形成风险的工艺或加工过程；另一种方法是将所讨论的风险与其他相似的更熟悉的风险相比较。

（二）食品安全风险交流工作技术指南

Technical guidelines of food safety risk communication

为指导卫生计生系统科学有效地开展食品安全风险交流工作，国家卫生计生委于2014年1月28日颁布了《食品安全风险交流工作技术指南》（国卫办食品发〔2014〕12号），对食品安全风险交流工作做出了具体的规定。

1. 科普宣教中的风险交流

Risk communication in propaganda and education

（1）主要内容　包括食品安全基本知识的科普宣传、食品安全法律法规及食品安全标准的解读与宣传贯彻及食品安全典型事件、案例等的解读分析。

（2）主要工作形式　一是制作和散发各种形式的科普载体，包括展板、光盘等文字与音像制品，购物袋、台历等日常生活用品，网络音（视）频、短信等网络及新媒体载体；二是举办公众活动，如专家街头咨询、社区讲座、培训或座谈、科普展览等。

需要注意的是，针对政府相关机构、食品企业和行业协会、媒体、一般公众等不同利益相关方，科普宣教中的风险交流策略有所不同。

2. 政策措施发布实施过程中的风险交流

Risk communication in the implementation process of policy

（1）主要内容　包括解释政策措施制定的背景和依据，解释政策措施的目的与意义，对政策措施的具体条款作出解释说明及对发布后出现的认识误区进行解释说明。

（2）主要工作形式　政策措施的解读一般可以配套相关解读材料，也可以对特定群体采取培训、讲座等形式，还可以利用媒体进行重点内容解读。

要对所有利益相关方进行政策制定的背景、依据、目的和意义的解释说明，不同利益相关方有不同的侧重点。

3. 食品安全标准的风险交流

Risk communication for food safety standards

食品安全标准是食品安全风险管理的措施之一，应当围绕《食品安全国家标准管理办法》等相关规定的要求，以程序公开透明为重点，做好相关风险交流工作。

（1）主要内容　包括国内外食品安全标准体系，食品安全标准制定、修订的原则和程序，食品安全标准的制定、修订背景及依据，食品安全标准的制定、修订过程及进展信息，食品安全标准的条款解释和国际标准相关内容。

（2）主要工作形式　食品安全标准相关的风险交流可以采取的形式主要包括标准配套问答、媒体采访、标准宣传贯彻培训、折页、手册、新闻稿、光盘、公众活动、新媒体传播等。

我国食品安全标准体系、食品安全标准制定、修订的原则和程序等通用内容要向所有利益相关方进行解释说明，且不同利益相关方亦有不同的侧重点。

4. 食品安全风险评估的风险交流

Risk communication for food safety assessment

食品安全风险评估是风险管理的科学依据，做好配套风险交流工作可以增进各方对政策措施的理解，推进政策措施顺利施行。应当按照食品安全风险评估有关规定的要求，以评估过程和评估结果为交流重点，加强风险评估项目风险交流的计划性和主动性。

（1）主要内容　包括风险评估的原则、框架和管理体系，风险评估项目的立项背景、依据和必要性，风险评估的方法、模型等技术信息，风险评估项目的进展，风险评估的结果解释和食品安全风险管理的建议。

（2）主要工作形式　食品安全风险评估相关的风险交流可以采取的形式主要包括发布风险评估结果及配套问答、向食品安全监管机构的通报、学术界交流、公众活动、出版物等。

针对政府相关机构（特别是监管部门）、食品企业和行业协会、媒体和公众等不同利益相关方，食品安全风险评估中的风险交流策略有所不同。

5. 风险交流的评价

Evaluation of risk communication

食品安全相关机构可通过对程序、能力及效果的评价，总结经验教训，完善和提高风险交流工作水平。程序评价是优先开展的评价，主要评价各项工作程序是否有效运转，内外部协调协作是否顺畅等，可用于对预案的验证。能力评价主要评价相关人员的风险交流技能、组织协调能力和存在的不足等。效果评价主要评价信息是否有效传达，以及各利益相关方的总体满意度等。风险交流评价的主要方式包括预案演练、案例回顾、专家研讨、小组座谈以及问卷调查等。

第四节　食品安全事故应急管理
Food safety incidents emergency management

一、食品安全事故
Food safety incidents

（一）食品安全事故的概念
Food safety incidents basics

食品安全事故是对因食品安全问题造成的各类事故的总称。食品安全问题通常包括食品污染、食源性疾患、食物中毒、转基因食品、食品标识问题等。实际生活中的食品安全问题是由上述问题的一种或几种构成的。根据 2015 年修订的《食品安全法》，食品安全事故指食源性疾病、食品污染等源于食品，对人体健康有危害或者可能有危害的事故。在《食品安全法》中，将"可能"的危害列为事故的判定标准体现了立法者对食品安全事故的重视程度。

（二）食品安全事故的分类
Classification of food safety incidents

食品安全事故可按照其性质或致病因子进行分类。
1. 根据食品安全事故的性质分类
Classification of food safety incidents by character

根据 2015 年修订的《食品安全法》，按性质的不同，食品安全事故可分为食源性疾病和食品污染两大类。

（1）食源性疾病（Foodborne disease）　食源性疾病是指食品中致病因素进入人体引起的感染性、中毒性等疾病，包括食物中毒。食源性疾病包括常见的生物性致病因子或化学性有毒有害物质所引起的疾病。食源性疾病主要具有以下 3 个基本特征：第一，在食源性疾病的发生或传播流行过程中，食物本身并不致病，只是起了携带和传播病原物质的媒介作用；第二，食源性疾病的病原物质是食物中所含有的各种致病因子（Pathogenic agents）；第三，人体摄入食物中所含有的致病因子可以引起急性中毒或急性感染为主要发病特点的各类临床症状。

（2）食品污染（Food contamination）　食品污染是指在各种条件下，导致有毒有害物质进入食品，造成食品安全性、营养性和感官性状发生改变的过程。食品从种植、养殖到生产、加工、贮存、运输、销售、烹调直至餐桌的各个环节都有可能被某些有毒有害物质污染，以致食品卫生质量降低或对人体健康造成不同程度的危害。食用被污染的食品能够危害人体健康，主要表现为急性中毒、慢性中毒以及致畸、致癌、致突变的"三致"病变等毒性作用。

2. 根据致病因子分类

Classification of food safety incidents by pathogenic factor

根据致病因子性质的不同，食品安全事故可以分为以下六类。

（1）细菌导致的食品安全事故　多数是因为摄食被致病性细菌或其毒素污染的食品而引起。例如，2015 年 8 月陕西省汉中市镇巴县渔渡镇发生一起农村家宴食物中毒事件，导致参加宴席的 68 人出现呕吐、腹泻、发烧等症状。经当地卫计部门调查和分析，认定为沙门氏细菌性食物污染。

（2）病毒导致的食品安全事故　多数是因为摄食被病毒污染的食品或饮用水而引起。例如，2014 年 11 月广州某职业学院有数百名学生陆续出现腹泻、呕吐发烧等症状，共报告病例 274 例。广州疾病预防控制中心根据流行病学调查及抽样检测结果确定该事件为一起诺如病毒（Norovirus）感染性腹泻事件。

（3）寄生虫导致的食品安全事故　主要包括猪肉绦虫、广州管圆线虫等。例如，2006 年北京市发生因食用加工不当的福寿螺而感染广州管圆线虫的食品安全事故，6 月 24 日至 9 月 24 日，共接到临床诊断报告广州管圆线虫病 160 例，绝大多数患者发病前都曾在蜀国演义酒楼就餐并食用了凉拌螺肉。

（4）有毒动植物导致的食品安全事故　主要包括河豚等有毒鱼类、麻痹性贝类、毒蕈、发芽土豆、四季豆、苦杏仁、木薯、鲜黄花菜等。例如，2010 年洛阳市个别县先后发生多起家庭食用野生毒蘑菇中毒事件，共造成 14 人中毒、2 人死亡。

（5）化学性致病因子导致的食品安全事故　主要包括农药残留或污染、兽药残留、环境污染（多氯联苯、二噁英、重金属）等。例如，2009 年 7 月，榆树市一村民在家中包饺子，不料发生食物中毒，8 人中毒，其中 2 人死亡。经当地疾控中心鉴定，该事件患者系有机磷农药中毒。

（6）非食用物质导致的食品安全事故　如食品中非法添加甲醛次硫酸氢钠（吊白块）、苏丹红、三聚氰胺、硼砂、工业火碱、甲醛等。例如，2008 年我国发生奶制品污染事件，很多食用奶粉的婴幼儿被发现患有肾结石，其中 4 名婴幼儿死亡，其原因是婴幼儿奶粉中被非法添加了化工原料三聚氰胺。经查，有人为了增加原料奶的蛋白质含量，一连数月蓄意在牛奶中添加三聚氰胺。

此外，随着科学技术的不断发展，近年来爆发了许多新型的食品安全事故。

（三）食品安全事故的分级

Grading of food safety incidents

根据 2011 年修订颁布的《国家食品安全事故应急预案》，按食品安全事故的性质、危害程度和涉及范围，我国将食品安全事故分为四级，即特别重大食品安全事故（Ⅰ级）、重大食品安全事故（Ⅱ级）、较大食品安全事故（Ⅲ级）和一般食品安全事故（Ⅳ级）。食品安全事故等级的评估核定，由卫生行政部门会同有关部门依照有关规定进行。

（四）食品安全事故的特点

Characteristics of food safety incidents

1. 突发性与渐进性

Abruptness and gradualness

同所有突发事件一样，食品安全事故一般具有时间集中、突然爆发、来势凶猛等特点；同时，食品安全事故一般在早期具有隐匿性，缺乏先兆，不容易被早期识别，在经过一个渐进的过程后，会发生量到质的转变，常常在意想不到的情况下突然发生，其发生的地点、时间、规模、态势和影响深度、广度都难以准确预测。例如，三聚氰胺污染婴幼儿奶粉事件是在 2008 年 9 月引起广泛关注的，全国多个省份短时间内大量出现泌尿系统结石患儿，体现了该事件的突发性。但早在 2007 年 7 月，含有三聚氰胺的用于原奶添加的"蛋白粉"就已流入市场；早在 2007 年 12 月，原三鹿集团就陆续收到消费者投诉，反映有部分婴幼儿食用该集团生产的婴幼儿系列奶粉后尿液中出现红色沉淀物等症状，食品安全事故的"症状"已逐渐显露，经历了早期隐藏、渐进发展的过程。

2. 群发性与散发性
Groups occurring and sporadically occurring

造成人群疾病的食品安全事故件具有发展快、扩散迅速、波及范围广的特点，往往一发生就涉及较广的范围并带来较大的影响。同时，有部分事故是不同地区的人们在不同的时期食用同一种受污染的食品，发病后与其他地区、其他时间发生的病例之间未呈现明显的聚集性；或者因监测系统灵敏度及监测技术水平的制约，难以发现实际同源致病病例之间的关联性，此类事件早期往往难以判断是否为食品安全事故。例如，微生物性食物中毒多为集体暴发，而有毒蕈中毒、河豚中毒、有机磷中毒等多以散发病例出现，各病例间在发病时间和地点上无明显联系。因此，食品安全事故既可能体现点源暴发的群发性，也可能体现散在分布的散发性，食品安全事故的散发性，是食品安全事故的重要特点之一。

3. 危害性
Perniciousness

食品安全事故可能影响公众身体健康和生命安全，影响行业经济的发展，并由食品危害本身引发社会恐慌与政府的信任危机，严重扰乱正常的社会秩序，损害国家、城市的形象和声誉。据国家卫生计生委统计，2014 年我国共报告食物中毒类突发公共卫生事件 160 起，中毒 5657 人，其中死亡 110 人。而 2008 年发生的中国奶制品污染事件一度对我国乳品产业造成重大冲击和严重影响，沉重打击了国民对国产奶粉的消费信心。

4. 社会性
Sociality

作为一种突发公共卫生事件，食品安全事故一般涉及公共利益，会对社会造成严重危害或影响。政府出于职责，必须要动用相当多的公共资源，形成以政府为主导，社会参与的食品安全事故应对系统以最大限度地减少食品安全事故可能造成的危害。

5. 紧急性
Urgency

食品安全事故的爆发、演变十分迅速，来势凶猛，涉及范围广，客观上要求突发事件防控体系能够快速反应。政府监管部门平常应加强食品安全事故的监测、评估和预警工作，并在食品安全事故发生后，应及时启动应急反应、高效组织应急救援工作，才能最大限度地减少重大食品安全事故的危害，保障公众身体健康与生命安全，维护正常的社会秩序。

二、国外食品安全事故应急管理经验
Lessons of food safety incidents emergency management in other countries

世界各国政府主要从食品安全应急预案以及食品安全应急管理法制、体制、机制三方面着手进行食品安全突发事件的应急管理，已形成了较为完善的食品安全应急管理体系。

（一）美国食品安全事故应急管理体系
Food safety incidents emergency management system in the USA

1. 美国食品安全事故应急管理的法律基础
The law based food safety incidents emergency management in the USA

美国在应急法制方面，具有三权分立的法律体系和自上而下、由面到点健全的法律法规。美国关于食品的法律法规包括两个方面的内容：一是议会通过的法案称为法令；二是由权力机构根据议会的授权制定的具有法律效力的规则和命令。

2. 美国食品安全事故应急管理的管理体制
Food safety incidents emergency management system in the USA

在应急体制方面，美国以"联邦政府-州政府-地方政府"三级公共卫生部门为基本框架，建立了一个全方位、多层次、立体化和综合性的食品安全应急管理体系。其中，州政府和地方政府对食品安全应急管理负主要责任。另外，美国三级监管机构的许多部门都聘用流行病学、微生物学、食品科学领域的专家等人员，采取专业人员进驻食品加工厂、饲养场等方式，从原料采集、生产、流通、销售和售后等各个环节进行全方位监管，构成了覆盖全国的食品安全立体监管网络。

3. 美国食品安全事故应急管理的运行机制
Operating mechanisms of food safety incidents emergency management in the USA

美国食品安全事故应急管理体系是多维度、多领域的综合、联动和协作系统。美国食品安全事件的应急管理总体上都是遵从一般的突发事件应急管理模式和原则，其中"强制召回机制"和"惩罚机制"是美国应对食品安全事件的两把利剑，高昂的违法代价对美国的食品生产企业产生了很大的威慑作用。在处理食品安全事故方面，美国应急管理体系所采取的主要措施包括：一是利用"紧急行动中心机制"展开食品安全事故的起因和控制措施的调查；二是利用"紧急响应计划"在包括及时得到信息的基础上，制定和更新有关应急管理的防范指南和处理控制措施；三是利用部门间紧急协调计划，加强信息交流和对策研究，并逐层上报；四是成立食品安全事故调查小组，对事故展开调查，制定相应措施以遏制大规模的蔓延发展。

（二）欧盟食品安全事故应急管理体系
Food safety incidents emergency management system in EU

1. 欧盟食品安全事故应急管理的管理体制
Food safety incidents emergency management system in EU

自疯牛病危机以后，欧盟委员会认识到其自身在食品安全危机应对中存在的不足，意识到建立具有高度独立性食品安全机构的重要性。根据（EC）No. 178/2002 号法规，欧盟成立了欧洲食品安全局（EFSA），其职能是在欧盟范围内制定科学的法律法规，从根本上保证食品政策的正确性和可实施性。EFSA 是一个独立于欧盟其他各机构，并拥有完全法人地位的实体。EFSA 的职责范围很广，其核心任务是提供独立的科学建议与支持，建立一个与成员国相同机构进行紧密协作的网络，评估与整个食品链相关的风险，并且就食品风险问题向公众提供真实的相关信息。

2. 欧盟食品安全事故应急管理的运行机制
Operating mechanisms of food safety incidents emergency management in EU

欧洲食品安全局是欧盟食品安全事故应急管理体系的核心组成部分，也是欧洲食品安全事故应急常态化的管理机构。当发生食品安全事故时，欧盟理事会将立即成立一个危机处置小组，欧盟食品安全局将负责向该小组提供必要的科学和技术建议。危机处置小组将收集和鉴定所有相关信息，确定有效和迅速防止、减缓或消除风险的意见，并且确定向公众通报情况的措施。

此外，欧盟建立了欧盟食品与饲料快速预警系统（The Rapid Alert System for Food and Feed，简称 RASFF），该系统由欧盟委员会、欧盟食品安全局和各成员国组成。当来自成员国或者第三方国家的食品与饲料可能会对人体健康产生危害，而成员国或第三方国家又无能力完全控制风险时，欧盟委员会将启动快速预警系统，并采取终止或限定有问题食品的销售、使用等紧急控制措施。在获取预警信息后，成员国会采取相应的举措，并将危害情况通知公众。预警系统的启动取决于委员会对具体情况的评估结果，成员国也可建议委员会就某种危害启动预警系统。

三、我国食品安全事故应急管理
Food safety incidents emergency management in China

（一）我国食品安全事故应急管理的发展阶段
Development of food safety incidents emergency management in China

自 2003 年"传染性非典型肺炎"（Severe Acute Respiratory Syndrome，简称 SARS）以来，我国逐步建立起以"一案三制"（即应急预案、应急管理体制、运行机制和应急法制）为基础框架的突发事件应急管理体系，为有效应对突发事件提供了基本的制度框架，在应对自然灾害、公共卫生等各类突发事件时发挥了重要作用。

1. 初步形成阶段（2003—2006 年）
Preliminary one stage （2003—2006）

为了有效预防、及时控制和消除突发公共卫生事件的危害，保障公众身体健康与生命安全，维护正常的社会秩序，国务院于 2003 年 5 月 9 日发布了《突发公共卫生事件应急条例》，把突发公共卫生食品安全事件的应急处理纳入法制化管理。此后，2004 年 5 月 22 日国务院办公厅印发了《省（区、市）人民政府突发公共事件总体应急预案框架指南》（国办函〔2004〕39 号）；2006 年 1 月 8 日，国务院发布了《国家突发公共事件总体应急预案》以及 25 件专项预案、80 件部门预案，共计 106 件；2006 年 2 月 27 日，国务院发布了《国家重大食品安全事故应急预案》，标志着我国初步建立了食品安全应急预案框架体系。

2. 快速发展阶段（2007—2013 年 2 月）
Rapid developing stage （2007—Feb. 2013）

2007 年 8 月 30 日，第十届全国人民代表大会常务委员会第二十九次会议通过了《中华人民共和国突发事件应对法》，自 2007 年 11 月 1 日起施行，初步构建了我国食品安全应急管理的法律框架和预案制度。2009 年出台实施的《中华人民共和国食品安全法》第七章进一步规定了食品安全事故应急处置的具体步骤、方法、食品安全事故的上报流程和食品安全事故的问责制度。这些法律法规的出台不仅完善了我国食品安全应急管理体系，也从法律上保障了食品安全应急体系的有效运行。2013 年 1 月 7 日，卫生部颁布了《卫生部食品安全事故应急预案（试行）》（卫应急发〔2013〕2 号），为卫生部开展《国家食品安全事故应急预案》规定的特别重大食品安全事故相关应急准备和应急处置等工作，以及指导和支持地方卫生部门开展重大及以下级别食品安全事故的应急准备和应急处置等工作提供了重要的依据和参考。

3. 改革新阶段（2013 年 3 月—至今）

Reform stage（Mar. 2013—now）

根据 2013 年 3 月十二届全国人大一次会议通过的国务院机构改革和职能转变方案，我国食品监管体制进行了新一轮的改革。在这次改革中，将国务院食品安全委员会办公室、食品药品监督管理局、质检总局、工商总局等的食品安全监督管理职责进行整合，组建国家食品药品监督管理总局（CFDA），其主要职责是对生产、流通、消费环节的食品安全和药品的安全性、有效性实施统一监督管理。

2013 年 10 月 25 日，国务院办公厅印发《突发事件应急预案管理办法》（国办发〔2013〕101 号），该管理办法是贯彻实施《中华人民共和国突发事件应对法》、加强应急管理工作、深入推进应急预案体系建设的重要举措。为贯彻落实该管理办法，2013 年 12 月，国家食品药品监督管理总局发布了《食品药品监管总局办公厅关于做好突发事件应急预案管理办法贯彻落实工作的通知》。2015 年 4 月 24 日，第十二届全国人民代表大会常务委员会第十四次会议通过了修订后的《中华人民共和国食品安全法》，其中"第七章　食品安全事故处置"由原来的 6 条增加到 7 条。

（二）我国食品安全事故应急管理体系建设与运行

Construction and operation of food safety incidents emergency management in China

1. 法律基础

Legal basis

经过多年的探索和实践，我国已经初步建立了与食品安全应急处理相关的法律法规体系（表 1-1）。在国家层面，与食品安全事故应急管理相关的法规和预案主要包括《中华人民共和国食品安全法》《中华人民共和国食品安全法实施条例》《国家食品安全事故应急预案》等。

表 1-1　国家食品安全事故应急管理相关法规

名　称	发布部门	施行时间
《突发公共卫生事件应急条例》	国务院	2003 年 5 月 9 日
《国家突发公共事件总体应急预案》	国务院	2006 年 1 月 8 日
《国家重大食品安全事故应急预案》	国务院	2006 年 2 月 27 日
《中华人民共和国农产品质量安全法》	全国人大常委会	2006 年 11 月 1 日
《中华人民共和国突发事件应对法》	全国人大常委会	2007 年 11 月 1 日
《中华人民共和国食品安全法》	全国人大常委会	2009 年 6 月 1 日
《中华人民共和国食品安全法实施条例》	国务院	2009 年 7 月 20 日
《突发公共卫生事件应急条例》	国务院	2011 年 1 月 8 日
《国家食品安全事故应急预案》	国务院	2011 年 10 月 5 日修订
《食品安全事故流行病学调查工作规范》	卫生部	2011 年 11 月 24 日
《食品安全事故流行病学调查技术指南(2012 年版)》	卫生部	2012 年 6 月 11 日
《卫生部食品安全事故应急预案(试行)》	卫生部	2013 年 1 月 7 日
《突发事件应急预案管理办法》	国务院	2013 年 10 月 25 日
《农产品质量安全突发事件应急预案》	农业部	2014 年 1 月 14 日
《中华人民共和国食品安全法》	全国人大常委会	2015 年 10 月 1 日修订

2. 组织管理机构

Management organization

2011 年 10 月 5 日修订的《国家食品安全事故应急预案》（以下简称《预案》）是指导预防和处置各类食品安全事故的规范性文件，规定了我国应对重大食品安全事故的组织体系、工作机制等内容。在组织机构建设方面，《预案》明确规定，当发生特别重大食品安全事故，由卫生部会同食品安全办向国务院提出启动Ⅰ级响应的建议，经国务院批准后，成立国家特别重大食品安全事故应急处置指挥部，统一领导和指挥事故应急处置工作；重大、较大、一般食品安全事故，分别由事故所在地省、市、县级人民政府组织成立相应应急处置指挥机构，统一组织开展本行政区域事故应急处置工作（图 1-7）。

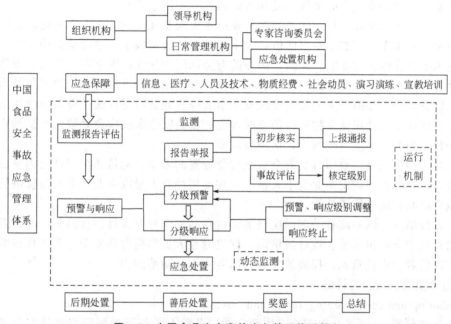

图 1-7　中国食品安全事故应急管理体系框架

（1）指挥部设置　《预案》规定，食品安全事故应急处置指挥部主要由卫生部、农业部、商务部、工商总局、质检总局、食品药品监管局、食品安全办等部门以及相关行业协会组织组成。当事故涉及国外、港澳台时，增加外交部、港澳办、台办等部门为成员单位。《预案》规定，由卫生部、食品安全办等有关部门人员组成指挥部办公室。

（2）指挥部职责　指挥部的职责是负责统一领导事故应急处置工作；研究重大应急决策和部署；组织发布事故的重要信息；审议批准指挥部办公室提交的应急处置工作报告及应急处置的其他工作。

（3）工作组设置及职责　根据事故处置需要，指挥部可下设事故调查组、危害控制组、医疗救治组、检测评估组、维护稳定组、新闻宣传组、专家组等若干工作组，分别开展相关工作。各工作组在指挥部的统一指挥下开展工作，并随时向指挥部办公室报告工作的开展情况。

（4）应急处置专业技术机构　医疗、疾病预防控制以及各有关部门的食品安全相关技术机构作为食品安全事故应急处置专业技术机构，应当在卫生行政部门及有关食品安全监管部门组织领导下开展应急处置相关工作。

3. 预案的应急保障

Emergency safeguard mechanism for prearranged plan

食品安全事故应急处置的应急保障主要包括信息保障、医疗保障、人员及技术保障、物资与经费保障、社会动员保障和宣教培训。

(1) 信息保障 要求卫生部会同国务院有关监管部门建立国家统一的食品安全信息网络体系，包含食品安全监测、事故报告与通报、食品安全事故隐患预警等内容；同时要建立健全医疗救治信息网络，实现信息共享，并规定由卫生部负责食品安全信息网络体系的统一管理。

(2) 医疗保障 要求卫生行政部门建立功能完善、反应灵敏、运转协调、持续发展的医疗救治体系，在食品安全事故造成人员伤害时迅速开展医疗救治。

(3) 人员及技术保障 规定应急处置专业技术机构要加强应急处置力量建设，提高快速应对能力和技术水平，并健全专家队伍，为事故核实、级别核定、事故隐患预警及应急响应等相关技术工作提供人才保障。同时，国务院有关部门加强食品安全事故监测、预警、预防和应急处置等技术研发，促进国内外交流与合作，为食品安全事故应急处置提供技术保障。

(4) 物资与经费保障 主要是指食品安全事故应急处置所需设施、设备和物资的储备与调用应当得到保障；使用储备物资后须及时补充；食品安全事故应急处置、产品抽样及检验等所需经费应当列入年度财政预算，保障应急资金。

(5) 社会动员保障 根据食品安全事故应急处置的需要，动员和组织社会力量协助参与应急处置，必要时依法调用企业及个人物资。在动用社会力量或企业、个人物资进行应急处置后，应当及时归还或给予补偿。

(6) 宣教培训 国务院有关部门应当加强对食品安全专业人员、食品生产经营者及广大消费者的食品安全知识宣传、教育与培训，促进专业人员掌握食品安全相关工作技能，增强食品生产经营者的责任意识，提高消费者的风险意识和防范能力。

4. 监测预警、报告与评估

Monitoring and early warning, report and assess

(1) 监测预警 《预案》规定，卫生部会同国务院有关部门根据国家食品安全风险监测工作需要，在综合利用现有监测机构能力的基础上，制定和实施加强国家食品安全风险监测能力建设规划，建立覆盖全国的食源性疾病、食品污染和食品中有害因素监测体系。卫生部根据食品安全风险监测结果，对食品安全状况进行综合分析，对可能具有较高程度安全风险的食品，提出并公布食品安全风险警示信息。同时规定，有关监管部门发现食品安全隐患或问题，应及时通报卫生行政部门和有关方面，依法及时采取有效控制措施。

(2) 事故报告 关于食品安全事故的报告，我国现有突发公共卫生事件报告系统、食源性疾病报告系统。《预案》分别对事故信息来源、报告主体和时限、报告内容做出了详细的规定。

① 事故信息来源 主要包括食品安全事故发生单位与引发食品安全事故食品的生产经营单位报告的信息；医疗机构报告的信息；食品安全相关技术机构监测和分析结果；经核实的公众举报信息；经核实的媒体披露与报道信息；世界卫生组织等国际机构、其他国家和地区通报我国信息。

② 报告主体和时限 《预案》要求食品生产经营者发现其生产经营的食品造成或者可能造成公众健康损害的情况和信息，应当在 2 小时内向所在地县级卫生行政部门和负责本单位食品安全监管工作的有关部门报告；发生可能与食品有关的急性群体性健康损害的单位，应当在 2 小时内向所在地县级卫生行政部门和有关监管部门报告；接收食品安全事故病人治疗

的单位，应当按照卫生部有关规定及时向所在地县级卫生行政部门和有关监管部门报告；食品安全相关技术机构、有关社会团体及个人发现食品安全事故相关情况，应当及时向县级卫生行政部门和有关监管部门报告或举报；有关监管部门发现食品安全事故或接到食品安全事故报告或举报，应当立即通报同级卫生行政部门和其他有关部门，经初步核实后，要继续收集相关信息，并及时将有关情况进一步向卫生行政部门和其他有关监管部门通报；经初步核实为食品安全事故且需要启动应急响应的，卫生行政部门应当按规定向本级人民政府及上级人民政府卫生行政部门报告；必要时，可直接向卫生部报告。

③ 报告内容　食品生产经营者、医疗、技术机构和社会团体、个人向卫生行政部门和有关监管部门报告疑似食品安全事故信息时，应当包括事故发生的时间、地点和人数等基本情况。有关监管部门报告食品安全事故信息时，应当包括事故发生的单位、时间、地点、危害程度、伤亡人数、事故报告单位信息（含报告时间、报告单位联系人员及联系方式）、已采取措施、事故简要经过等内容，并随时通报或者补报工作进展。

（3）事故评估　食品安全事故评估是为核定食品安全事故级别和确定应采取的措施而进行的评估。由卫生行政部门统一组织协调开展食品安全事故评估，评估内容包括污染食品可能导致的健康损害及所涉及的范围，是否已造成健康损害后果及严重程度；事故的影响范围及严重程度和事故发展蔓延趋势。

5. 应急响应

Emergency response

（1）分级响应　与食品安全事故的分级相对应，食品安全事故应急响应分为Ⅰ级、Ⅱ级、Ⅲ级和Ⅳ级响应。核定为特别重大食品安全事故，报经国务院批准并宣布启动Ⅰ级响应，并立即成立指挥部，组织开展应急处置。重大、较大、一般食品安全事故分别由事故发生地的省、市、县级人民政府启动相应级别响应，成立食品安全事故应急处置指挥机构进行处置。

（2）应急处置措施　事故发生后，根据事故性质、特点和危害程度，立即组织有关部门，依照有关规定采取下列应急处置措施，以最大限度减轻事故危害：①卫生行政部门有效利用医疗资源，组织指导医疗机构开展食品安全事故患者的救治；②卫生行政部门及时组织疾病预防控制机构开展流行病学调查与检测，相关部门及时组织检验机构开展抽样检验，尽快查找食品安全事故发生的原因；③农业行政、质量监督、检验检疫、工商行政管理、食品药品监管、商务等有关部门应当依法强制性就地或异地封存事故相关食品及原料和被污染的食品用工具及用具，待卫生行政部门查明导致食品安全事故的原因后，责令食品生产经营者彻底清洗消毒被污染的食品用工具及用具，以消除污染；④对确认受到有毒有害物质污染的相关食品及原料，农业行政、质量监督、工商行政管理、食品药品监管等有关监管部门应当依法责令生产经营者召回、停止经营及进出口并销毁；⑤及时组织研判事故发展态势，并向事故可能蔓延到的地方人民政府通报信息，提醒做好应对准备。

（3）检测分析评估　应急处置专业技术机构应当对引发食品安全事故的相关危险因素及时进行检测，专家组对检测数据进行综合分析和评估，分析事故发展趋势、预测事故后果，为制定事故调查和现场处置方案提供参考。有关部门对食品安全事故相关危险因素消除或控制，事故中伤病人员救治，现场、受污染食品控制，食品与环境、次生、衍生事故隐患消除等情况进行分析评估。

（4）响应级别调整及终止　在食品安全事故处置过程中，要遵循事故发生发展的客观规律，结合实际情况和防控工作需要，根据评估结果及时调整应急响应级别，直至响应终止。

① 响应级别提升　当食品安全事故进一步加重，影响和危害扩大，并有蔓延趋势，情

况复杂难以控制时，应当及时提升响应级别。当学校或托幼机构、全国性或区域性重要活动期间发生食品安全事故时，可相应提高响应级别，加大应急处置力度，确保迅速、有效控制食品安全事故，维护社会稳定。

② 响应级别降低　当食品安全事故危害得到有效控制，经研判认为事故危害降低到原级别评估标准以下或无进一步扩散趋势的，可降低应急响应级别。

③ 响应终止　当食品安全事故得到控制，分析评估认为可解除响应时应达到以下两项要求：一是食品安全事故伤病员全部得到救治，原患者病情稳定 24 小时以上，且无新的急性病症患者出现，食源性感染性疾病在末例患者后经过最长潜伏期无新病例出现；二是现场、受污染食品得以有效控制，食品与环境污染得到有效清理并符合相关标准，次生、衍生事故隐患消除。

④ 响应级别调整及终止程序　经指挥部组织对事故进行分析评估论证后，认为符合级别调整条件的，指挥部提出调整应急响应级别建议，报同级人民政府批准后实施。应急响应级别调整后，事故相关地区人民政府应当结合调整后级别采取相应措施。评估认为符合响应终止条件时，指挥部提出终止响应的建议，报同级人民政府批准后实施。

（5）信息发布　事故信息发布由指挥部或其办公室统一组织，采取召开新闻发布会、发布新闻通稿等多种形式向社会发布，做好宣传报道和舆论引导。食品安全事故的信息发布要及时、准确、客观、全面，其内容主要包括食品安全事故的监测，中毒和死亡人员救治情况等。

6. 后期处置
Post-disposal

食品安全事故应急处置结束后，各有关部门应在政府组织下开展善后处置、奖励、责任追究和总结等后期处置工作，以便消除事故影响，恢复正常秩序，维护社会稳定。后期处置工作主要包括三个方面：①常规处置，主要包括监督食品生产经营场所、召回不安全食品、对不安全食品进行无害化处理或者销毁、整顿食品生产经营过程等。②善后处置，包括受害人员的安置和补偿、征用物质补偿、事故应急处置及医疗机构救治垫付费用支付、产品抽样及检验费用支付、受到污染的相关食品及原料产品的收集、清理与处理等；③奖励与责任追究，对在食品安全事故应急管理和处置工作中作出突出贡献的先进集体和个人，应当给予表彰和奖励。同时，对迟报、谎报、瞒报和漏报食品安全事故重要情况或者应急管理工作中有其他失职、渎职行为的，依法追究有关责任单位或责任人的责任；构成犯罪的，移送司法机关，依法追究刑事责任。

此外，食品安全事故善后处置工作结束后，卫生行政部门应当组织有关部门及时对食品安全事故和应急处置工作进行总结，分析事故原因和影响因素，评估应急处置工作开展情况和效果，提出对类似事故的防范和处置建议，完成总结报告并及时上报。

7. 其他事项
Other business

（1）预案管理与更新　当与食品安全事故处置有关的法律法规被修订，部门职责或应急资源发生变化，应急预案在实施过程中出现新情况或新问题时，要结合实际及时修订与完善《预案》。国务院有关食品安全监管部门、地方各级人民政府参照本预案，制定本部门和地方食品安全事故应急预案。

（2）演习演练　国务院有关部门要开展食品安全事故应急演练，以检验和强化应急准备和应急响应能力，并通过对演习演练的总结评估，完善应急预案。

第二章　国际食品安全管理体系认证
Chapter 2　International certifications of food safety management system

第一节　HACCP
The HACCP system

一、HACCP 体系的产生及发展
Origin and development of HACCP system

（一）HACCP 体系的概念
Basicprinciples of HACCP system

HACCP 是一种保证食品安全与卫生的预防性管理体系，其英文全称为 Hazard Analysis Critical Control Point，中文翻译为危害分析与关键控制点。国际食品法典委员会（CAC）在《食品卫生通用规范》（CAC RCP1-1969，Rev. 4-2003）中对 HACCP 的定义是：确定、评估和控制那些对食品安全构成重大危害的系统。我国 GB/T 15091—1994《食品工业基本术语》对 HACCP 的定义是：生产（加工）安全食品的一种控制手段；对原料、关键生产工序及影响产品安全的人为因素进行分析；确定加工过程中的关键环节，建立、完善监控程序和监控标准，采取规范的纠正措施。

HACCP 是一种建立在良好生产规范（GMP）和卫生标准操作规程（SSOP）基础之上的食品安全质量保证体系。经过多年的实践和推广，HACCP 管理体系在理论上日渐成熟和完善，是目前国际社会认可的最科学、有效、可靠的食品安全管理体系。

（二）HACCP 体系的产生及发展
Origin and development of the HACCP system

1. HACCP 体系的产生
Origin of the HACCP system

HACCP 体系是由美国承担开发宇航食品的 Pillsbury 公司、美国国家航空航天局（NASA）、美国陆军 Natick 研究实验室等于 20 世纪 60 年代联合提出的。为保证宇航食品具有 100% 的安全性，Pillsbury 公司提出应该建立一个"防御体系"，尽可能早地控制原料、加工、环境、员工、贮存和流通过程中所有可能出现的食品安全危害，从管理控制上来保证食品的安全，使食品生产能够最大限度地接近美国航空航天局所提出的"零缺陷计划"（Zero Defects program）。据此，Pillsbury 公司建立了只含有 3 个原理的 HACCP 体系，用于控制食品生产过程中可能出现危害的位置或加工工序。

2. HACCP 体系在国际上的发展
International development of the HACCP system

1971 年，在美国第一次国家食品保护会议上，Pillsbury 公开提出了 HACCP 体系的原理，并立即被美国食品药品监督管理局（FDA）所接受。FDA 决定在低酸罐头食品的良好操作规范（GMP）中采用，并于 1974 年将 HACCP 原理引入《低酸罐头食品的良好生产规范》中，这是美国有关食品生产的联邦法规中首次采用 HACCP 体系的原理，也是国际上首部有关 HACCP 的立法。

1985 年，美国科学院（The National Academy of Sciences，简称 NAS）发布《食品及其原料的微生物学标准的作用的评价》，推荐扩大 HACCP 体系在食品行业中的应用，建议所有执法机构都应该采用 HACCP 体系，并且所有的食品加工者都应认真实施 HACCP 体系。

1997 年，CAC 正式通过和采纳了《HACCP 体系及其应用准则》，第一次在国际上统一了 HACCP 的概念，形成了目前世界通用的 HACCP 体系。这标志着作为世界食品贸易中的权威机构 CAC 正式采纳包括五个预备步骤在内的 HACCP 体系，从而使 HACCP 体系成为世界范围内广泛使用的食品安全管理体系。

1999 年，CAC 修订了《HACCP 体系及其应用准则》，我国将其等同转化为国家标准 GB/T 19538—2004《危害分析与关键控制点（HACCP）体系及其应用指南》。与此同时，欧盟、加拿大、日本、泰国等国家也大力推广和采纳 HACCP 体系，相继颁布了实施 HACCP 体系的法规和命令。

（三） HACCP 体系在中国的发展
Development of the HACCP system in China

经过近三十年的发展，我国 HACCP 的理论研究和应用推广都走在了世界前列。从最初引进 HACCP 到政府重视，强制推行，再到企业自愿实行，HACCP 体系在我国的发展经历了以下四个发展阶段。

1. 引入阶段：20 世纪 80 年代至 1997 年
Introductory period：1980s to 1997

20 世纪 80 年代末，在全球食品行业逐步推行 HACCP 体系的同时，我国原国家商品检验局就开始关注 HACCP 体系。我国积极引进和学习 HACCP 体系的基本原理，多次参加有关 HACCP 体系的国际会议和培训，并于 1990 年开始了 HACCP 体系的应用研究，制定了《在出口食品生产中建立 HACCP 质量管理体系》及一些在肉类、禽类、蜂产品、对虾、烤鳗、柑橘、芦笋罐头、花生和冷冻小食品 9 种食品加工方面的 HACCP 体系具体实施方案并取得了突出的效果和经济效益。

2. 应用阶段：1997—2004 年
Application period：1997—2004

随着我国加入世界贸易组织（WTO），在国内食品生产和农产品加工领域广泛推广 HACCP 体系势在必行。2002 年，原卫生部颁布了《食品企业 HACCP 实施指南》，同时，国家质检总局发布《出口食品生产企业卫生注册登记管理规定》，规定罐头、水产品类、肉及肉制品、果蔬汁、速冻蔬菜、含肉和水产品的速冻方便食品 6 类出口食品生产企业必须按 CAC 的《HACCP 体系及其应用准则》来实施 HACCP 体系，这是我国第一部要求企业建立并实施 HACCP 的规章制度。同一年，国家认监委发布了《食品生产企业危害分析与关键控制点（HACCP）管理体系认证管理规定》，具体指导 HACCP 体系的建立、实施、验证和认证。为了更好地保证国内 HACCP 认证咨询的质量，国家认证认可监督管理委员会对咨询行业进行整顿。

3. 发展提高阶段：2004—2012 年
Development period：2004—2012

2006 年，我国成立了国家食品安全危害分析与关键控制点应用研究中心，隶属于中国检验检疫科学研究院。2009 年出台的《中华人民共和国食品安全法》第一次将推动 HACCP 体系的应用上升到国家法律层面，明确鼓励企业积极采用 HACCP 体系提高食品安全管理水平。2011 年，质检总局发布了《出口食品生产企业备案管理办法》，要求所有出口食品企业全面建立 HACCP 体系。

4. 全面推广阶段：2012 年—至今
Promotion period：2012—now

2012 年，美国发布《食品企业 HACCP 法规（草案）》（21CRF Part117），要求所有在美销售的食品企业满足 HACCP 体系的要求。2012 年，国家认监委通过推行出口食品企业备案与 HACCP 认证联动监管，探索出口食品企业备案核准工作采信第三方 HACCP 认证结果。2015 年 11 月，全球食品安全倡议（GFSI）正式承认了我国的 HACCP 认证制度，获得中国 HACCP 认证证书的食品企业进入"全球食品安全倡议"组织成员供应链时，可免予采购方审核或国外认证，从而降低贸易成本并提升在国际市场的品牌声誉。

根据国家认监委于 2015 年 6 月 9 日发布的《中国 HACCP 应用发展报告》白皮书，我国获得 HACCP 认证证书的食品企业有 4000 余家，通过出入境检验检疫机构 HACCP 官方验证的出口食品生产企业有 6000 多家。随着国内 HACCP 的全面推广，在我国形成了以《食品安全法》为基础，以国家认监委为主导，以各项标准为依据，以企业有效实施为重点的 HACCP 应用和认证体系。

二、HACCP 体系的基本概念和原理
The key concepts and principles of HACCP system

CAC 在《食品卫生通用规范》附录《危害分析与关键控制点（HACCP）体系应用准则》中规定了 HACCP 体系的基本概念和 7 个基本原理。

（一）HACCP 体系的基本概念
The basic concepts of the HACCP system

控制（动词）：采取一切必要的措施确保和维持遵循 HACCP 计划所制定的标准。

控制（名词）：遵循正确的操作程序并符合既定标准的状态。

控制措施：用于预防或消除某种食品安全危害或将此类危害减至可接受的水平的任一措施和行动。

纠正行动：在检测结果发现某一关键控制点失去控制时所采取的行动。

关键控制点（Critical Control Point，简称 CCP）：是指有必要采取控制措施，以便预防或消除食品安全危害或者将其减至可接受水平的某个环节。

临界限值（Critical Limit，简称 CL）：也称为关键限值，指区分可接受水平和不可接受水平的标准。

偏差：未能达到临界限值。

流程图：某种特定食品生产或加工中采取的步骤和操作顺序的系统表述。

HACCP：确定、评估和控制那些对食品安全构成重大危害的系统。

HACCP 计划：根据 HACCP 原则拟定的文件，在所关注的食物链所有环节中，用以保证对食品安全构成重要的危害能够加以控制。

危害：是指食品中可能对健康产生不良影响的某种生物、化学或物理因素或状况。

危害分析（HA）：对危害及其产生条件的信息进行收集和评估的过程，以确定对食品安全构成的重要危害，因而必须纳入 HACCP 计划。

监测：也称为监控，是指对于控制参数进行有计划地系统观察或检测，从而评估某个关键控制点是否得到了控制。

步骤：从初级生产到最终消费的整个食物链（包括原材料）中的某个环节、步骤、操作或阶段。

确认：获得证实 HACCP 计划中各要素有效性的证据。

认证：也称为验证，是指除监测以外，应用不同方法、程序、检验和其他评估手段，以确定是否符合 HACCP 计划的要求。

（二）HACCP 体系的基本原理
Principles of the HACCP system

经过实际应用和不断完善，CAC 于 1999 年确定了 HACCP 体系的 7 个基本原理。

1. 进行危害分析，确定预防措施
Principle 1: conduct a hazard analysis to determine the preventative measures

食品安全危害是指引起人类食用食品不安全的任何生物性（微生物、昆虫等）、化学性（农药、毒素、化学污染物、药物残留、添加剂等）和物理性（杂质、放射性污染等）因素。食品安全危害可能是来自于原辅料、加工工艺、设备、包装贮运过程、人为等多个方面。危害分析是对于某一产品或某一产品的加工而言，分析实际上存在哪些危害，这些危害是否是显著危害，同时制定出相应的预防措施，最后确定是否是关键控制点。显著危害是指那些可能发生或一旦发生就会造成消费者不可接受的健康风险的危害。判断一个危害是否是显著危害的两个依据：一是它极有可能发生（可能性），可通过工作经验、流行病数据、客户投诉及技术信息等进行判断；二是它一旦发生，就有可能对消费者造成不可接受的健康风险（严重性），可通过风险分析资料等信息进行判断。危害分析是 HACCP 原理的基础，也是建立 HACCP 计划的第一步，HACCP 体系的其他原理都是针对分析出的显著性危害进行制定和控制的。企业要拟定产品生产过程中各工序的流程图，确定与食品生产各阶段（从原料生产、加工工艺到消费的每个环节）有关的潜在危害及其程度，鉴定并列出各有关危害并规定具体有效的控制措施，包括危害发生的可能性及发生后的严重性估计。

2. 确定关键控制点
Principle 2: determine the critical control points (CCPs)

控制点（CP）是指在食品生产加工过程中，能够控制生物、物理、化学性危害因素的任意一个生产步骤或工序。而关键控制点（CCP）是指能够进行控制，并且该控制对防止、消除某一食品安全危害或将其降低到可接受水平是必需的某一步骤或工序。关键控制点的确定是 HACCP 体系的重要部分，HACCP 小组应明确加工中的每一步骤是否是关键控制点。在对控制点的判断过程中应注意，关键控制点肯定是控制点，但并不是所有的控制点都是关键控制点，即控制点包括关键控制点。CP 包括所有的问题如对于口感、色泽等非安全危害的控制点，而 CCP 只是控制食品安全危害。一个 CCP 可能控制多个危害，例如加热可以消灭致病性细菌以及寄生虫；而冷冻、冷藏可以防止致病性微生物的生长和组胺的生成。反过来，有些危害则需多个 CCP 来控制，如对于罐装金枪鱼，可通过原料收购、解冻等多个

CCP 来控制组胺的形成。

3. 确定关键限值

Principle 3：establish critical limit

关键限值（CL）是指为确保各 CCP 处于控制之下以防止显著危害发生的预防性措施，必须达到的、能将可接受水平与不可接受水平区分开的判断指标、安全目标水平或极限，是确保食品安全的界限。对每个 CCP 都必须设立 CL；CL 是一个数值，而不是一个数值范围；CL 应合理且具有较强的可操作性，符合实际和实用，应多使用一些物理、化学指标（如温度、时间、pH 值、滴定酸度、有效氯、黏度等）；CL 应符合相关的国家标准、法律法规的要求并具有科学依据。一个 CCP 的安全控制可能需要许多个关键限值来控制一种特殊的危害，从而达到协同控制的作用。

操作限值（OL）是指由操作者用来防止发生偏离关键限值的风险，比关键限值更严格的判定标准或最大、最小水平参数。在实际工作中，通过监测操作限值，可以在出现偏离 CL 迹象，而又没有发生时，采取调整措施使关键控制点处于受控状态，不需采取纠正措施。

4. 建立一个系统以监测关键控制点的控制情况

Principle 4：establish a system monitoring critical control points

监测也称为监控，其目的是跟踪加工过程操作，查明和注意可能偏离关键限值的趋势，并及时采取措施进行加工调整。每个监控程序必须包括 4 个要素，即监控什么（监控对象）、怎么监控（监控方法）、何时监控（监控频率）和谁来监控（监控人员）。

表 2-1　某食品有限公司蒸制工艺 HACCP 计划表

| 1
CCP | 2
显著危害 | 3
关键限值 | 监控 | | | | 8
纠正措施 | 9
验证 | 10
记录 |
			4 对象	5 方法	6 频率	7 人员			
蒸制	致病菌残留	蒸制温度≥105℃蒸制时间≥15min	蒸制时间和温度	观察数字式温度计、计时器	连续观察，每 3min 记录一次，发现异常随时记录	蒸制操作人员	调整温度和时间，确认偏离的产品并隔离待评估，延长蒸制时间	每日审核记录；每周用标准温度计校准一次数字式温度计；每年监督标准温度计；每周抽取蒸制后的产品进行微生物检测	蒸制记录

企业名称：××食品有限公司
企业地址：××省××市××路××号
产品种类：速冻蒸熟肉包子
塑料袋包装后装纸箱
销售和贮存方法：－18℃以下冷藏
预期用途和消费者：解冻后加热食用，一般公众

签署：　　　　　　　　　　　日期：

5. 在监测结果表明某特定关键控制点失控时，确定应采用的纠正行动

Principle 5：establish corrective actions when the monitoring results indicate that certain critical control point loses control

在食品生产过程中，任何 CCP 的关键限值即使是在完善的 CCP 及监控程序下也可能发生偏离。因此，为了使监控到的失控 CCP 或发生偏离的 CL 能够恢复正常并处于控制之下，必须建立相应的纠正程序以确保 CCP 再次处于控制之下。当关键限值发生偏离时，应当采

取预先制定的文件性纠正措施计划。这些纠正措施计划必须规定对每个可能发生的偏离所要采取的步骤以及规定人员的职责，以确保无发生偏离的产品进入商业渠道或消费者处；当这些产品进入商业渠道后，能够进行回收；同时也能够消除产生偏离的原因。

6. 建立验证程序以证实 HACCP 系统在有效地运行

Principle 6：establish verification procedures to confirm the HACCP system is running effectively

验证强调以下两个关键方面：一是 HACCP 计划是否有效，二是本体系是否符合书面 HACCP 计划。验证的关键要素包括 HACCP 计划的确认、CCP 的验证、对 HACCP 系统的验证和执法机构强制性验证。确认是获得证据，证明 HACCP 的各要素是有效的过程。确认实际上是验证的一部分，包括自危害至每个 CCP 验证策略，对 HACCP 计划每个部分之后的基本原理的科学和技术性复核。确认可以由 HACCP 小组来进行，必要时可由其他专家协助完成。相关组织应为策划和实施 HACCP 管理体系的定期验证建立、保持形成文件的程序，并保持验证的记录，应保持证实危害分析、关键控制点、关键限值、关键控制点监视和测量、纠正和纠正措施，以及 HACCP 计划建立和改进有效性的证据。

7. 建立有效的记录保存系统

Principle 7：establish an effective system for records rentention

HACCP 体系建立实施过程中有大量的技术文件和各种日常工作检测记录，而完整准确的记录和妥善保存是成功建立实施 HACCP 体系的关键之一。组织必须建立和保存形成文件的程序，以制定和控制所有与 HACCP 管理体系相关的文件。记录是一种特殊类型的文件，应按照要求得到控制。与 HACCP 管理体系相关的文件应在发布和修改之前获得授权人员的审查和批准。组织应为识别文件当前的修订状态建立易于执行的文件控制程序，以避免使用失效文件或作废文件。

三、HACCP 体系的应用

Application of HACCP system

（一）建立 HACCP 体系的基础条件和必需程序

Conditions and procedures of setting up theHACCP system

HACCP 体系不是一个孤立的体系，采用 HACCP 体系控制食品安全危害必须建立在良好生产规范（GMP）和卫生标准操作程序（SSOP）、职工培训、设备维护保养、产品标识、批次管理等基础之上。

1. 满足良好生产规范的要求

Meeting the requirements offine production standards

良好生产规范（GMP）是为保障食品安全而制定的贯穿食品生产全过程的一系列措施、方法和技术要求，也是一种注重制造过程中产品质量和安全卫生的自主性管理制度。良好生产规范在食品中的应用，即食品 GMP，主要解决食品生产中的质量问题和安全卫生问题。它要求食品生产企业应具有良好的生产设备、合理的生产过程、完善的卫生与质量和严格的检测系统，以确保食品的安全性和质量符合标准。

食品 GMP 是 HACCP 的基础之一，我国先后颁布了 GB 14881—2013《食品安全国家标准 生产通用卫生规范》、GB 23790—2010《食品安全国家标准粉状幼儿配方食品良好生产规范》等标准，食品 GMP 包括对生产安全、洁净、健康食品等不同方面的强制性要求或指南和所有加工人员都要遵从的卫生标准原则，主要涉及企业员工及其行为；厂房与地面，设备及工器具；卫生操作（如工序、有害物质控制、实验室检测等）；卫生设施及控制，包括使用水、污水处理、设备清洗；设备和仪器，设计和工艺；加工和控制（如原料接收、检查、生产、包装、储藏、运输等）。

2. 建立并有效实施卫生标准操作程序

Setting up and effectively implementing Sanitation Standard Operation Procedure（SSOP）

卫生标准操作程序（SSOP）是食品企业为了满足食品 GMP 所规定的要求，保证所加工的食品符合卫生要求而制定的指导食品生产加工过程中如何实施清洗、消毒、卫生保持的指导性文件。SSOP 是 HACCP 计划的基础，主要涉及 8 个方面：加工用水和冰的安全；食品接触面的卫生状况和清洁程度；防止发生交叉污染；手的清洗、消毒及卫生间设施的维护；生物、物理和化学污染物的预防；有毒有害物品和化学试剂的管理、贮存和使用；加工人员的卫生控制及鼠、蚊、蝇和其他昆虫的防治。

3. 获得管理层的支持

Acquiring the support of management

HACCP 体系的成功实施要求企业管理层及工作小组必须充分支持和参与。因此，制定和实施 HACCP 计划必须得到企业管理层的理解和支持，特别是企业最高管理层的重视。管理层应该了解 HACCP 体系的基本原理，只有当各级管理者真正理解 HACCP 体系的内涵，了解 HACCP 体系能为公司带来利益，知道 HACCP 体系的内容及所需要的资源，才能真正支持 HACCP 计划的实施。管理层需要支持的主要内容包括批准开支、批准实施公司的 HACCP 计划、批准有关业务并确保该项工作的持续进行和有效性、任命 HACCP 组长和组员、确保 HACCP 小组所需的必要资源、建立一个报告程序、确保工作计划的现实性和可行性等。

4. 建立并有效实施产品标识、追溯和回收计划

Setting up and effectively implementing lot-coded, recallable and traceable plan of the production

产品标识的内容包括产品描述、级别、规格、包装、保质期限、批号、生产商和生产地址等，以利于追溯和回收产品。产品的可追溯性包括能确定产品过程的输入和输入物的来源、产品发往的位置等。回收计划的建立可以保证凡是有公司标志的产品任何时候都能在市场上进行回收，能有效快速和完全地进入调查程序。

5. 建立并有效实施加工设备与设施的预防性维修保养程序

Setting up and effectively implementing the preventative maintainance procedure for the processing equipment and facility

要建立加工设备与设施的预防性维修保养程序并有效地实施，并通过校准程序确保所有产品品质和安全的检验、测试或测量器具均能得到有效维护和保养。

6. 建立并有效实施员工教育与培训计划

Establishing and effectively implementing staff education and training strategies

人员是 HACCP 体系成功实施的重要条件。因为 HACCP 体系必须依靠人来执行，要使 HACCP 计划有效实施，最重要的是所有员工，包括管理人员都要了解 HACCP 计划，并接受 HACCP 体系的教育和培训。

此外，实施 HACCP 体系的其他前提条件还包括实验室的管理、文件资料控制、加工工艺控制、产品品质控制等。

（二）HACCP 计划的制订和实施
Design and implementation of HACCP project

根据 HACCP 体系的 7 个原理，食品企业制订 HACCP 计划和在具体操作实施时，一般需通过 13 个步骤才能得以实现（图 2-1）。前 5 个步骤是 HACCP 的预备阶段。没有适当地建立这 5 个预先步骤可能会导致 HACCP 计划的设计、实施和管理失效。步骤 6 到步骤 9 是危害分析、确定关键控制点和控制办法。步骤 10 到步骤 13 是 HACCP 计划的维护措施的建立和实施。

1. 组建 HACCP 工作组
Establish a HACCP team

组建 HACCP 工作组是建立 HACCP 计划的重要步骤，HACCP 工作组是指负责制定 HACCP 计划的工作小组。HACCP 小组成员应该由多种学科及部门人员组成，包括企业具体管理 HACCP 计划实施的领导、生产技术人员、工程技术人员、质量管理人员以及其他必要人员等。HACCP 工作组主要负责制定 HACCP 计划，书写 SSOP 文本，修改、验证 HACCP 计划，监督实施 HACCP 计划和对全体人员的培训等。HACCP 工作组应当熟知食品安全危害和 HACCP 原理，需获得主管部门的批准或委任，经过严格的培训，具备足够的岗位知识。当出现了内部无法解决的问题时，可以请相关领域的专家帮助。

2. 产品描述
Describe the product

HACCP 小组建立后，首先要对产品的特性、规格与安全性等作出全面描述，具体内容包括产品名称、产品成分（蛋白质、氨基酸和可溶性固形物等）、原辅料（商品名称、学名和特点等）、理化性质（如水分活度、酸碱度、硬度等）、加工方式（热加工、冷冻、盐渍、熏制等）、包装（密封、真空、气调和标签说明等）、贮存期限、贮存条件以及销售方式等。

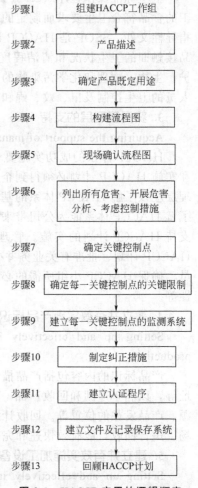

图 2-1　HACCP 应用的逻辑顺序

3. 确定产品用途及消费对象
Identify the product's intended use and consumers

产品的预期用途是根据最终消费者对产品所期望的用途而定的。HACCP 小组应确定产品的预期用途，包括产品的预期消费者（如一般公众、婴儿、老年人、体质虚弱者等），以及如何食用该产品，是即食还是需进一步加工（如加热、蒸煮后食用）等。产品的预期用途将直接影响到后面的危害分析结果。特殊情况下，应考虑高危人群的问题，例如集体供餐。因此，在制定 HACCP 计划时，必须要确定产品的预期用途并将其内容填入 HACCP 计划表的相应位置。

4. 绘制工艺流程图
Draw up the commodity flow diagram

工艺流程图要包括特定产品整个运行过程的所有环节和整个 HACCP 计划的范围。流程图应包括环节操作步骤，不可含糊不清；在制作流程图和进行系统规划的时候，应有现场工作人员参加，为潜在污染的确定提出控制措施提供便利条件。同一流程图可用于许多使用相似加工环节生产的产品。在对某一特定操作环节实施 HACCP 时，应考虑这一特定操作前后环节的情况。工艺流程图由 HACCP 小组绘制，从原料、辅料以及包装材料开始绘制，随着原料进入工厂，将先后的加工步骤逐一列出，覆盖加工的所有步骤和环节，HACCP 小组可以利用它来完成制定 HACCP 计划的其余步骤，如图 2-2 所示。

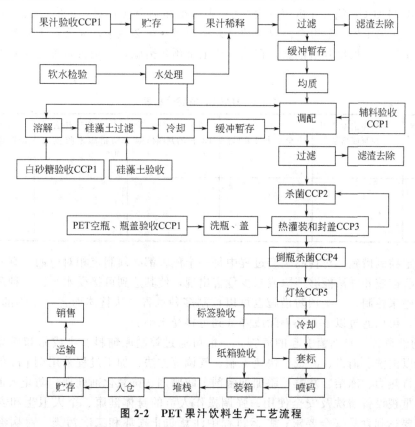

图 2-2　PET 果汁饮料生产工艺流程

5. 现场验证工艺流程图

On site confirmation of flow diagram

工艺流程图是危害分析的基础，其精确性对危害分析的准确性和完整性非常重要。如果流程图中的某一步骤被疏忽，将有可能导致显著危害被遗漏。因此，HACCP 小组必须在所有操作阶段和时间内，通过现场观察和操作，对流程图中所列的各个步骤与实际操作过程进行比较，以确定流程图与实际操作步骤是否一致。如果不一致，HACCP 小组应将原流程图偏离的地方加以修改调整和纠正，如改变操作控制条件、调整配方、改进设备等，以确保流程图的准确性、实用性和完整性。对流程图的确认应由充分了解生产知识和工艺操作的人员来完成。

6. 进行危害分析

Identify and analyse hazard (s)

（1）进行危害分析　HACCP 工作组应列出所有的危害，预计这些危害在初级生产、加工、制作、销售乃至最终食用的每个环节中均有可能出现。随后，HACCP 工作组应进行危害分析，以确定在 HACCP 计划中各种危害的性质。危害分析是一个反复的过程，需要

HACCP 小组（必要时请外部专家）的广泛参与，以确保食品中所有潜在的危害都被识别并实施控制。在危害分析期间，HACCP 工作组通过自由讨论和危害评估，根据各种危害发生的可能性和严重性来确定一种危害的潜在显著性。在进行危害分析时，应包括以下几点：危害出现的可能性和对健康产生不良影响的严重程度；存在危害的定性和定量评估；相关微生物的存活或繁殖情况；食品中毒素、化学或物理性危害物的产生或存留以及上述情况发生的条件。

一般采用 HACCP 危害分析表（表 2-2）来组织和确定食品安全危害。加工流程图的每一步可被记录在第 1 栏，危害自由讨论的结果被记录在第 2 栏中，显著危害的判定结果记录在第 3 栏，在第 4 栏提出判断依据，在第 5 栏记录预防措施，对是否是关键控制点的判断记录在第 6 栏。

表 2-2　HACCP 危害分析表

(1)加工步骤	(2)确定本步引入、控制或增加的危害	(3)潜在的食品安全危害显著吗？	(4)说明对第(3)栏的判断依据	(5)应用什么预防措施来防止危害？	(6)本步骤是关键控制点吗？

（2）确定控制措施　对食品生产过程中每一个危害都必须制定相对应的、有效的预防控制措施。这些措施和办法能够消除或减少危害出现，使其达到可接受水平。一种危害可以有多个预防措施来控制，一个预防措施也可以控制多种危害。从整体而言，生物的、化学的、物理的危害，可以通过以下方法消除或降低到可接受水平。

① 生物性危害　对细菌引起的危害，一般可通过控制原辅料、半成品和成品的无害化生产，并加以清洗、消毒、冷藏、快速干制、气调等方法；加工过程采用调 pH 值与控制水分活度；实行热力、冻结、发酵；添加抑菌剂、防腐剂、抗氧化剂处理；防止人流、物流交叉污染等；重视设备清洗及安全使用；强调操作人员的身体健康、个人卫生和安全生产意识；包装物要达到食品安全要求；贮运过程中注意防止损坏和二次污染。对病毒引起的危害，可通过加热处理进行破坏。对昆虫、寄生虫等引起的危害，可采用加热、辐射、人工剔除、气调包装等方式加以控制。

② 化学性危害　对化学污染引起的危害，可以严格控制产品原辅材料的来源和卫生，如检查供货商的证书和进行原料检测；控制生产，如正确使用批准的添加剂；控制标签，如在最终成品上加贴标签，列明成分和过敏物质；采取措施防止贮藏过程产生有毒化学成分等方式来解决。

③ 物理性危害　对于物理因素引起的危害，一般采用要求供货单位提供质量保证证书、严格检测原料、使用磁铁、金属探测器、网筛等办法加以解决。

7. 确定关键控制点（CCPs）

Determine the critical control points（CCPs）

HACCP 计划中关键控制点的确定有一定的要求，并非有一定危害就设为关键控制点。控制点太多，就失去了重点，会削弱影响食品安全的 CCP 的控制。在 HACCP 研究中通常使用"CCP 决策树"确定关键控制点（图 2-3）。"CCP 决策树"是一种逻辑推导的方法，由一系列问题组成，通过对这些问题的回答就可以判断某一步骤是否是 CCP。

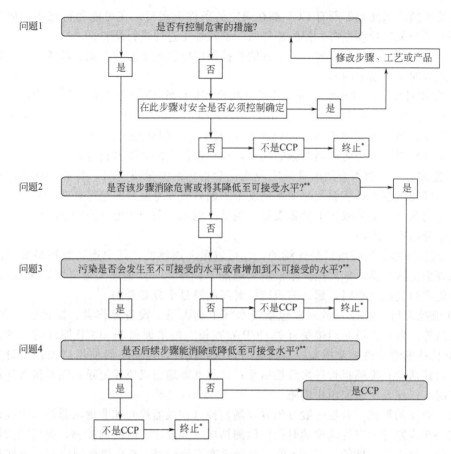

问题1　是否有控制危害的措施?

是　否

修改步骤、工艺或产品

在此步骤对安全是否必须控制确定　是

否　不是CCP　终止*

问题2　是否该步骤消除危害或将其降低至可接受水平?**　是

否

问题3　污染是否会发生至不可接受的水平或者增加到不可接受的水平?**

是　否　不是CCP　终止*

问题4　是否后续步骤能消除或降低至可接受水平?**

是　否　是CCP

不是CCP　终止*

* 按描述的过程进行下一危害。
** 在识别不HACCP计划中的关键控制点,是需要在总体目标范围内对可接受水平和不可接受的水平做出规定。

图 2-3　确定关键控制点（CCPs）"决策树"案例

8. 为每个关键控制点设定关键限值

Establish critical limits for each CCP

关键限值是一个区别能否接受的标准,即保证食品安全的允许限值。关键限值决定了产品的安全与不安全、质量好与坏的区别。在可能的情况下,应为每一个关键控制点设定并确认相应的临界限值。

（1）关键限值的确定　在确定关键限值时,一般可参考有关法规、标准、科技文献、危害控制指南、实验结果和一些权威组织公布的数据。如果用来确定关键限值的信息得不到或不充分,应当选择一个保守的值。

（2）关键限值的类型　关键限值一般包括化学指标和物理指标。在生产实践中,化学指标包括真菌毒素、pH、盐度、水分活度的最高允许水平、过敏物等;物理指标包括温度、时间、流速、筛子、密度、金属等;一般不用微生物指标作为关键限值,微生物指标仅适用于验证。

9. 对每个关键控制点建立监控系统

Establish a monitoring procedure

监控是按照原定的方案对关键控制点以及临界限值进行测定或观察。监控的目的是跟踪加工操作,识别可能出现的偏差,提出加工控制的书面文件,以便应用监控结果进行加工调整和保持控制，从而确保所有 CCP 都在规定的条件下运行。在可能的情况下，应当在监控结果表明某个关键控制点有失控的趋势时，就对加工过程进行调整。

（1）监控制度的主要内容　一个好的监控制度应该包括监控对象、监控方法、监控频率和监控人员四个方面的内容。

① 监控对象　通过观察和测量监控对象来评估一个 CCP 是否在关键限值内运行，如温度、时间、pH 值等都可以作为监控的对象。例如，当温度是 CCP 时，监控对象就是加工或贮运的温度；当蒸煮或加热杀菌是 CCP 时，温度与时间就是监控对象。监控对象也可以是对一个关键控制点的预防控制措施的观察，如检查供方的证明材料等。

② 监控方法　监控方法通常是物理或化学指标的测量或观测，要求能够快速和准确提供结果，以便监控人员能够及时地发现发生的偏离或发生偏离的趋势，在产品流入下一个环节或销售之前及时地采取纠正措施或加工调整。例如，采用酸度计测定 pH 值，采用水活度计测定水分活度（A_w）等。

③ 监控频率　监控可以是连续的，也可以是非连续的，其中连续监控最好，因为这样一旦出现偏离或异常，偏离操作限值就采取加工调整，一旦偏离关键界限就采取纠正措施。当不可能进行连续监控时，那么缩短监控时间间隔是十分必要的。

④ 监控人员　监控人员一般包括流水线上的人员、设备操作者、监督员、维修人员、质保人员等。监控人员必须接受有关 CCP 监控技术的培训和 HACCP 原理的培训；完全理解 CCP 监控的重要性；掌握监控所具有的知识和技能，能够正确使用监控仪器设备；能及时进行监控活动；准确报告每次监控活动；认真准确地完成监控记录；随时报告违反关键限值的情况，以便及时采取纠正措施。

（2）监控的形式　监控一般分为有现场监控（在线监控）和非现场监控（离线监控）两种形式。在线监控可以连续地随时提供检测情况，如温度、时间的检测；而离线监控则离开了生产线，可以是间歇的，如 pH 值、水分活度等的检测。与在线检测比较，离线检测有些滞后，不如在线检测及时。最佳的方法是连续的在线监控。在进行非连续监控时，应注意样品及测定点要具有代表性。

10. 建立纠偏行动或措施

Establish corrective action

在 HACCP 系统中，必须为每个关键控制点制定具体的纠正措施，以便在出现偏差时付诸实施。这些措施必须保证关键控制点能够处于控制之下。所采取的措施还应包括有问题产品的妥善处理方法。偏差出现及产品处理方法的内容应在 HACCP 文件中记录在案。纠正措施一般可分为以下三个步骤。

（1）纠正、消除产生偏离的原因，将 CCP 返到受控状态之下。所采取的纠正措施必须能够把关键控制点恢复到控制之下。制定纠正措施计划时，应该注意加工或操作过程中随时会发生的问题，以确定一个能够长效解决问题的方法，使关键控制点尽可能快地恢复控制。纠正措施可以包括在 HACCP 计划中，而且要求工厂的员工能够正确地进行操作。

（2）分析产生偏离的原因并予以改正或消除，以防止再次发生。如果偏离关键限值不在事先考虑的范围之内（也就是没有已制定好的纠正措施），一旦有可能再次发生偏离 CL 或一个关键控制点上反复发生偏离时，要进行调整加工过程或产品，甚至要重新评审 HACCP 计划。

（3）隔离、评估和处理在偏离期间生产的产品。专家或授权人员通过实验（生物、物理或化学）确定这些产品是否存在食品安全危害，如果没有危害，可以放行；如果存在危害，则需进一步确定产品能否通过返工或重新加工消除危害或改作他用；如果经返工或重新加工后仍存在危害，则应进行销毁。返工或重新加工的产品仍然需要接受监控或控制，以确保返工不能造成或产生新的危害，如金黄葡萄球菌肠毒素等热稳定的生物学毒素。

11. 建立验证程序

Verify the HACCP plan

可以通过验证和审核方法、程序以及检验，包括随机抽样和分析，来判定 HACCP 系统是否有效地运行。验证的频率应能足以确认 HACCP 系统的有效运行。验证应由负责进行监测和纠正措施以外的人进行。当某种认证活动不能在内部进行的情况下，应由外部专家或有资格的第三方来代表企业进行认证。

验证活动的内容可包括：审核 HACCP 系统及其记录，目标是检查与书面 HACCP 计划的符合性，包含现场对 HACCP 记录的审查和评审；审核有关偏差情况和产品的处置；确认关键控制点处于良好控制之下，其中包括对加工和监控仪器的校准，对校准记录的审阅，对监控记录和纠偏记录的审阅，对关键控制点控制已识别危害的充分性进行独立检查，如果可能，要定向取样和检测。

12. 建立文件和记录存档系统

Keep record

完整有效的档案保存是 HACCP 系统应用所必需的，它有助于及时发现问题并准确地分析与解决问题，使 HACCP 原理得到正确应用。HACCP 的实施过程要记录在案。所有文件和记录的归档工作要与加工的性质及规模相适应，并足以帮助企业确认 HACCP 控制是适当的，将继续保持。记录应易于检索，并定期由与该过程有关的直接管理者复核，其保存环境应能防止记录丢失、损坏或变质。

文档种类包括危害分析、关键控制点的确定和临界限值的确定等。记录种类可包括关键控制点监测情况、偏差情况及有关的纠正措施、履行的确认程序和对 HACCP 计划的修改等。

简单的记录存档系统应当是有效的，并易于同员工进行交流。它可同现有的操作过程结合起来，使用现有的工作文档，例如发货单及诸如产品温度等记录清单。对于文件和记录存档的保存时间也有一定的要求，例如对于冷藏产品的记录一般至少保存一年，对于冷冻或货架期稳定的商品应至少保存两年；对于其他说明加工设备、加工工艺等方面的研究报告、科学评估的结果应至少保存两年。

13. 回顾 HACCP 计划

Review the HACCP plan

回顾与总结是 HACCP 体系要求建立的制度之一。HACCP 计划经一段时间运行后，即使已经做了完整的验证，也有必要对整个实施过程进行回顾与总结。当发生以下情况时，应对 HACCP 进行重新总结检查：原料、产品配方发生变化；加工体系发生变化；工厂布局和环境发生变化；加工设备改进；清洁和消毒方案发生变化；重复出现偏差，或出现新危害，或有新的控制方法；包装、储存和销售体系发生变化；人员等级或职责发生变化；目标消费者发生变化；从市场供应上获得的信息表明有关于产品的卫生或腐败风险。总结检查工作所形成的一些正确的改进措施应编入 HACCP 方法中，包括对某些 CCP 控制措施或操作限值的调整，或确定的新 CCP 及其监控措施。

总之，在完成整个 HACCP 计划后，要尽快以草案形式成文并在 HACCP 小组成员中传阅修改，或寄给有关专家征求意见，吸纳对草案有益的修改意见并编入草案中，经 HACCP 小组成员最后一次审核修改后成为最终版本，供上报有关部门审批或在企业质量管理中应用。

（三）HACCP 体系的特点及优点
Features and advantages of HACCP system

1. HACCP 体系的特点
Features of HACCP system

（1）针对性　HACCP 体系主要针对食品的安全卫生，能够保证食品生产系统中任何可能出现的危害或有危害危险的地方得到控制。

（2）预防性　HACCP 体系是一种用于保护食品避免发生生物性、化学性和物理性危害的管理工具，它强调企业自身在生产全过程的控制作用，而不是最终的产品检测或者是政府部门的监管作用。

（3）经济性　设立关键控制点控制食品的安全卫生，降低了食品安全卫生的检测成本，同以往的食品安全控制体系比较，HACCP 体系具有较高的经济效益和社会效益。

（4）实用性　目前，HACCP 体系已在世界各国得到了广泛的应用和发展。首先，自 20 世纪 60 年代产生以来，经过很多国家的应用实践证明 HACCP 体系是有效的。美国 FDA 认为在食品危害控制的实用性方面，任何方法都不能与 HACCP 体系相比。其次，HACCP 体系的应用不是一成不变的，它鼓励企业积极采用新方法和新技术，不断改进工艺和设备，培训专业人员，通过食物链上的沟通，收集最新食品危害信息，从而使体系持续保持有效。

（5）强制性　HACCP 体系被世界各国的官方所接受，并被用来强制执行。同时，HACCP 体系也被联合国粮农组织和世界卫生组织联合食品法典委员会所认同。

（6）动态性　HACCP 中的关键控制点随产品、生产条件等因素的改变而改变，如果企业的设备、检测仪器、人员等发生变化，都可能导致 HACCP 计划的改变。

需要指出的是，虽然 HACCP 体系可用于尽量减少食品危害的风险，但不是零风险体系。HACCP 体系是对其他质量管理体系的补充，和其他的质量管理体系一起使用具有更大的优越性。

2. HACCP 体系的优点
Advantages of HACCP system

HACCP 体系是国际公认的生产安全食品有效的管理体系，其最大优点就在于它是一种系统性强、结构严谨、理性化、有多向约束、适应性强而效益显著的预防为主的质量保证方法。HACCP 体系是积极主动的食品安全控制体系，能够在问题出现之前就可采取纠正措施。HACCP 体系通过易于监视的特性如时间、温度和外观实施控制；在需要时能采取及时的纠正措施，进行迅速控制；与依靠化学分析、微生物检验进行控制相比较，HACCP 体系的运行成本相对低廉；由直接专注于加工食品的人员控制生产操作；由于控制集中在生产操作的关键点，就可以对每批产品采取更多的保证措施；HACCP 体系能用于潜在危害的预告；HACCP 体系涉及到与产品安全性有关的各层次的职工，包括非技术性的人员。

四、HACCP 体系的认证
HACCP system certification

（一）HACCP 体系认证的认证依据
The basis for HACCP certification

在我国，HACCP 体系认证的认证依据由国家认监委制定发布。进行 HACCP 体系认证的依据主要是 GB/T 27341—2009《危害分析与关键控制点（HACCP）体系　食品生产企业通用要求》、GB 14881—2013《食品安全国家标准　食品生产通用卫生规范》、国际食品法典委员会（CAC）制定的《危害分析和关键控制点（HACCP）体系及其应用准则》、国家认监委颁布的《食品生产企业危害分析与关键控制点（HACCP）管理体系认证管理规定》和《危害分析与关键控制点（HACCP）体系认证实施规则》等法律法规。此外，各认证机构可在上述认证依据基础上，增加符合《认证技术规范管理办法》（国家认监委 2006 年公告第 3 号）规定的技术规范作为认证审核补充依据。

（二）认证机构和认证人员的要求
Certification authority and staff requirements

1. 认证机构的要求
Requirements of certification authority

依据国家认监委颁布的《危害分析与关键控制点（HACCP）体系认证实施规则》，在我国从事 HACCP 体系认证活动的认证机构应满足以下要求：一是具备《中华人民共和国认证认可条例》规定的基本条件和从事 HACCP 体系认证的技术能力，获得国家认监委批准并向国家认监委提交相关证明文件；二是认证机构应按照我国和进口国（地区）相关法律、法规、标准和规范要求来制定专项审核指导书。认证机构在未取得相关证明文件前，只能颁发不超过 10 张该认证范围的认证证书。

目前，获得国家认监委批准和认可的 HACCP 体系认证机构主要有中国质量认证中心（China Quality Certification，CQC）、方圆标志认证中心、上海质量管理体系审核中心、杭州万泰认证有限公司、北京中大华远认证中心、兴原认证中心、中国检验认证集团质量认证公司、北京大陆航星质量认证中心、北京陆桥质检认证中心有限公司、华夏认证中心有限公司、北京新世纪认证有限公司、深圳环通认证中心有限公司、北京五洲恒通认证有限公司、广东中鉴认证有限公司、中环联合（北京）认证中心有限公司、中安质环认证中心、浙江公信认证有限公司、长城（天津）质量保证中心、中食恒信（北京）质量认证中心有限公司等。

2. 认证人员的要求
Requirements of certification staff

国家认监委颁布的《危害分析与关键控制点（HACCP）体系认证实施规则》对认证人员提出了以下几个方面的要求。

（1）认证机构中参加认证活动的人员应具备必要的个人素质和认证所需相关专业及认证检查、检验等方面的教育、培训和工作经历；

（2）认证审核员应当具备按标准要求实施 HACCP 体系认证活动的能力，满足教育经历、工作经历和审核经历的要求，并按照《认证及认证培训、咨询人员管理办法》有关规定取得中国认证认可协会的执业资格注册；

（3）认证机构应对本机构的认证审核员的能力做出评价，以满足实施相应类别产品HACCP 体系认证活动的需要。

（三）HACCP 体系认证的认证范围
Certification scope of HACCP system

在我国，根据国家认监委在 2012 年颁布的《危害分析与关键控制点（HACCP）体系认证实施规则》和《危害分析与关键控制点（HACCP）体系认证依据与认证范围（第一批）》，HACCP 体系认证的认证范围主要包括易腐烂的动物产品、易腐烂的植物产品、常温下保存期长的产品和餐饮业四大类（表 2-3）。

表 2-3　HACCP 体系认证的认证范围(第一批)

代码	行业类别	种类示例
C	加工 1(易腐烂的动物产品)包括农业生产后的各种加工,如:屠宰	C1 畜禽屠宰及肉制品加工 C2 蛋及蛋制品加工 C3 乳及乳制品加工 C4 水产品的加工 C5 蜂产品的加工 C6 速冻食品制造
D	加工 2(易腐烂的植物产品)	D1 果蔬类产品加工 D2 豆制品加工 D3 凉粉加工
E	加工 3(常温下保存期长的产品)	E1 谷物加工 E2 坚果加工 E3 罐头加工 E4 饮用水、饮料的制造 E5 酒精、酒的制造 E6 焙烤类食品的制造 E7 糖果类食品的制造 E8 食用油脂的制造 E9 方便食品(含休闲食品)的加工 E10 制糖 E11 盐加工 E12 制茶 E13 调味品、发酵制品的制造 E14 营养、保健品制造
G	餐饮业	G1 餐饮及服务

(四) HACCP 体系认证的流程

HACCP certification procedures

在我国,HACCP 体系认证流程分为认证申请、认证受理、审核的策划、审核的实施、认证决定、跟踪监督、再认证等步骤 (图 2-4)。

1. 企业认证申请

Authentication application of enterprise

首先,企业申请 HACCP 认证必须选择经国家认可的、具备资格和资深专业背景的第三方认证机构,这样才能确保认证的权威性及证书效力,确保认证结果与产品消费国官方验证体系相衔接。

(1) 企业要申请认证应满足的基本条件　在申请 HACCP 认证时,企业应满足以下几个方面的基本条件:首先,产品生产企业应取得国家工商行政管理部门或有关机构注册登记的法人资格;第二,取得相关法规规定的行政许可文件;第三,生产经营的产品符合适用的我国和进口国 (地区) 相关法律、法规、标准和规范的要求;第四,按照相关认证要求,建立和实施了文件化的 HACCP 体系,且体系有效运行 3 个月以上;第五,一年内未发生违反我国和进口国 (地区) 相关法律、法规的食品安全卫生事故;第六,五年内未因违反《危害分析与关键控制点 (HACCP) 体系认证实施规则》相关条款而被认证机构撤销认证证书。

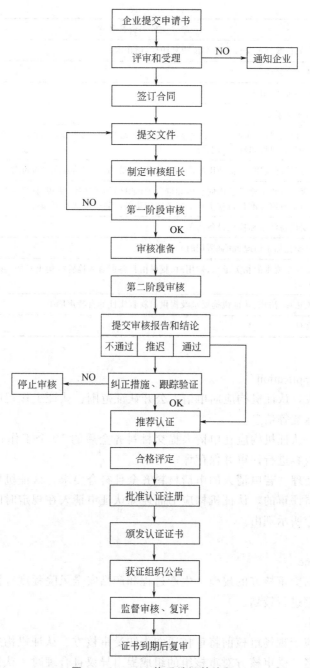

图 2-4　HACCP 体系认证的流程

（2）申请人应提交的文件和资料　在申请 HACCP 体系认证时，申请人应向认证机构提交相应的文件和资料（表 2-4）。

表 2-4　申请人在申请 HACCP 体系认证时应提交的文件和资料

序号	文件和资料名称
1	认证申请
2	法律地位证明文件复印件

序号	文件和资料名称
3	有关法规规定的行政许可文件和备案证明复印件(适用时)
4	组织机构代码证书复印件
5	HACCP手册(包括GMP)
6	组织机构图与职责说明
7	厂区位置图、平面图;加工车间平面图;产品描述、工艺流程图、工艺描述;危害分析单、HACCP计划表;加工生产线、实施HACCP项目和班次的说明
8	食品添加剂使用情况说明,包括使用的添加剂名称、用量、适用产品及限量标准等
9	生产、加工或服务过程中遵守适用的我国和进口国(地区)相关法律、法规、标准和规范清单;产品执行企业标准时,提供加盖当地政府标准化行政主管部门备案印章的产品标准文本复印件
10	生产、加工主要设备清单和检验设备清单
11	多场所清单及委托加工情况说明(适用时)
12	产品符合卫生安全要求的相关证据;适用时,提供由具备资质的检验机构出具的接触食品的水、冰、汽符合卫生安全要求的证据
13	承诺遵守相关法律、法规、认证机构要求及提供材料真实性的自我声明
14	其他需要的文件

2. 认证受理

Authentication application

在认证受理阶段,认证机构应向申请人公开认证范围、认证工作程序、认证依据、证书有效期和认证收费标准等信息。

(1) 申请评审　认证机构应在申请人提交材料齐全后的10个工作日内对其提交的申请文件和文件资料等内容进行评审并保存评审记录。

(2) 评审结果处理　若申请人的申请材料齐全且符合要求,认证机构应予以受理认证申请;对于未通过申请评审的,认证机构应书面通知认证申请人在规定时间内补充、完善,不同意受理认证申请应明示理由。

3. 审核的策划

The check scheme

认证机构应根据受审核方的规模、生产过程和产品安全风险程度等因素,制定审核方案并对认证审核全过程进行策划。

(1) 组建审核组。

(2) 认证机构应于现场审核前将审核通知告知受审核方。认证机构应向受审核方提供审核组每位成员的姓名。受审核方对审核组的组成提出异议且合理时,认证机构应及时调整审核组。

(3) 审核组长应编制审核计划,在现场审核活动开始前,审核计划应经审核委托方确认和接受,并提交给受审核方。

(4) 现场审核应安排在审核范围覆盖产品的生产期,审核组应在现场观察该产品的生产活动。

(5) 当受审核方的HACCP体系覆盖了多个场所时,认证机构应对每一生产场所实施现场审核,以确保审核结果的有效性。

(6) 认证机构应制定确定审核时间的文件。

4. 审核的实施

Implement of check

（1）初次认证审核 HACCP体系初次认证审核分为第一阶段和第二阶段（表2-5），两个阶段的审核均应在受审核方的生产或加工场所实施。第一阶段审核的目的是调查申请人是否已具备实施认证审核的条件和确定第二阶段审核的关注点；在第一阶段审核结束后，认证机构应告知受审核方第一阶段的审核结果可能导致推迟或取消第二阶段审核。第二阶段审核的目的是评价受审核方HACCP体系实施的符合性和有效性；第二阶段审核应在具备实施认证审核的条件下进行，第一阶段审核提出的影响实施第二阶段审核的问题应在第二阶段审核前得到解决。

表2-5 第一阶段和第二阶段审核的重点关注内容

	第一阶段审核	第二阶段审核
重点关注内容	1. 收集关于受审核方的HACCP体系范围、过程和场所的必要信息，以及相关的法律、法规、标准要求和遵守情况； 2. 充分识别委托加工等生产活动对食品安全的影响程度； 3. 初步评价受审核方厂区环境、厂房及设施、设备、人员、卫生管理等是否符合相对应的良好生产规范（GMP）的要求； 4. 了解受审核方对认证标准要求的理解，评审受审核方的HACCP体系文件。重点评审受审核方体系文件的符合性、适宜性和充分性，特别关注关键控制点、关键限值的确定及其支持性证据； 5. 充分了解受审核方的HACCP体系和现场运作，评价受审核方的运作场所和现场的具体情况及体系的实施程度，确认受审核方是否已为第二阶段审核做好准备，并与受审核方商定第二阶段审核的细节，明确审核范围，为策划第二阶段审核提供关注点	1. 与我国和进口国（地区）适用法律、法规及标准的符合性，以及出口食品生产企业安全卫生要求的符合性（适用时）； 2. HACCP体系实施的有效性，包括HACCP计划、前提计划及防护计划的实施，对产品安全危害的控制能力； 3. 原辅料及与食品接触材料的食品安全危害识别的充分性和控制的有效性； 4. 生产加工过程中的卫生标准操作程序（SSOP）执行的有效性； 5. 生产过程中对食品安全危害控制的有效性； 6. 产品可追溯性体系的建立及不合格产品的控制； 7. 食品安全验证活动安排的有效性及食品安全状况； 8. 受审核方对投诉的处理

（2）对于审核中发现的不符合，认证机构应出具书面不符合报告，要求受审核方在规定的期限内分析原因，并说明为消除不符合已采取或拟采取的具体纠正和纠正措施，并提出明确的验证要求。认证机构应审查受审核方提交的纠正和纠正措施，以确定其是否可被接受。受审核方对不符合采取纠正和纠正措施的时间不得超过3个月。

（3）审核组应对在第一阶段和第二阶段审核中收集的所有信息和证据进行分析，以评审审核发现并就审核结论达成一致。

（4）审核组应为每次审核编写书面审核报告，认证机构应向受审核方提供审核报告。

（5）产品安全性验证 为了验证危害分析的输入持续更新、危害水平在确定的可接受水平之内、HACCP计划和前提计划得以实施且有效，特别是产品的安全状况等情况，在现场审核或相关过程中应采取对申请认证产品进行抽样检验的方法验证产品的安全性。

5. 认证决定

The authentication decision

（1）综合评价 认证机构应根据审核过程中收集的信息和其他有关信息，特别是对产品的实际安全状况和企业诚信情况进行综合评价，做出认证决定。对于符合认证要求的受审核方，认证机构应向其颁发认证证书；对于不符合认证要求的受审核方，认证机构应以书面的形式告知其不能通过认证的原因。

（2）对认证决定的申诉 受审核方如对认证决定有异议，可在10个工作日内向认证机构申诉，认证机构自收到申诉之日起，应在一个月内进行处理，并将处理结果书面通知申请人。

在认证过程中，如果受审核方认为认证机构的行为严重侵害了自身合法权益的，可以直接向国家认监委申诉。

6. 跟踪监督

Tracking and monitoring

认证机构应依法对获证组织实施跟踪监督，包括监督审核、跟踪调查和信息通报制度。

（1）监督审核 认证机构应根据获证组织及体系覆盖产品的风险，合理确定监督审核的时间间隔或频次。当体系发生重大变化或发生食品安全事故时，认证机构应增加监督审核的频次。监督审核应至少每年进行一次。初次认证后的第一次监督审核应在第二阶段审核最后一天起 12 个月内进行。每次监督审核应尽可能覆盖 HACCP 体系认证范围内的所有产品。由于产品生产的季节性等原因，在每次监督审核时难以覆盖所有产品的，在认证证书有效期内的监督审核必须覆盖 HACCP 体系认证范围内的所有产品。

监督审核的内容主要包括：体系变化和保持情况；重要原、辅料供方及委托加工的变化情况；产品安全性情况；组织的良好生产规范（GMP）、卫生标准操作程序（SSOP）、关键控制点、关键限值的保持和变化情况及其有效性；顾客投诉及处理；涉及变更的认证范围；对上次审核中确定的不符合所采取的纠正措施；持续符合我国和进口国（地区）相关法律法规标准的情况；质量监督或行业主管部门抽查的结果；证书的使用。必要时，监督审核应对产品的安全性进行验证。认证机构应依据监督审核结果，对获证组织分别作出保持、暂停或撤销其认证资格的决定。

（2）跟踪调查 认证机构应在食品安全风险分析的基础上，策划采用不通知现场审核、生产现场产品抽样检验、市场抽样检验、调查问卷等多种方式对获证组织实施跟踪调查。不通知现场审核可以在审核前 48 小时向获证组织提供审核计划，获证组织无正当理由不得拒绝审核。第一次不接受审核将收到书面告诫，第二次不接受审核将导致证书的暂停。认证机构应制定跟踪调查活动程序、实施要求及跟踪调查结果处理办法。当跟踪调查结果表明获证组织已不再符合认证要求时，认证机构应依法暂停或撤销其认证证书。

（3）信息通报制度 为确保获证组织的 HACCP 体系持续有效，认证机构应与获证组织建立信息通报制度，以及时获取获证组织有关法律地位、经营状况、组织状态或所有权变更、组织和管理层变更、HACCP 体系和过程重大变更、产品工艺环境变化、不合格品召回及处理等方面的信息。此外，认证机构还应该对上述信息进行分析，视情况采取增加监督审核频次、暂停或撤销认证资格等相应的应对措施。

7. 再认证

Reauthentication

在认证证书有效期满前 3 个月，获证组织可向认证机构申请再认证。再认证程序与初次认证程序一致，但可以不进行第一阶段现场审核。当体系或运作环境（如区域、法律法规、食品安全标准等）有重大变更，并经评价需要时，再认证需要实施第一阶段审核。认证机构应根据再认证审核的结果，以及认证周期内的体系评价结果和认证使用方的投诉，做出再认证决定。

8. 认证范围的变更

Changes in authentication scope

（1）获证组织拟变更认证范围时，应向认证机构提出申请，并按认证机构的要求提交相关材料。

（2）认证机构应根据获证组织的申请进行评审，策划并实施适宜的审核活动，并按照上文"5. 认证决定"部分的规定要求做出认证决定。这些审核活动可单独进行，也可与获证组织的监督审核或再认证一起进行。

（3）对于申请扩大认证范围的，应实施现场审核；必要时，应在审核中验证其产品的安全性。

9. 认证要求变更

Changes in authentication requests

认证要求变更时，认证机构应将认证要求的变化以公开信息的方式告知获证组织，并对认证要求变更的转换安排做出规定。

认证机构应采取适当方式对获证组织实施变更后认证要求的有效性进行验证，确认认证要求变更后获证组织证书的有效性，符合要求可继续使用认证证书。

（五）认证证书

Authentication certificate

1. 认证证书有效期

Authentication certificate's validity period

HACCP 体系认证证书有效期为 3 年。认证证书应当符合相关法律法规要求并涵盖证书编号、组织名称及地址、证书覆盖范围（含产品生产场所、生产车间等信息）、认证依据、颁证日期、证书有效期、认证机构名称及地址等基本信息。认证证书的编号应从"中国食品农产品认证信息系统"中获取，认证机构不得自行编制认证证书编号并发放认证证书。

2. 认证证书的管理

Management of authentication certificate

认证机构应当对获证组织认证证书使用的情况进行有效管理。

（1）认证证书的暂停　当出现下列情形之一时，认证机构应暂停获证组织使用认证证书：①获证组织未按规定使用认证证书的；②获证组织违反认证机构要求的；③获证组织发生食品安全卫生事故；质量监督或行业主管部门抽查不合格等情况，尚不需立即撤销认证证书的；④获证组织 HACCP 体系或相关产品不符合认证依据、相关产品标准要求，不需要立即撤销认证证书的；⑤获证组织未能按规定间隔期实施监督审核的；⑥获证组织未按要求对信息进行通报的；⑦获证组织与认证机构双方同意暂停认证资格等。认证证书暂停期限最长为 6 个月。

（2）认证证书的撤销　在出现下列情形之一时，认证机构应撤销获证组织的认证证书：①获证组织 HACCP 体系或相关产品不符合认证依据或相关产品标准要求，需要立即撤销认证证书的；②认证证书暂停期间，获证组织未采取有效纠正措施的；③获证组织不再生产获证范围内产品的；④获证组织出现严重食品安全卫生事故或对相关方重大投诉未能采取有效处理措施的；⑤获证组织虚报、瞒报获证所需信息的；⑥获证组织不接受相关监管部门或认证机构对其实施监督的。

（六）信息报告

Information reports

认证机构应按照要求及时将下列信息通报相关政府监管部门：①认证机构应在现场审核5 个工作日前，将审核计划等信息录入"中国食品农产品认证信息系统"；②认证机构应在10 个工作日内将撤销、暂停认证证书的获证组织名单和原因，向国家认监委和该组织所在地的省级质量监督、检验检疫、工商行政管理部门报告，并向社会公布；③认证机构在获知获证组织发生食品安全事故后，应及时将相关信息向国家认监委和获证组织所在地的省级质量监督、检验检疫、工商行政管理部门通报；④认证机构应按要求及时向"中国食品农产品认证信息系统"填报认证活动信息；⑤认证机构应于每年 2 月底之前将上年度 HACCP 体系认证工作报告报送国家认监委，报告内容包括颁证数量、获证组织质量分析、暂停和撤销认证证书清单及原因分析等。

第二节　ISO 22000
The ISO 22000 system

一、ISO 22000 食品安全管理体系的产生及发展
Origin and development of food safety management system ISO 22000

（一）ISO 22000：2005 标准的产生背景
Background of ISO 22000：2005 standards

随着科学技术的发展及人们物质生活水平的提高，消费者更加关注食品安全卫生，而依靠终产品检验来判断食品卫生与安全程度的传统方法难以保证生产出安全的食品。针对日益严峻的食品安全形势，世界各国普遍认为有效的食品安全管理体系是确保本国消费者健康和安全的基础，并在确保食品安全卫生质量，预防与控制从食品生产原料、加工到储运、销售等全过程中可能存在的潜在危害等方面进行了大量探索。

（二）ISO 22000：2005 标准的产生和发展
Origin and development of ISO 22000：2005 standards

在上述背景下，国际标准化组织（ISO）于 2005 年 9 月 1 日颁布实施了 ISO 22000：2005 标准《食品安全管理体系 食品链中各类组织的要求》。ISO 22000：2005 标准是建立在危害分析与关键控制点（HACCP）体系、卫生标准操作程序（SSOP）、良好生产规范（GMP）、良好农业规范（GAP）、良好兽医规范（GVP）、良好卫生规范（GHP）等基础之上，同时整合了 ISO 9001：2000 的部分要求而形成的针对整个食品链进行全程监管的食品安全管理体系。2006 年 3 月 1 日，我国等同转换国际版标准 GB/T 22000：2006 正式发布，并于 2006 年 7 月 1 日正式实施。

（三）ISO 22000：2005 标准的应用范围
Application scope of ISO 22000：2005 standards

ISO 22000：2005 标准适用于整个食品供应链中所有的组织，包括直接介入食品链中一个或多个环节的组织和间接介入食品链的组织。直接介入食品链中一个或多个环节的组织包括饲料加工、种植生产、辅料生产、食品加工、零售、食品服务、配餐服务、提供清洁、运输、贮存和分销服务的组织；间接介入食品链的组织包括食品设备、食品添加剂和其他食品配料、食品清洁剂和包装材料及其他食品接触材料的供应商等。

二、ISO 22000 食品安全管理体系的关键要素
Key elements of ISO 22000 food safety management system

为了保障从食品供应链开始直到最后消费阶段的食品安全，ISO 22000：2005 标准的各

项要求均结合了相互沟通、体系管理、前提方案、HACCP 原理等普遍认同的关键要素。

（一）相互沟通
Communication

尽管"相互沟通"在许多食品安全标准中都有体现，但明确作为食品安全关键要素提出，是 ISO 22000 的首创。ISO 22000 把"相互沟通"放在了四大关键要素的首位，以突出其对食品安全的重要性。沟通的目的是确保发生必要的相互作用。组织内外各部门、各工序、不同组织间的沟通是 ISO 22000 食品安全管理体系有效运行的基础。体系沟通分为外部沟通和内部沟通，外部沟通包括食品链内上游和下游组织间进行的沟通，与组织外的法律法规主管部门的沟通；内部沟通的重要基础在于组织内部有关人员就影响食品安全事项的沟通，以确保组织内各部门、各工序的员工都能获取充分的相关信息和数据（图 2-5）。

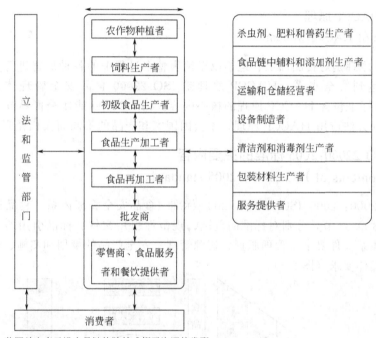

注：此图并未表示沿食品链的跨越式相互沟通的类型

图 2-5　食品链上的沟通实例

（二）体系管理
System management

与 HACCP 体系相比，ISO 22000 食品安全管理体系沿用了 ISO 9001 质量管理系统八大管理原则，突出了体系管理理念，将组织、资源、过程和程序融合到体系之中，使体系结构与 ISO 9001 标准结构完全一致，强调标准既可单独使用，也可以和 ISO 9001 质量管理体系标准整合使用，充分考虑了两者兼容性。体系管理的方法：将相互关联的过程作为体系来看待、理解和管理，有助于组织提供实现目标的有效性和效率。组织应该根据食品安全管理体系标准的要求，建立有效的食品安全管理体系，并规定食品安全管理体系中所涉及的产品或产品类别、过程和生产场地，从而针对每个涉及点进行体系管理，以保证最终产品的安全性。

（三）前提方案
Prerequisite program

前提方案（Prerequisite program，简称 PRP）是指在整个食品链中为保持卫生环境所必需的基本条件和活动，以适合生产、处理和提高安全终产品和人类消费的安全食品。前提方案分为基础设施与维护方案和操作性前提方案两大类，这种划分考虑了拟采用控制措施的性质差异及其监视、验证或确认的可行性。前提方案取决于组织在食品链中的位置和类型，等同术语包括良好农业规范（GAP）、卫生标准操作程序（SSOP）、良好生产规范（GMP）、良好兽医规范（GVP）、良好卫生规范（GHP）、良好操作规范（GPP）、良好分销规范（GDP）等。在 ISO 22000 条款中，前提方案包括建筑物和相关设施的构造与布局、包括工作空间和员工设施在内的厂房布局等内容。

（四）HACCP 原理
Principle of HACCP system

HACCP 原理是对食品加工、运输以至销售整个过程中的各种危害进行分析和控制，从而保证食品达到安全水平。HACCP 原理是 ISO 22000 食品安全管理体系的基础，ISO 22000：2005 标准包含 HACCP 原理的核心内容。ISO 22000 能使全世界范围内的组织以一种协调一致的方法应用 HACCP 原理，不会因国家和产品的不同而大相径庭。

三、ISO 22000：2005 标准的主要内容
Main contents of ISO 22000：2005 standards

GB/T 22000：2006/ISO 22000：2005 标准《食品安全管理体系　食品链中各类组织的要求》共分 8 章 32 节，分别对标准的范围、规范性引用文件、标准引用的术语和定义、食品安全管理体系文件要求、管理职责、资源管理、安全产品的策划和实施、体系的验证确认和改进作出具体要求（图 2-6）。

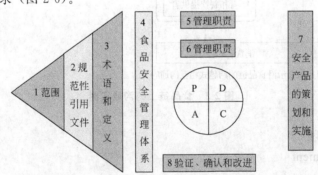

图 2-6　ISO 22000《食品安全管理体系　食品链中各类组织的要求》标准的结构

（一）范围
Scope

ISO 22000：2005 标准的内容是"规定了食品安全管理体系的要求"，目的是"以便食品链中的组织证实其有能力控制食品安全危害，确保其提供给人类消费的食品是安全的"；ISO 22000：2005 标准适用范围为食品链中所有类型的组织，比原有的 HACCP 体系范围要广。

（二）规范性引用文件
Normative references

本章主要说明了 ISO 22000：2005 标准引用了 ISO 9000 标准。ISO 9000 标准被我国等同采用并形成了 GB/T 19000 标准，目前该标准已更新为 GB/T 19000：2008/ISO 9000：2005。

（三）术语和定义
Terms and definitions

本章规定了 ISO 22000：2005 标准的 17 个术语，可分为引自 ISO 9000 标准的术语（"纠正"、"纠正措施"、"验证"等）、引用或改编自 CAC 的术语（"食品安全"、"食品安全危害"、"控制措施"、"关键控制点"、"关键限值"、"确认"等）和特有术语（"食品链"、"食品安全方针"、"终产品"、"流程图"、"前提方案"、"操作性前提方案"、"监视"和"更新"）三大类。

（四）食品安全管理体系
Food safety management system

本章描述了建立食品安全管理体系，形成文件，实施、保持和持续改进体系有效性的总体思路和要求，体系文件的组成、文件和记录控制的要求等内容。

1. 食品安全管理体系的总要求
General requirements of food safety management system

组织应按 GB/T 22000：2006/ISO 22000：2005 的要求建立有效的食品安全管理体系，并形成文件，同时加以实施和保持，必要时进行更新。组织应确定食品安全管理体系的范围，该范围应规定食品安全管理体系中所涉及的产品或产品类别、过程和生产场地。组织应确保控制所选择的任何可能影响终产品符合性且源于外部的过程，并应在食品安全管理体系中加以识别，形成文件。

2. 食品安全管理体系的文件要求
Documentation requirements of food safety management system

食品安全管理体系文件应包括形成文件的食品安全方针和相关目标的声明；GB/T 22000：2006/ISO 22000：2005 要求的形成文件的程序和记录；组织为确保食品安全管理体系有效建立、实施和更新所需的文件。

（五）管理职责
Management responsibilities

本章共包含 8 个一级条款，这些条款大部分是对最高管理者的要求，包括最高管理者的管理承诺、食品安全方针、食品安全管理体系策划、职责和权限、食品安全小组组长、沟通、应急准备和响应以及管理评审。

（六）资源管理
Resource management

本章共包含资源提供、人力资源、基础设施和工作环境 4 个一级条款。

（七） 安全产品的策划和实现
Planning and implementation of safe products

本章是 ISO 22000：2005 标准的核心，共包含 10 个一级条款，其内在逻辑关系，如图 2-7 所示。

ISO 22000：2005 标准要求组织采用动态和系统的过程方法建立食品安全管理体系，这是通过有效地建立、实施、监视策划的活动，保持和验证控制措施，更新食品加工过程和加工环境，以及一旦出现不合格产品而采取适当措施来实现的。本章阐述了安全食品的策划和运行阶段，7.1 是总则；7.2 是前提方案，是实现安全产品的基础条件和活动，因此置于金字塔的塔基；7.3 是实施危害分析的预备步骤；7.4 是危害分析；由危害分析得到了两个输出，分别是 7.5 操作性前提方案（PRPs）和 7.6 HACCP 计划；对于控制食品安全的所有措施形成的金字塔结构，需要 "7.7 预备信息的更新、规定前提方案和 HACCP 计划文件的更新"，要有 "7.8 验证策划"、"7.9 可追溯性系统" 和 "7.10 不符合控制" 三部分的支撑和完善。

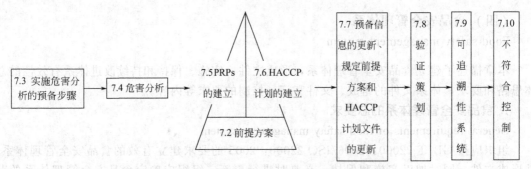

图 2-7　策划和实现安全食品过程步骤的逻辑说明

（八） 食品安全管理体系的确认、验证和改进
Verification, validation and improvement of the food safety management system

本章共包含 5 个一级条款，分别是 "8.1 总则"、"8.2 控制措施组合的确认"、"8.3 监视和测量的控制"、"8.4 食品安全管理体系的验证" 和 "8.5 改进"。

四、ISO 22000 与 HACCP 的比较
Comparison between ISO 22000 and HACCP

1. ISO 22000 突出了体系管理理念
ISO 22000 highlights the concept of system management

ISO 22000 标准与 HACCP 相比，突出了体系管理理念，将组织、资源、过程和程序融合到体系之中，使体系结构与 ISO 9001 标准结构完全一致，强调标准既可单独使用，也可以和 ISO 9001 质量管理体系标准整合使用，充分考虑了两者兼容性。ISO 22000 标准适用范围为食品链中所有类型的组织，比原有的 HACCP 体系范围要广。

2. ISO 22000 强调了沟通的作用
ISO 22000 emphasizes the role of communication

沟通是食品安全管理体系的重要原则。顾客要求、食品监督管理机构要求、法律法规要求以及一些新的危害产生的信息，须通过外部沟通获得，以获得充分的食品安全相关信息。

通过内部沟通可以获得体系是否需要更新和改进的信息。

3. ISO 22000 体现了对遵守食品法律法规的要求

ISO 22000 embodies the requirements of compliance with food law

ISO 22000 标准不仅在引言中指出"本标准要求组织通过食品安全管理体系以满足与食品安全相关的法律法规要求",而且标准的多个条款都要求与食品法律法规相结合,充分体现了遵守法律法规是建立食品安全管理体系的前提之一。

4. ISO 22000 提出了前提方案

ISO 22000 proposes the prerequisit programs（PRPs）

ISO 22000 提出了前提方案、操作性前提方案和 HACCP 计划的重要性。"前提方案"是整个食品供应链中为保持卫生环境所必需的基本条件和活动,它等同于食品企业良好操作规范。操作性前提方案是为减少食品安全危害在产品或产品加工环境中引入、污染或扩散的可能性,通过危害分析确定的基本前提方案。HACCP 体系也是通过危害分析确定的,只不过它是运用关键控制点通过关键限值来控制危害的控制措施。两者区别在于控制方式、方法或控制的侧重点不同,但目的都是为防止、消除食品安全危害或将食品安全危害降低到可接受水平的行动或活动。

5. ISO 22000 强调了"确认"和"验证"的重要性

ISO 22000 highlights the importance of "confirmation" and "verification"

"确认"是获取证据以证实由 HACCP 计划和操作性前提方案安排的控制措施有效。ISO 22000 标准在多处明示和隐含了"确认"要求或理念。"验证"是通过提供客观证据对规定要求已得到满足的认定。目的是证实体系和控制措施的有效性。ISO 22000 标准要求对前提方案、操作性前提方案、HACCP 计划及控制措施组合、潜在不安全产品处置、应急准备和响应、撤回等都要进行验证。

6. ISO 22000 增加了"应急准备和响应"规定

ISO 22000 adds the rule of "emergency preparedness and response"

ISO 22000 标准要求最高管理者应关注有关影响食品安全的潜在紧急情况和事故,要求组织应识别潜在事故（事件）和紧急情况,组织应策划应急准备和响应措施,并保证实施这些措施所需要的资源和程序。

7. ISO 22000 建立了可追溯性系统和对不安全产品实施撤回机制

ISO 22000 establishes the traceability system and unsafe products withdraw mechanism

ISO 22000 标准提出了对不安全产品采取撤回要求,充分体现了现代食品安全的管理理念。要求组织建立从原料供方到直接分销商的可追溯性系统,确保交付后的不安全终产品,利用可追溯性系统,能够及时、完全地撤回,尽可能降低和消除不安全产品对消费者的伤害（表 2-6）。

表 2-6　ISO 22000 与 HACCP 的比较

HACCP 原理	HACCP 实施步骤		GB/T 22000:2006/ISO 22000:2005	
	步骤 1	建立 HACCP 小组	7.3.2	食品安全小组
	步骤 2	产品描述	7.3.3 7.3.5.2	产品特性 过程步骤和控制措施的描述
	步骤 3	识别预期用途	7.3.4	预期用途
	步骤 4 步骤 5	制作流程图 流程图的现场确认	7.3.5.1	流程图

HACCP 原理	HACCP 实施步骤		GB/T 22000:2006/ISO 22000:2005	
原理 1:进行危害分析	步骤 6	列出所有潜在危害 进行危害分析 考虑控制措施	7.4 7.4.2 7.4.3 7.4.4	危害分析 危害识别和可接受水平的确定 危害评价 控制措施的选择和评估
原理 2:确定关键控制点(CCPs)	步骤 7	确定关键控制点	7.6.2	关键控制点的确定
原理 3:建立关键限值	步骤 8	建立每个关键控制点的关键限值	7.6.3	关键控制点的关键限值的确定
原理 4:建立关键控制点的监视系统	步骤 9	建立每个关键控制点监视系统	7.6.4	关键控制点的监视系统
原理 5:建立纠正措施,以便当监控表明某个关键控制点失控时采用	步骤 10	建立纠正行动	7.6.5	监视结果超出关键限值时采取的措施
原理 6:建立验证程序,以确认 HACCP 有效运行	步骤 11	建立验证程序	7.8	验证策划
原理 7:建立上述原理和应用的相关程序和记录	步骤 12	建立文件和记录保持	7.2 7.7	文件要求 预备信息的更新、描述前提方案和 HACCP 计划的文件的更新

五、食品安全管理体系的认证
Food safety management system certification

根据国家认监委的文件说明,我国的食品安全管理体系认证是特指以 GB/T 22000:2006《食品安全管理体系 食品链中各类组织的要求》为认证依据的认证制度。

(一) 食品安全管理体系认证的认证依据
Food safety management system certification basis

食品安全管理体系认证依据由基本认证依据和专项技术要求组成。

1. 基本认证依据
Basisof certification

基本认证依据即 GB/T 22000:2006《食品安全管理体系 食品链中各类组织的要求》。

2. 专项技术要求
Specific technical requirements

认证机构实施食品安全管理体系认证时,在以上基本认证依据要求的基础上,还应将 GB/T 22003《食品安全管理体系审核与认证机构要求》规定的专项技术规范作为认证依据同时使用。2014 年 6 月 16 日,国家认监委新发布了更新后的《食品安全管理体系认证专项技术规范目录》(表 2-7)。没有经过国家认监委备案的专项技术规范,不可以开展食品安全管理体系认证。当前,最新的专项技术规范共有 29 项。

表 2-7 食品安全管理体系认证专项技术规范目录

序号	专项技术规范名称
1	GB/T 27301 食品安全管理体系 肉类及肉制品生产企业要求
2	GB/T 27302 食品安全管理体系 速冻方便食品生产企业要求

续表

序号	专项技术规范名称
3	GB/T 27303 食品安全管理体系 罐头食品生产企业要求
4	GB/T 27304 食品安全管理体系 水产品加工企业要求
5	GB/T 27305 食品安全管理体系 果汁和蔬菜汁类生产企业要求
6	GB/T 27306 食品安全管理体系 餐饮业要求
7	GB/T 27307 食品安全管理体系 速冻果蔬生产企业要求
8	CNCA/CTS 0006—2008A(CCAA 0001—2014)食品安全管理体系 谷物加工企业要求
9	CNCA/CTS 0007—2008A(CCAA 0002—2014)食品安全管理体系 饲料加工企业要求
10	CNCA/CTS 0008—2008A(CCAA 0003—2014)食品安全管理体系 食用油、油脂及其制品生产企业要求
11	CNCA/CTS 0009—2008A(CCAA 0004—2014)食品安全管理体系 制糖企业要求
12	CNCA/CTS 0010—2008A(CCAA 0005—2014)食品安全管理体系 淀粉及淀粉制品生产企业要求
13	CNCA/CTS 0011—2008A(CCAA 0006—2014)食品安全管理体系 豆制品生产企业要求
14	CNCA/CTS 0012—2008A(CCAA 0007—2014)食品安全管理体系 蛋及蛋制品生产企业要求
15	CNCA/CTS 0013—2008A(CCAA 0008—2014)食品安全管理体系 糕点生产企业要求
16	CNCA/CTS 0014—2008A(CCAA 0009—2014)食品安全管理体系 糖果类生产企业要求
17	CNCA/CTS 0016—2008A(CCAA0010—2014)食品安全管理体系 调味品、发酵制品生产企业要求
18	CNCA/CTS 0017—2008A(CCAA0011—2014)食品安全管理体系 味精生产企业要求
19	CNCA/CTS 0018—2008A(CCAA 0012—2014)食品安全管理体系 营养保健品生产企业要求
20	CNCA/CTS 0019—2008A(CCAA 0013—2014)食品安全管理体系 冷冻饮品及食用冰生产企业要求
21	CNCA/CTS 0020—2008A(CCAA 0014—2014)食品安全管理体系 食品及饲料添加剂生产企业要求
22	CNCA/CTS 0021—2008A(CCAA 0015—2014)食品安全管理体系 食用酒精生产企业要求
23	CNCA/CTS 0026—2008A(CCAA 0016—2014)食品安全管理体系 饮料生产企业要求
24	CNCA/CTS 0027—2008A(CCAA 0017—2014)食品安全管理体系 茶叶、含茶制品及代用茶加工生产企业要求
25	CNCA/CTS 0010—2014(CCAA 0018—2014)食品安全管理体系 坚果加工企业要求
26	CNCA/CTS 0011—2014(CCAA 0019—2014)食品安全管理体系 方便食品生产企业要求
27	CNCA/CTS 0012—2014(CCAA 0020—2014)食品安全管理体系 果蔬制品生产企业要求
28	CNCA/CTS 0013—2014(CCAA 0021—2014)食品安全管理体系 运输和贮藏企业要求
29	CNCA/CTS 0014—2014(CCAA 0022—2014)食品安全管理体系 食品包装容器及材料生产企业要求

（二）认证机构和认证人员的要求

Certification authority and staff requirements

1. 认证机构的要求

Requirements of certification authority

从事食品安全管理体系认证活动的认证机构，应当具有我国《认证认可条例》规定的基本条件和从事食品安全管理体系认证的技术能力，并获得国家认监委的批准。认证机构应在获得国家认监委批准后的 12 个月内，向国家认监委提交其实施食品安全管理体系认证活动符合《食品安全管理体系认证实施规则》和 GB/T 22003《食品安全管理体系　审核与认证机构要求》的证明文件。认证机构在未取得相关证明文件前，只能颁发不超过 10 张该认证范围的认证证书。目前，经中国合格评定国家认可委员会（China National Accreditation Service for Conformity Assessment，简称 CNAS）批准的可以进行食品安全管理体系认证的机构共有 33 家（表 2-8）。

表 2-8 具有食品安全管理体系认证资质的认证机构名单

序号	单位名称	证书号	序号	单位名称	证书号
1	中国质量认证中心	CNAS C001-F	18	北京埃尔维质量认证中心	CNAS C039-F
2	方圆标志认证集团有限公司	CNAS C002-F	19	深圳华测国际认证有限公司	CNAS C041-F
3	上海质量体系审核中心	CNAS C003-F	20	北京大陆航星质量认证中心股份有限公司	CNAS C045-F
4	中质协质量保证中心	CNAS C006-F	21	北京恩格威认证中心有限公司	CNAS C053-F
5	广东中鉴认证有限责任公司	CNAS C007-F	22	中环联合（北京）认证中心有限公司	CNAS C055-F
6	长城（天津）质量保证中心	CNAS C009-F	23	上海天祥质量技术服务有限公司	CNAS C058-F
7	东北认证有限公司	CNAS C010-F	24	凯新认证（北京）有限公司	CNAS C069-F
8	浙江公信认证有限公司	CNAS C013-F	25	福建东南标准认证中心	CNAS C083-F
9	杭州万泰认证有限公司	CNAS C015-F	26	中食恒信（北京）质量认证中心有限公司	CNAS C084-F
10	北京新世纪检验认证股份有限公司	CNAS C016-F	27	北京五洲恒通认证有限公司	CNAS C106-F
11	北京中大华远认证中心	CNAS C020-F	28	北京东方纵横认证中心有限公司	CNAS C114-F
12	华夏认证中心有限公司	CNAS C021-F	29	北京华思联认证中心	CNASC116-F
13	深圳市环通认证中心有限公司	CNAS C024-F	30	莱茵检测认证服务（中国）有限公司	CNAS C144-F
14	北京中安质环认证中心	CNAS C028-F	31	上海挪华威认证有限公司	CNAS C149-F
15	通标标准技术服务有限公司	CNAS C033-F	32	劳氏质量认证（上海）有限公司	CNAS C156-F
16	兴原认证中心有限公司	CNAS C035-F	33	必维认证（北京）有限公司	CNAS C158-F
17	北京世标认证中心有限公司	CNAS C038-F			

2. 认证人员的要求

Requirements of certification staff

（1）认证机构中参加认证活动的人员应当具备必要的个人素质和食品生产、食品安全及认证检查、检验等方面的教育、培训和（或）工作经历。

（2）食品安全管理体系认证审核员应符合以下条件：一是具有国家承认的食品工程或相近专业本科或以上的学历；二是满足 GB/T 22003《食品安全管理体系审核与认证机构要求》中关于审核员教育、食品安全培训、审核培训、工作经历和审核经历的要求；三是具备实施危害分析的能力；四是按照《认证及认证培训、咨询人员管理办法》有关规定取得人员注册机构的执业资格注册。

（3）认证机构应对本机构的认证审核员的能力做出评价，审核员应具有针对 GB/T 22003《食品安全管理体系审核与认证机构要求》附录 A 中特定种类的专业能力，以满足实施相应类别产品食品安全管理体系认证活动的需要。

（三）食品安全管理体系认证的流程
Food safety management system certification procedures

在我国，食品安全管理体系认证程序分为认证申请、认证受理、现场审核、认证决定、跟踪监督、再认证、认证范围的变更等步骤。

1. 认证申请
Certification application

（1）申请人应具备的条件在申请食品安全管理体系认证时，申请人应具备的条件包括：①取得国家工商行政管理部门或有关机构注册登记的法人资格（或其组成部分）；②已取得相关法规规定的行政许可（适用时）；③生产、加工的产品或提供的服务符合中华人民共和国相关法律、法规、安全卫生标准和有关规范的要求；④已按认证依据要求，建立和实施了文件化的食品安全管理体系，一般情况下体系需有效运行 3 个月以上；⑤在一年内，未因食品安全卫生事故、违反国家食品安全管理相关法规或虚报、瞒报获证所需信息，而被认证机构撤销认证证书。

（2）申请人应提交的文件和资料在申请食品安全管理体系认证时，申请人应提交食品安全管理体系认证申请、有关法规规定的行政许可文件证明文件、组织机构代码证书复印件、食品安全管理体系文件、加工生产线的详细信息、HACCP 项目和班次的详细信息及申请认证产品的生产、加工或服务工艺流程图、操作性前提方案和 HACCP 计划等文件资料。

2. 认证受理
Pending certification

（1）认证机构应向申请人至少公开认证业务范围、认证工作程序、认证依据、证书有效期、认证收费标准等信息。

（2）申请评审认证机构应根据认证依据、程序等要求，在 15 个工作日对申请人提交的申请文件和资料进行评审并保存评审记录，以确保：认证要求规定明确、形成文件并得到理解；认证机构和申请人之间在理解上的差异得到解决；对于申请的认证范围、申请人的工作场所和任何特殊要求，认证机构均有能力开展认证服务。

（3）评审结果处理若申请人的申请材料齐全、符合要求，认证机构应予以受理认证申请。对于未通过申请评审的，认证机构应书面通知认证申请人在规定时间内补充、完善，或不同意受理认证申请并明示理由。

3. 现场审核
On site audit

（1）审核组认证机构应根据审核需要，组成审核组。审核组应具备以下基本条件：①审核组应具备对审核所要求的特定种类运用前提方案、危害分析与关键控制点的能力；②审核组成员的专业能力已经认证机构评定；③审核组成员身体健康，并有健康证明；④审核组如果需要技术专家提供支持，技术专家应具有大学本科以上的学历，身体健康具有健康证明，并满足 GB/T 22003《食品安全管理体系审核与认证机构要求》对技术专家的教育、工作经历及能力要求。

（2）初次认证审核应分两个阶段进行，第一阶段审核应满足 GB/T 22003《食品安全管理体系审核与认证机构要求》对第一阶段审核的要求；第二阶段审核应满足 GB/T 22003《食品安全管理体系审核与认证机构要求》对第二阶段审核的要求。两个阶段的审核都应该在受审核方的场所实施。

（3）初次认证审核组至少由两名审核员组成，第一、二阶段审核组组长宜为同一人，第二阶段审核组中至少应包含一名第一阶段审核员。同一审核员不能连续两次在同一生产现场审核时担任审核组组长，不能连续三次对同一生产现场实施认证审核。

（4）现场审核应安排在审核范围覆盖产品种类的生产期进行，审核组应在现场观察该产品种类的生产活动。

（5）当受审核方体系覆盖了多个场所时，认证机构应对每一生产场所实施现场认证审核，以确保审核的有效性。当受审核方将影响食品安全的重要生产过程采用委托加工等方式进行时，除非被委托加工组织的被委托加工活动已获得相应的 HACCP 体系或食品安全管理体系认证，否则应对委托加工过程实施现场审核。

（6）对于审核中发现的不符合，应出具书面不符合报告，要求受审核方在规定的期限内分析原因，并说明为消除不符合已采取或拟采取的具体纠正和纠正措施，并提出明确的验证要求。认证机构应审查受审核方提交的纠正和纠正措施，以确定其是否可被接受。

（7）产品安全性验证　为验证危害分析的输入持续更新、危害水平在确定的可接受水平之内、HACCP 计划和操作性前提方案得以实施且有效，特别是产品实物的安全状况等情况，适用时，在现场审核或相关过程中需要采取对申请认证产品进行抽样检验的方法来验证产品的安全性。

认证机构可根据有关指南、标准、规范或相关要求策划抽样检验活动。抽样检验可采用以下三种方式：①委托具备相应能力的检测机构完成；②由现场审核人员利用申请人的检验设施完成；③由现场审核人员确认由其他检验机构出具的检验结果的方式完成。

当利用申请人的检验设施完成检验时，认证机构应提出对所用检验设施的控制要求；当采用确认由其他检验机构出具检验结果的方式完成检验时，认证机构对此应提出以下相应的控制要求：①检验结果时效性的合理界定；②出具检验结果的检验机构应具备的条件；③检验结果中的检验项目不全时的处理方式。

（8）审核时间　认证机构应根据食品链中的行业类别、产品生产加工过程复杂程度、申请人的规模、认证要求和其所承担的风险等，在满足 GB/T 22003《食品安全管理体系审核与认证机构要求》对最少审核时间要求的基础上，策划审核时间，以确保审核的充分性和有效性。

4. 认证决定

Certification decisions

（1）综合评价　认证机构应根据审核过程中收集的信息和其他有关信息，对审核结果进行综合评价，特别是对产品的实际安全状况进行评价。必要时，认证机构应对申请人满足所有认证依据的情况进行风险评估，以做出申请人所建立的食品安全管理体系能否获得认证的决定。

认证机构在做出认证决定时，应获得 GB/T 22003《食品安全管理体系审核与认证机构要求》有关初次认证的所有信息，且所有不符合已关闭。

（2）认证决定　对于符合认证要求的申请人，认证机构应颁发认证证书；对于不符合认证要求的申请人，认证机构应以书面的形式明示其不能通过认证的原因。

（3）对认证决定的申诉　申请人如对认证决定结果有异议，可在 10 个工作日内向认证机构申诉，认证机构自收到申诉之日起，应在一个月内进行处理，并将处理结果书面通知申请人。申请人如认为认证机构行为严重侵害了自身合法权益的，可以直接向认证监管部门投诉。

5. 跟踪监督

Tracking and monitoring

（1）监督频次和覆盖产品　认证机构应根据获证体系覆盖的产品或提供服务的特点以及所承担的风险，合理确定跟踪监督审核的时间间隔或频次。当获证组织食品安全管理体系发生重大变更，或发生重大食品安全事故时，认证机构应增加跟踪监督的频次。

跟踪监督审核的最长时间间隔不超过 12 个月，季节性产品应在生产季节进行监督。每次跟踪监督审核应尽可能覆盖食品安全管理体系认证范围内的所有产品。由于产品生产的季节性原因，在每次跟踪监督审核时难以覆盖所有产品的，在认证证书有效期内的跟踪监督审核必须覆盖食品安全管理体系认证范围内的所有产品。

（2）跟踪监督审核应满足 GB/T 22003《食品安全管理体系审核与认证机构要求》对监督活动的要求。

（3）必要时，跟踪监督审核应对产品的安全性进行验证。

（4）跟踪监督 结果评价对于跟踪监督审核合格的获证组织，认证机构应作出保持其认证资格的决定；否则，应暂停、撤销其认证资格。

（5）信息通报制度 为确保获证组织的食品安全管理体系持续有效，认证机构应通过与认证申请人签订合同的方式予以明确约定，要求获证组织建立信息通报制度，及时向认证机构通报以下信息：①法律地位、经营状况、组织状态或所有权变更的信息；②组织和管理层（如关键的管理、决策或技术人员）变更的信息；③联系地址和场所变更的信息；④食品安全管理体系和过程重大变更的信息；⑤有关产品、工艺、环境变化的信息；⑥有关周围发生的重大动、植物疫情的信息；⑦有关食品安全事故的信息，消费者投诉等情况；⑧有关在官方检查或政府组织的市场抽查中，被发现有严重食品安全问题的信息；⑨不合格品撤回及处理的信息等。

（6）信息分析 认证机构应对上述信息进行分析，视情况采取相应措施，包括增加跟踪监督频次在内的措施和暂停或撤销认证资格的措施。

6. 再认证
Re-certification

认证证书有效期满前三个月，获证组织可申请再认证。再认证程序与初次认证程序一致，但可不进行第一阶段审核。当体系或运作环境（如法律法规、食品安全标准等）有重大变更，并经评价需要时，再认证需实施第一阶段审核。

认证机构应根据再认证审核的结果，以及认证周期内的体系评价结果和获证组织相关方的投诉，做出再认证决定。

7. 认证范围的变更
Alterations of certification scope

（1）获证组织拟变更业务范围时，应向认证机构提出申请，并按认证机构的要求提交相关材料。

（2）认证机构根据获证组织的申请，策划并实施适宜的审核活动，并按照要求做出认证决定。这些审核活动可单独进行，也可与获证组织的监督或再认证审核一起进行。

（3）对于申请扩大获证业务范围的，使用时，应在审核中验证其产品的安全性。

（四）认证证书
Authentication certificate

1. 认证证书有效期
Validation period of the authentication certificate

食品安全管理体系认证证书有效期为 3 年。认证证书式样应符合相关法律、法规要求，并涵盖证书编号、企业名称及地址、认证覆盖范围（含产品生产场所、生产车间、具体产品和/或服务种类等信息）、认证依据、颁证日期及证书有效期、认证机构名称及地址等信息。

2. 认证证书的管理
Authentication certificate management

认证机构应当对获证组织认证证书使用的情况进行有效管理。

（1）认证证书的暂停　当获证组织有下列情形之一的，认证机构应当暂停其使用认证证书，暂停期限为 3~6 个月：①获证组织未按规定使用认证证书；②获证组织发生食品安全卫生事故、质量监督或行业主管部门抽查不合格等情况，尚不需立即撤销认证证书；③获证组织的体系或体系覆盖的产品不符合认证依据要求，但不需要立即撤销认证证书；④获证组织未能按规定间隔期实施监督；⑤获证组织未按要求对信息进行通报；⑥获证组织与认证机构双方同意暂停认证资格。

（2）认证证书的撤销　在出现下列情形之一时，认证机构应撤销获证组织的认证证书：①获证组织体系或体系覆盖的产品不符合认证依据或相关产品标准要求，需要立即撤销认证证书；②认证证书暂停期间，获证组织未采取有效纠正措施；③获证组织出现食品安全卫生事故、质量监督或行业主管部门抽查不合格等情况，需要立即撤销认证证书；④获证组织不再生产体系覆盖内产品；⑤获证组织对相关方重大投诉未能采取有效处理措施；⑥获证组织虚报、瞒报获证所需信息的；⑦获证组织违反国家食品安全管理相关法律法规的；⑧获证组织申请撤销认证证书的；⑨获证组织不接受相关监管部门或认证机构对其实施监督。

（五）信息报告
Information report

认证机构应当按照要求及时将下列信息通报相关政府监管部门。

（1）当受审核方为出口企业时，认证机构应当对受审核方进行认证现场审核 5 个工作日前，向受审核方所在地的直属出入境检验检疫局通报审核计划，其他的应向省级质量技术监督局通报。

（2）认证机构应当在 10 个工作日内将撤销、暂停认证证书的获证组织名单和原因，向国家认监委和该组织所在地的省级质量监督、检验检疫、工商行政管理部门报告，并向社会公布。

（3）认证机构在获知获证组织发生食品安全事故后，应当及时将相关信息向国家认监委和获证组织所在地的省级质量监督、检验检疫、工商行政管理部门通报。

（4）认证机构应当通过国家认监委指定的信息系统，按要求报送认证信息。报送内容包括获证组织、证书覆盖范围、审核报告、证书发放、暂停和撤销等方面的信息。

（5）认证机构应当于每年 11 月底之前将本年度食品安全管理体系认证工作报告报送国家认监委，报告内容包括颁证数量、获证食品生产企业质量分析、暂停和撤销认证证书清单及原因分析等。

第三节　FSSC 22000
The FSSC 22000 system

一、FSSC 22000 认证的背景及发展
Background and development of the FSSC 22000 certification

食品安全体系认证 22000（Food Safety System Certification 22000，简称 FSSC 22000）是一套健全的、基于 ISO 的认证计划，在国际上受到广泛认可，其目的是对整个供应链的食品安全进行审核和认证。

（一） FSSC 22000 认证的起源与发展
Origin and development of the FSSC 22000 certification

随着消费者对食品安全要求的不断提高，世界许多国家和行业组织先后开发出数百种食品安全标准，如荷兰 HACCP（Dutch HACCP）原理、英国零售商协会（The British Retail Consortium，简称 BRC）制定的 BRC 食品安全全球标准、法国商业零售业联合会（The France Culinary Development，简称 FCD）和德国零售商联合会（The Der Handelsverband Deutschland，简称 HDE）联合制定的国际食品标准（IFS）、欧盟制定的全球良好农业规范（Global GAP）等。上述食品安全管理体系认证获得全球食品安全倡议（The Global Food Safety Initiative，简称 GFSI）的推荐，成为"一经认证，全球承认"的指定认证标准。

全球食品安全倡议（GFSI）成立于 2000 年 8 月，是由 70 多个国家的 650 余家世界领先的食品生产、零售企业和餐饮等供应链服务商组成的独立的非盈利国际组织。GFSI 是目前全世界公认的、最广泛的食品安全标准、食品技术、先进经验交流的共享平台，其目的是维持食品安全管理方案的基准审核流程，以实现食品安全标准的统一。2001 年，国际标准化组织（ISO）在 HACCP 认证基础上，开始为食品行业制定可审核的标准，并于 2005 年 9 月年发布了 ISO 22000：2005。虽然 ISO 22000 的关键要素包含了沟通、体系管理、前提方案（PRPs）和 HACCP 原则，但是其条款 7.2.3 列出的是制定 PRPs 时组织应考虑的信息，并没有充分详细说明具体要求。因此，ISO 22000：2005 没有得到全球食品安全倡议（GFSI）的认可。

为了确保前提方案（PRPs）的关键要点得到明确规定和统一，由欧盟食品饮料行业联盟（The Confederation of the Food and Drink Industries of the European Union，简称 CIAA）发起，达能、卡夫、雀巢、麦当劳、联合利华、欧洲通用磨坊、英国食品饮料联合会（The Food and Drink Federation，简称 FDF）、法国国家食品工业协会（The Association Nationale des Industries Alimentaires，简称 ANIA）等企业的食品安全专家参与，共同起草了适用于食品加工行业的前提方案（PRPs）。此外，食品安全专家把 PRPs 单列出来从而创建了公共可用规范（Publicly Available Specification，简称 PAS），由英国标准协会（The British Standards Institution，简称 BSI）发行，于 2008 年 10 月 25 日生效，简称公共可用规范 PAS 220：2008。此后，英国标准协会又于 2011 年分别制定了 PAS 222：2011 和 PAS 223：2011。

在结合了 ISO 22000：2005、PAS 220：2008 及其他一些法规和客户要求后，荷兰食品安全认证基金会（The Foundation for Food Safety Certification，简称 FFSC）创立推出了食品安全体系认证 22000（FSSC 22000）并由全球食品安全倡议（GFSI）组织于 2009 年 5 月作为食品安全管理的全球基准而通过。包含了 ISO 22000：2005 及 PAS 220：2008 标准的 FSSC 22000 涵盖所有现有食品安全标准或规则的主要内容，包括 GMP、HACCP、SQF、BRC、IFS 及 Global GAP 等，其颁布意味着食品安全标准向统一化及全球认可更迈进了一步。2009 年 5 月，FSSC 22000 作为食品安全管理的全球基准被 GFSI 通过；2010 年 2 月，FSSC 22000 获得 GFSI 的完全批准并得到欧盟食品饮料行业联盟（CIAA）支持。

（二） 食品安全认证基金会
Foundation for food safety certification

FSSC 22000 由非营利的、独立的荷兰食品安全认证基金会拥有和维护（图 2-8）。该计划获得 GFSI 的承认，并受欧洲食品和饮料制造商组织（The Food Drink Europe）、美国食品加工产业协会（The Grocery Manufacturers Association，简称 MA）和众多国际贸易和食品安全相关组织的支持。基金会拥有该计划，并推动计划的实施，根据授权协议管理该计划的版权。该计划的内容及认证审查的实际责任和管理权归属于利益相关方委员会。食品安全认证基金会的主要活动包括专注于制定和维护针对食品安全行业的认证和检查体系；推动国际社会采纳这些食品安全体系；提供服务支持食品安全体系认证活动；提供各种有关食品安全事宜的信息。

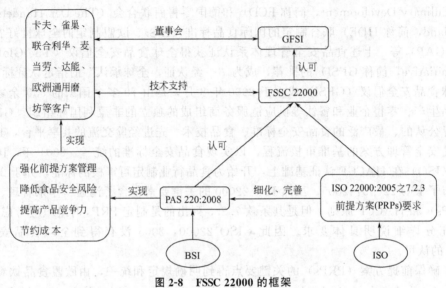

图 2-8　FSSC 22000 的框架

（三）FSSC 22000 的主要特点和发展发展现状
Featuresand current situation of FSSC 22000

1. FSSC 22000 的主要特点

Features of FSSC 22000

（1）FSSC 22000 认证体系包含下列要求：对食品产业链组织的食品安全体系要求；对认证机构的认证体系要求；对认可机构的认可要求。

（2）FSSC 22000 食品加工标准采用现有的国际标准 ISO 22000 和 ISO/TS 22002-1。FSSC 22000 包装材料制造标准采用 ISO 22000 和 PAS 220。FSSC 22000 包含运输和现场储存（如奶酪熟化）。

（3）FSSC 22000 适用于食品产业链中所有组织，包括各种规模、复杂程度各异的机构、营利性机构和非营利性机构、公共机构和私营机构。

2. FSSC 22000 认证的发展现状

Current situation of FSSC 22000 certification

截止到 2016 年 2 月，全世界共有 11969 家企业获得 FSSC 22000 认证，以亚洲和北美洲国家的组织最多，其中前五名分别为日本（1233 家）、美国（1154 家）、中国（1110 家）、印度（764 家）和荷兰（549 家）。

二、公共可用规范 (PAS) 的主要内容
Main contents of PAS

2008 年 10 月，英国标准协会（BSI）颁布了 PAS 220。2012 年 3 月，PAS 220 被 ISO/

TS 22002-1 替代，FSSC 22000 已接受 ISO/TS 22002-1，在技术上，ISO/TS 22002-1 与 PAS 220 保持一致。由于 PAS 220：2008 不包括全球食品供应链体系中的屠宰及宰前处理与食品包装材料，英国标准协会又于 2011 年分别制定了 PAS 222：2011 和 PAS 223：2011，使得 PAS 适用于食品生产和食品包装的所有组织，无论其规模大小或复杂程度（表 2-9）。

表 2-9　全球食品安全倡议认可的三大 PAS

PAS 分类	PAS 220：2008(ISO/TS 22002-1)	PAS 222：2011	PAS 223：2011
适用范围	食品生产(不包括饲养环节)的食品安全前提方案	动物食品和饲料生产的食品安全前提方案	食品包装设计和生产的食品安全前提方案
发布时间	2008 年 10 月	2011 年	2011 年 7 月
支持组织	达能、卡夫、雀巢、联合利华、欧盟食品饮料行业协会(CIAA)共同发起和建立	全球食品安全供应联盟(SSAFE)、农业产业联盟(AIC)、联合国粮农组织(FAO)发起和建立	雀巢、利乐包、卡夫、伊利诺伊、雷盛集团、联合利华、全球食品安全供应联盟(SSAFE)发起和建立
认可组织	全球食品安全倡议(GFSI)、国际标准化组织(ISO)参考 PAS220 编制 ISO/TS 22002-1	全球食品安全倡议(GFSI)、食品安全认证基金会(FSSC)	全球食品安全倡议(GFSI)、食品安全认证基金会(FSSC)、食品安全包装联盟(FSAP)
前提性方案构成	1. 建筑物构造与布局；2. 厂房和工作空间的布局；3. 设施-空气、水和能源；4. 废物处理；5. 设备的适宜性、清洁和维护；6. 采购原料的管理；7. 交叉污染的控制措施；8. 清洗和消毒；9. 害虫控制；10. 人员卫生和员工设备；11. 返工品；12. 产品召回程序；13. 仓储；14. 产品信息和消费者意识；15. 食品防护、生物预警和生物恐怖主义	1. 场所；2. 工作场所和过程；3. 公用设施(空气、水和能源)；4. 废弃物处理；5. 设备适用性、清洁和保养；6. 配料组分的管理；7. 药物的管理；8. 预防的污染；9. 卫生设施；10. 害虫控制；11. 个人卫生和员工设备；12. 返工；13. 产品召回程序；14. 仓储和运输；15. 产品配方；16. 服务规范；17. 个人培训和管理；18. 产品信息；19. 食品防护、生物预警和生物恐怖主义	1. 建筑物/厂房；2. 厂房和工作场所布局；3. 基础设施；4. 废弃物；5. 设备适宜性和维护；6. 材料和服务采购；7. 污染和迁移；8. 清洗；9. 虫害控制；10. 个人卫生与设施；11. 返工；12. 撤回程序；13. 仓储和运输；14. 食品包装信息和消费者意识；15. 食品防护、生物警报和生物反恐；16. 食品包装设计和开发

三、FSSC 22000 认证范围与标准

FSSC 22000 certification scope and standards

（一）FSSC 22000 认证的适用范围

Application scope

1. 参加对象

Participants

FSSC 22000 认证适用于食品产业链中所有组织，包括各种规模、复杂程度各异的机构、营利性机构和非营利性机构、公共机构和私营机构。

2. 产品范围

Product scope

FSSC 22000 认证是针对表 2-10 中所列加工和制作食品的食品制造商进行各种食品系统的认证。

表 2-10　FSSC 22000 认证范围

类别代码(ISO/TS 22003)		示例	认证依据
C	易腐烂的动物产品	肉、家禽、蛋、奶制品和鱼类产品	ISO 22000、ISO/TS 22002-1、FSSC 附加要求
D	易腐烂的植物产品	新鲜水果和果汁、果脯、新鲜蔬菜、泡菜、咸菜	
E	在环境温度中保存时间长的产品	罐装食品、饼干、小吃、食用油、饮用水、饮料、面条、面粉、糖、盐	
L	(生物)化学制品	维生素、添加剂、生物培养产品,但是技术辅助手段除外	
M	食品包装制品	直接、间接接触食品的材料,如塑料、纸张和纸板、金属、玻璃	ISO 22000、PAS 223、FSSC 附加要求

由表 2-10 可以看出,FSSC 22000 认证对大多数食品(包括食品生产、屠宰和饲料加工)和包装材料都可以进行认证。此外,FSSC 22000 认证也涵盖从属于生产过程的运输和现场储存等活动(例如奶酪成熟过程)。

(二)　FSSC 22000 认证的依据
Basis for FSSC 22000 certification

食品加工企业依据国际标准 ISO 22000《食品安全管理体系食品链中各类组织的要求》、ISO/TS 22002-1《食品加工业的食品安全前提方案》及 FSSC 附加要求。食品包装材料生产企业依据国际标准 ISO 22000、PAS 223《食品包装材料的食品安全前提方案和设计要求》及 FSSC 的附加要求。

(三)　FSSC 22000 认证的要求
Requirements of FSSC 22000 certification

FSSC 22000 认证方案包含对食品制造商食品安全系统、认证机构的认证系统以及资格鉴定机构的详细要求。此外,FSSC 22000 还包含下列规定:经食品安全认证基金发证许可以提供认证服务的认证机构;相关认证机构参与以共同处理审计和认证问题的协调过程;鉴别已成为关联方的认证机构的资格之合格鉴定机构;利益相关者理事会和认证机构的专家(及审计员)。

上述要求和规定公布在 FSSC 22000 中的 4 个独立部分:第Ⅰ部分对申请认证的组织的要求;第Ⅱ部分对认证机构的要求和规章;第Ⅲ部分对提供认可的要求和规章及第Ⅳ部分对利益相关方委员会的规章。

(四)　相关认证机构
Relevant certification bodies

只有与基金会有关联的认证机构才能获得授权颁发获认可机构认可的 FSSC 22000 证书。要获得这种授权,认证机构需要与食品安全认证基金会签订授权协议,并需要获得认可机构的 FSSC 22000 认可。与基金会签订协议之后,获得认可机构认可的认证机构才可以获得授权,对其他组织进行 FSSC 22000 认证。认可只能从与 FSSC 22000 相关联的认可机构获得,认可机构需遵守对认可机构的规章(第Ⅲ部分)。经授权的认证机构需严格遵守FSSC 22000 计划的所有要求。相关认证机构需参与对该计划进行解释的咨询活动。截止到2016 年 2 月,全世界共有 33 家权威第三方认证机构获得 FSSC 22000 认证许可(表 2-11)。

由于 FSSC 22000 完全符合 ISO 22000、ISO 22003、行业 PRP 技术规范以及 ISO/IEC 17021 的所有要求，所以认可机构必须承认由荷兰食品安全认证基金会所拥有的食品安全管理体系计划 FSSC 22000 是可以获得 ISO/IEC 17021 认可的认证计划。认可机构需向希望能表明满足 FSSC 22000 计划和 ISO/IEC 17021 要求的有兴趣的认证机构提供认可服务。

表 2-11 获得 FSSC 22000 认证许可的第三方认证机构名单

序号	机构名称	序号	机构名称
1	Akkerditierung Austria	18	Joint Accreditation System of Australia & New Zealand (JAS-ANZ)
2	ANSI-ASQ National Accreditation Board (ANAB)	19	Korea Accreditation Board (KAB)
3	Belgian Accreditation Organization (BELAC)	20	National Accreditation Board for Certification Bodies India (NABCB)
4	Comité français d'accreditation (COFRAC)	21	Norwegian Accreditation (NA)
5	Czech Accreditation Institute (CAI)	22	Organismo Argentino de Acreditación (OAA)
6	Danish Accreditation and Metrology Fund (DANAK)	23	Organismo Uruguayo de Acreditación (OUA)
7	Deutsche Akkreditierungsstelle (DAkkS)	24	Romanian Accreditation Association (RENAR)
8	Dutch Accreditation Council (RvA)	25	Servicio de Accreditation Ecuatoriano (SAE)
9	Ente Costarricense de Acreditación	26	South African National Accreditation System (SANAS)
10	Entidad Mexicana de Acreditación，a. c (EMA)	27	Sri Lanka Accreditation Board for Conformity Assessment (SLAB)
11	Entidad Nacional de Acreditacion (ENAC)	28	Standards Council of Canada (SCC)
12	Finnish Accreditation Service (FINAS)	29	Standards Malaysia (DSM)
13	Hellenic Accreditation System S. A. (ESYD)	30	Swedish Board for Accreditation and Conformity Assessment (SWEDAC)
14	Instituto Portugues de Accreditacao (IPAC)	31	Swiss Accreditation Service (SAS)
15	Irish National Accreditation Board (INAB)	32	Turkish Accreditation Agency (TURKAK)
16	Italian Accreditation Body (ACCREDIA)	33	United Kingdom Accreditation Service (UKAS)
17	Japan Accreditation Board (JAB)		

四、FSSC 22000 认证流程
Procedures of FSSC 22000 certification

（一）FSSC 22000 认证流程
Procedures of FSSC 22000 certification

FSSC 22000 认证流程主要包括企业申请、认证机构受理、产品范围确认、安排审核、现场审核、关闭不符合、颁证、每年监督审核、三年再认证审核等步骤（图 2-9）。FSSC 22000 认证流程包括：①申请者应按照 FSSC 22000 第 I 部分第 3 条的指导要求进行初步自我评估；②完成自我评估、改正不符合项后，申请者须选择一家认证机构。可在 FSSC 22000 网站上查到已批准的认证机构；③首次审核第一阶段为评估食品安全管理体系文件，包括但不限于食品安全体系范围、食品安全危害分析、前提方案（PRPs）、管理架构、组织

政策，从而在充分了解组织业务特性的基础上，对组织进行体系关键要素评估，并为下一阶段的审核安排作准备；④首次审核第二阶段为现场审核，主要评估申请组织的食品安全管理体系实施和有效性。审核方式包含与申请组织及其成员的面谈、文件记录的检查以及现场考察，认证机构将据此进行体系符合性判定；⑤现场审核之后，审核小组对发现的问题进行分析和审查并出具评估报告；⑥申请者将所有不符合项整改完毕后，将获得证书，有效期三年。在证书初发3年期满前，认证机构会实施再认证审核。之后，依照合同规定每半年或一年进行监督审核，每三年为一个周期。

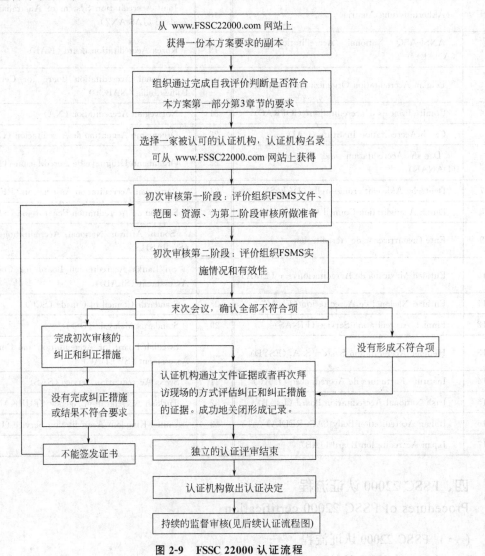

图 2-9　FSSC 22000 认证流程

（二）FSSC 22000 认证的监督审核
Monitoring and verification of the FSSC 22000 certification

FSSC 22000 认证证书有效期为三年，期间每年至少进行一次监督审核，涉及所有认证要求，包括内审评估、管理层访谈、审查前期审核中不符合项的整改措施、投诉处理、管理体系有效性、持续改善进度、运营控制、变更、标志使用以及认证证明等（图 2-10）。

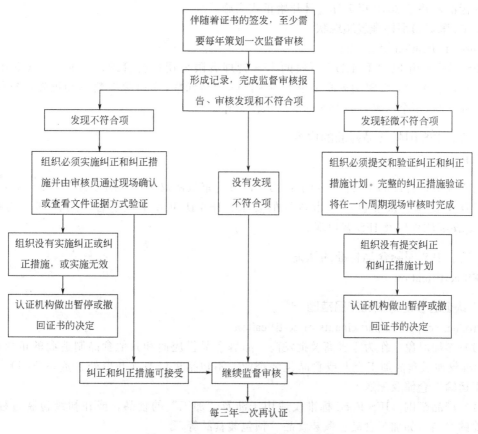

图 2-10　FSSC 22000 认证的监督审核

第四节　其他食品安全管理体系认证

Other food safety management system certification

一、IFS 国际食品标准认证

IFS international food standard certification

（一）IFS 标准发展概述

Overviews of the development of IFS

1. IFS 标准认证发展历史

Historical development of the IFS certification

IFS 标准的全称是国际食品标准（International Food Standard，简称 IFS）。面对顾客对产品的要求不断提高和批发商、零售商对产品质量可靠性的要求不断提升，为了用标准来评估，德国零售商联合会（HDE）与法国商业零售业联合会（FCD）于 2003 年共同起草了统一的供应商食品安全与产品质量管理体系，命名为国际食品标准（IFS）。

2005 年以后，意大利零售联合会（Italian National Association of Consumers' Cooperatives，简称 ANCC）等机构先后参与了 IFS 标准的制定。自颁布以来，先后对 IFS 标准进行了多次修订。零售商、行业协会、食品服务机构及认证机构共同参与，于 2012 年 1 月颁布了第六版 IFS 标准，并于 2012 年 7 月 1 日开始正式实施。

2. IFS 国际食品标准发展现状

Current situation of the IFS

IFS 标准现由 FCD 和 HDE 所属的 IFS 管理有限公司进行管理，并通过了 GFSI 的认可。目前，有 11000 多家制造商采用了 IFS 国际食品标准，350 家零售商和批发商支持 IFS 标准，并在 90 多个国家开展 IFS 标准的认证工作。

（二）IFS 国际食品标准的内容

Contents of the IFS

第六版 IFS 标准的主要内容包括：第一部分为审核协议，第二部分为审核要求，第三部分为对认可机构、认证机构和审核员的要求、IFS 认可和认证过程，第四部分为报告，AuditXpress 软件以及 IFS 客户端。

（三）IFS 国际食品标准的认证

IFS certification

1. 认证的参加对象和产品范围

Product scope and participants of certificaiton

（1）参加对象　作为零售商及批发商、品牌食品供应商和其他食品制造商的审核标准，IFS 标准仅涉及食品加工企业或食品包装企业，不包括进口商（办事处、贸易公司），也不适用于运输、仓储及配送。

（2）产品范围　IFS Food 标准仅适用于涉及"加工"的食品，或在初级包装过程中存在风险的产品，如加工食品、散装食品、预包装食品等。

2. 认证机构

Certification authority

认可机构应符合 ISO/IEC 17011 标准《合格评定认可机构通用要求》的规定，并与欧洲认可合作组织（European co-operation for Accreditation，简称 EA）或国际认可论坛（The International Accreditation Forum，简称 IAF）就产品认证签订多边协定。一旦生效，认可机构还应满足 GFSI 关于 ISO/IEC 17011：2004 申请的要求；此外，认可机构应在其内部指派一名 IFS 联络人员以确保相互之间的沟通。

3. 认证流程

Certification procedures

（1）筹备审核。在审核之前，申请公司应详细研究 IFS 国际食品标准的所有要求。为了筹备初次审核，公司可进行预审核，预审核仅在公司内部进行。

（2）选择认证机构-合同安排公司。应指定经认可的 IFS 认证机构，签署合同，详细确定审核范围、持续的时间和报告要求。

（3）起草审核时间安排。认证机构应提供审核时间安排，其中包括有关审核范围和审核复杂性的合理细节。

（4）审核与评估。初次审核应对整个公司进行审核，包括文献资料和工艺本身。审核人员应对 IFS 要求的所有标准进行审核。审核期间，公司应协助和配合审核人员的工作。

（5）审核报告。审核之后，审核人员应起草审核的预报告和行动计划大纲。公司应对所有背离项（B、C、D）、评定为 B 的淘汰要求和审核人员罗列的不符合项采取整改措施。然后审核人员确认整改措施有效，起草最终的审核报告。

（6）颁发证书。认证机构负责做出认证决定。证书取决于审核结果和就合理的行动计划达成的协议。

二、BRC 全球食品安全标准认证
British retail consortium global food safety standard certification

（一）BRC 全球食品安全标准认证发展概述
Development of BRC global food safety standard certification

1. BRC 全球食品安全标准认证发展历史
History of BRC global food safety standard certification

为保证全球食品安全供应，一些欧盟国家的零售商协会纷纷制定食品安全控制标准，作为其供应商选择的基础。根据行业发展需要，英国零售商协会（British Retail Consortium，简称 BRC）及其成员于 1998 年 1 月 4 日共同颁布了第一版 BRC 全球食品安全标准（BRC Global Standard for Food Safety），并于 2008 年 7 月 1 日开始实施。该标准最初是用于零售商自有品牌食品的供货标准，但近年来 BRC 全球食品安全标准被广泛地应用到食品工业的其他部门，而且已经成为一些公司编写供应商评估程序的基础架构。自 1998 年以来，BRC 先后对 BRC 食品标准进行了多次修订，于 2015 年 1 月 7 日发布了第七版 BRC 全球食品安全标准，并于 2015 年 7 月 1 日正式实施，所有获证组织以及想获得认证的企业都要实施第七版标准。

2. BRC 全球食品安全标准认证发展现状
Current situation of BRC global food safety standard certification

目前，BRC 标准作为全球领先标准已被 120 多个国家超过 23000 个供应商采用；同时 BRC 是被 GFSI 认可的第一个也是使用最多的标准，已有 17000 多家企业通过其认证。

（二）BRC 全球食品安全标准的内容
Content of BRC global food safety standard

第七版 BRC 全球食品安全标准主要包括以下四部分内容：第一部分介绍了食品安全管理体系；第二部分介绍了标准的要求，主要包括高级管理部门、HACCP 计划、食品安全和质量管理体系（FSMS）、工厂环境/设施标准、产品控制、加工过程控制和人员管理；第三部分是认证实施方案，包括认证准备、通知审核方案等；第四部分是认证的管理，主要包括对认证机构的要求和对 BRC 全球食品安全标准的技术管理。此外，BRC 标准还包括 8 个资料性附录，包括产品目录、证书样本、术语等。

（三）BRC 全球食品安全标准的认证
BRC global food safety standard certification

1. 认证的参加对象和产品范围
Product scope and participants of BRC certification

（1）参加对象　进行 BRC 全球食品安全标准认证的对象主要包括食品制造商、初级产品生产商、食品服务公司、餐饮公司、食品配料生产商、预包装食品的供应商等。例如在食品行业和食品包装行业，英国及欧洲大部分零售商都要求制造商提供 BRC 认证证书。

（2）产品范围　BRC 全球食品安全标准认证的认证范围共分为 18 大类，包括生的禽肉、饮料、焙烤制品等。

2. 认证机构

Certification authority

BRC 本身不进行任何的认证和发证活动，BRC 授权第三方认证机构对需要做 BRC 标准认证的企业进行相关的认证或/和发证。根据 EN45011 的要求，认证机构需获得英国皇家认可委员会（United Kingdom Accreditation Service，简称 UKAS）的认可。

3. 认证流程

Certification procedures

认证流程包括申请、报价与协议、预审核（可选择）、首次现场审核、纠正措施的验证和跟踪、注册/发证、换证审核等步骤。

三、美国 SQF 1000/2000 食品质量安全标准认证
USA SQF 1000/2000 food quality and safety standard certification

（一）认证发展概述
Development of SQF certification

1. SQF 食品质量安全标准认证的发展历史
Historical development of SQF food quality and safety standard certification

SQF（Safety Quality Food）标准是由西澳大利亚农业部（Department of Agriculture, Government of Western Australia，简称 AGWEST）于 1994 年发起制定的食品安全质量管理体系标准，它是世界上唯一将 ISO 9000 与 HACCP 进行整合的食品安全质量体系标准。自 2003 年起，SQF 由美国食品市场营销协会（Food Marketing Institute，简称 FMI）接管，并由其下属的美国食品安全研究协会（SQF Institute，简称 SQFI）负责 SQF 的全球认证管理事务。美国食品市场营销协会（FMI）是全球领先的食品行业组织之一，其代表的 1500个食品零售商和批发商遍布全球，这些成员都普遍认可 SQF 认证。

SQF 标准是一个工艺和产品认证标准，是基于 HACCP 体系建立起来的食品安全和质量管理体系，采用了美国食品微生物标准顾问委员会（The National Advisory Committee on Microbiological Criteria for Foods，简称 NACMCF）和国际食品法典委员会（CAC）关于 HACCP 的原则和指导方针，旨在为行业或企业的品牌产品提供标准支持，使供应商和客户同时受益。SQF 与其他认证体系（如 HACCP、ISO 9000 等）的最大区别在于，企业通过 SQF 认证后可以将认证标志直接用于企业的产品包装和广告上。企业可以直接展示自身生产高质量安全产品的能力和承诺，对消费者有很强的宣传效果。

2. SQF 食品质量安全标准认证的发展现状
Current development situation of SQF

目前，SQF 已成为全球认证的主要食品安全管理标准之一，在北美、亚太地区、欧洲等地区有 3000 多家企业通过了 SQF 认证。自 2009 年年初开始，SQF 在北美的客户增长超过了 500%。2014 年 3 月 10 日发布了 SQF 标准的第 7.2 版，适用于所有 SQF 利益相关者，并于 2014 年 7 月 3 日开始实施。

（二）SQF 标准的内容
Contents of SQF

根据食品供应商的类型，SQF 标准包括针对初级生产者与种植者的 SQF 1000 标准和针对食品制造、加工与分销部门的 SQF 2000 标准。2014 年，SQF 1000 标准和 SQF 2000 标

准被整合为 SQF 标准的第 7.2 版（SQF Code 7.2）。

（三）SQF 标准的认证

SQF certification

1. 认证的参加对象和产品范围

Product scope and participants of SQF

（1）参加对象　SQF 食品质量安全标准认证涉及食品和食品包装的初级生产商、制造商、运输商、分销商和代理商等。

（2）产品范围　SQF 食品质量安全标准认证涵盖整个食品供应链，主要包括牲畜和狩猎动物的生产、捕获和收获；动物饲料种植和收获；新鲜农产品的种植和生产；新鲜农产品仓库操作等 35 个食品行业类别，其食品行业分类可详见 SQF 标准的附录 1。

2. 认证机构

Certification authority

认证机构需获得美国食品安全研究协会（SQFI）的授权，有权开展 SQF 认证和颁发 SQF 证书。此外，SQFI 授权的认证机构必须得到国际标准 ISO/IEC 17065 的认可，并且其认证活动每年必须接受 SQFI 授权认可机构的评估。

3. 认证流程

Certification procedures

（1）学习 SQF 准则，注册 SQF 评估数据库。

（2）委任一名 SQF 管理员，选择认证等级。

（3）进行预评估（非强制），找出公司现状与期望 SQF 认证等级之间的差距。

（4）选择一家认证机构，进行审核。

（5）认证机构进行首次认证审核，包括文件审阅和工厂现场评估。

（6）认证机构作出最终决定。审核评分达到"C"及以上且没有明显不符合项的供应商将获得 SQF 认证。证书有效期为 12 个月。

（7）需在证书满 1 年后的 30 天内重新进行认证审核。

第三章　美国食品安全管理体系
Chapter 3　Food safety management systems in the USA

美国食品业在美国经济中占有极其重要的地位。美国政府历来对食品安全问题十分重视，以 1890 年制定的《联邦肉类检验法》为起点，迄今已建立了较为科学、全面和系统的食品安全保障体系。该体系以联邦和各州的相关法律及从业者生产安全食品的法律责任为基础，通过联邦政府授权管理食品安全机构的通力合作，各州及地方政府相关机构的协调互动、积极参与，形成一个相互独立、互为补充、综合性强而又行之有效的食品安全监管体系。同时，食品安全法律法规的有效实施也使美国食品安全具有很高的公众信任度。

第一节　食品安全现状与存在问题
Current situation and issues of food safety

一、美国食品安全现状
Current Status of food safety in the USA

美国食品安全管理体系能有效地运作，为美国公众提供安全的食品，其中主要的原因就是美国的食品安全管理体系拥有一套非常先进的管理理念。基于科学、风险分析和全程管理是美国食品安全管理理念的核心内容，也是值得我国食品安全管理部门学习借鉴的地方之一。

（一）"基于科学"是美国食品安全管理方面的基本原则之一
"Science-based Approach to Food Safety Management" is one of the basic principles of the USA food safety management

美国科技居于世界领先地位，科学理念深入大众人心，渗透在每一个行政管理的领域。在食品安全管理方面，"基于科学"就是其基本原则之一。在美国，所有有关食品安全的法律、法规和标准的制定都必须最大程度地以科学为依据，如果在某些方面科学发展水平有限，也要最大程度地征求专家的意见，以增加决策的科学性。

（二）在美国，风险分析被认为是进行食品安全管理的有效方法
In the USA, the risk analysis is regarded as an effective method for food safety management

风险分析包括了风险评估、风险管理与风险通讯。对于一个潜在的食品安全问题来讲，只有对该问题的风险进行全面的评估才能更好地制定管理战略与具体方法，从而解决该食品安全问题。通过风险评估，还可以对不同的食品安全问题潜在的风险大小进行比较，从而决定有限管理资源的投向，提高资源的使用效率。通过风险通讯，可以将有关风险的信息与国

际组织及其他与食品安全相关的机构分享，当风险来临时及早通知公众，做好防范工作。

（三）　全程管理是美国食品安全管理的又一个重要原则
Full management is another important principle of the USA Food Safety Management

美国食品安全管理人员认为，食品生产、加工、销售、消费的各个环节中都有潜在的食品安全的隐患。只有通过实施"从农田到餐桌"全程食品安全管理才能向公众提供最安全的食品。

虽然国际上公认美国的食品供应体系是全世界最安全的，但是每年仍有很多人因误食被食源性致病微生物及其他有害物污染的食品而患病。食源性疾病严重危害着公共健康。据美国疾病控制预防中心估计，每年约有 7600 万人因食物而致病，其中 32.5 万人入院治疗，5000 人死亡。近年来公众越来越多地重视食品安全，并开始置疑联邦食品安全体系是否有足够的能力保障食品的安全。在此背景下，美国国会开始着手对食品安全控制重新立法。

二、美国食品安全体系中存在的问题
Main issues within the food safety system in the USA

根据研究的结果，美国联邦食品安全体系业已显露出三大弊端：一是分割性，即多个联邦政府部门拥有食品安全的监管职权；二是不一致性，即联邦立法和联邦政府部门有关食品安全的监管规定不一致；三是重复性，即食品监管部门的职能重叠、执法重复。美国联邦食品安全体系中存在的这些弊端，主要表现在以下几个方面。

（一）　食品安全监管职能重叠，难以划清监管界限
Overlapping functions and responsibilities of the food safety regulatory regimes or agencies causing unclear delineation

美国联邦政府部门监管食品安全的职能和管辖范围是由法律和部门之间协议确定的。美国农业部下属的食品安全检验局（Food Safety and Inspection Service，FSIS）负责监管肉、禽的食品安全，而美国食品药品监督管理局（Food and Drug Administration，简称 FDA）负责监管肉、禽之外的所有食品的安全，约占美国消费食品的 80%。由于肉、禽是许多食品的原料，所以法律上的这种授权，仍然难以真正划清食品安全监管界限，使得 FSIS 和 FDA 的监管范围发生较大的重叠，尤其对同一个企业生产的食品，往往会发生来自 FSIS 和 FDA 两个部门监督检查的情况。例如，对红肉或禽肉馅三明治食品的检查就十分有趣，暴露性红肉或禽肉馅的三明治由 FSIS 监管，非暴露红肉或禽肉馅的三明治由 FDA 监管。

（二）　多个部门重复监督检查，致使监督资源浪费
Repeat supervision by different inspection agencies causing a waste of supervisory resources

根据美国 FDA 记录，因食品原料的多样性，有 2000 多个食品生产加工企业需接受 FSIS 和 FDA 两个部门的重复检查。此外，美国国家海洋气候管理局（NOAA）每年要对 2500 个国外和国内的海产品公司进行检查，同样与 FDA 实施的海产品重复监督检查。多个部门重复监督检查，致使监督资源浪费严重。

（三） 食品安全监管权限不一致，造成执法效果不同
Inconsistent jurisdiction to regulate food safety causing different law enforcement effect

根据美国相关法律的规定，FSIS 有三项权力：一是可以要求被监管的食品公司注册；二是禁止使用可能造成潜在食品污染的加工设备；三是临时扣留可疑食品。而 FDA 却缺乏这些权力。例如，FSIS 和 FDA 若查出受污染的食品或劣质食品时，都可以要求企业自动召回，如企业不自动召回，FSIS 可临时扣留该产品 20 天，同时申请法院批准予以没收；而 FDA 却没有扣留产品的权力，只能申请法院批准予以没收，无法及时处理有毒有害的食品。又例如，美国 FDA 负责监管海产品的食品安全，但是没有权力要求海产品公司注册，致使对许多海产品公司监管不到位。由于联邦政府部门监管食品安全的权限不同，导致许多被污染的食品不能及时被清除出市场，远离消费者，从而带来了较大的潜在食品安全隐患。2001 年 "9·11" 事件之后，美国通过了《2002 年公共卫生安全与生物恐怖预防应对法》，授予 FDA 较大的食品安全监管权力，但是 FSIS 和 FDA 在食品安全监督和采取强制措施方面的权限仍然存在差异。

（四） 进口食品监管权限不一致，导致进口食品监督的漏洞较大
Inconsistent imported food supervision and management causing greater vulnerability of imported foods

美国进口食品占本国消费的比例很大，例如美国消费的海产品有 3/4 是进口的，来源于 100 多个国家的 13000 个国外供货商。由于职权所限，2002 年 FDA 只对 13000 个外国公司的 1% 进行了监督检查。然而，USDA 负责监管肉、禽食品安全的权力要比 FDA 大得多，USDA 有权要求出口国在出口肉、禽产品到美国前，按照 USDA 的要求进行认证，并接受 USDA 的现场检查。

（五） 食品安全检查频次缺乏危险性分析的科学性
Lack of scientific rigour required for risk analysis of food safety inspection frequency

根据美国相关法律的规定，USDA 对所管辖的食品生产加工单位，每个加工日至少要进行一次检查；而 FDA 没有法定的检查频次的要求。由于法律对 USDA 和 FDA 实施食品安全监督检查频次的要求不同，导致对危险性相同的食品实施了不同频次的监督检查。例如，对生产 "暴露肉馅" 三明治的企业，USDA 每天实施监督检查；而对生产 "非暴露肉馅" 三明治的企业，FDA 平均每五年进行一次监督检查。由此可见，不论 USDA 还是 FDA 实施检查的频次，都缺乏控制危险性的科学性。

（六） 联邦预算拨款偏离控制食源性疾病的目的
The federal budget allocations deviate from the goal to monitor human foodborne illness

美国联邦政府对食品安全监管部门的拨款是基于法律规定的职能而不是食品安全的危险性而确定的。根据美国 2016 财年《农业拨款法案》，FSIS 获得超过 10 亿美元预算。这些资金将主要用于支持 FSIS 的 8000 多名一线检验人员对美国 6400 多家肉、蛋企业的现场检验和检查。FDA 监管美国年消费食品的 80%，而经费比例远远低于这一数值，FSIS 仅监管肉类、禽类制品，即全部食品的 20%，但预算要高于 FDA。监管工作量与预算拨款出现倒挂现象。

（七） 食品安全监管职能交叉导致鸡蛋的安全性难以保证

Overlapping functions of food safety supervision causing difficulty ensuring the safety of eggs

鸡蛋的安全性在美国受到特别的关注，2000 年美国制定鸡蛋安全行动计划。这是因为美国发生的沙门氏菌食源性疾病的暴发流行中约 82% 是通过鸡蛋传播的。由于 USDA 和 FDA 职能重叠导致的监管不力，鸡蛋的安全性问题仍未得到较好解决。根据美国相关法律和部门之间的协议，美国对鸡蛋的监管十分复杂，例如，鸡的饲养由 USDA 管，而鸡在农场的生蛋则由 FDA 管；壳蛋由 FDA 管，而加工蛋则由 USDA 管；壳蛋的运输由 FDA 和 USDA 共管，而蛋制品的运输则由 FDA 管；还有，鸡蛋的批发由 USDA 和 FDA 共管，而鸡蛋的零售则由 FDA 管。

（八） 对食品健康声称的要求监管不一，致使企业和消费者难以适从

Inconsistent supervision of regulatory requirements for health claims on food making companies and consumers difficult to abide by

健康声称指产品说明书或标签上标明的有关健康防病知识的信息。在美国，FDA、USDA 及联邦贸易委员会（FTC）对食品产品的健康声称都有监管权。但要求不一致，各自为政。例如，FTC 只要食品产品的健康声称符合 FTC 的规定，就批准可以做广告；即使 FDA 不批准，也照批不误。例如，USDA 对健康声称进行逐一的审查却全然不顾 FDA 是否已经批准该健康声称。这种状况，不仅使企业难以适从，也使消费者难以获得适当的健康知识。

（九） 多个部门参加食品安全突发事件的调查处理，导致效率低下

Multi-sector departments participating in food safety investigation and handling of emergencies causing low efficiency

2002 年美国发现疯牛病，至少有四个部门参与了调查，即美国海关和边防署、FSIS、动植物卫生检验局（APHIS）以及 FDA。从表面上看，多个部门的参与，体现了政府的重视，有利于发挥各部门的作用。但事实上往往事倍功半：一是重复性调查，浪费资源；二是调查结论不一，难以决策；三是协调难度大，工作效率不高；四是职责界线不明，难以追究责任。

（十） 联邦食品安全体系的分制，降低了解决农业产品贸易争端的能力

Fragmented federal food safety system reducing the ability to resolve trade disputes over agricultural products

美国有 12 个联邦政府部门或机构参加食品安全的监管，一旦发现贸易伙伴国存在违反世贸组织 SPS 协议的行为时，处理程序往往非常复杂。美国的贸易代表必须往返于 12 个部门或机构，所得到的意见常常相互矛盾，难以决策，从而降低了美国在解决农业产品贸易争端的能力。

第二节　食品法规与主要标准
Food regulations and standards

在美国，国会制定法令以保证食品供应的安全并建立全国的保护机制。行政部门负责法

令的实施，并可以颁布规章来实施法令。美国的这些规章已在《联邦记录》上发表。由国会制定的法令授予管理机构很大的权力，但也对管理行为设置了限制措施。美国的食品安全管理体系在强调科学性和风险分析的同时也强调灵活性，即有时在没有新的立法的情况下就可以对规章进行修订或修改。

美国是一个非常重视行政程序的国家，美国的食品行政管理机构制定规章必须遵守美国程序性法律《联邦行政程序法》(The Administrative Procedure Act，简称 APA)，APA 对规章的制订过程提出了特定的要求，要求制定的规章必须合理并具有科学依据，当遇到特别难解的问题时，需要向管理机构以外的专家咨询，可以召开公开会议或咨询委员会会议。召开公开会议时，可以根据管理机构的需要，将专家与相关人员（利益团体代表）召集在一起开会，通过会议收集公众对某一食品相关的法律或今后食品安全管理项目的意见与建议。除此之外，在制订新法规和修订现有法规之前，管理机构经常通过"拟议规章预告"(ANPR)公布拟制订的规章草案，供公众讨论和发表意见。通过这种办法公众可以向管理机构提出食品安全相关的问题或解决问题的意见、建议及解决方案。管理机构可以利用来自公众的信息，决定是否使制订规章的工作更进一步。美国的这些政策充分地保证了公众（相关利益团体）参与制定国家食品安全管理法律和政策，保证了食品安全管理法律和政策的群众基础，有利于今后法律与政策的实施。

一、食品安全法律体系的形成
The formation and progression of the legal framework for food safety

美国关于食品安全的第一部综合性和全国性的法律是 1906 年颁布的《纯净食品药品法案》(Pure Food and Drugs Act)，其后是《联邦肉类检验法》(Federal Meat Inspection Act)。美国国会将食品安全监管的职责交给了农业部，农业部将《纯净食品药品法案》的执行权交给了化学局，将《联邦肉类检验法》的执行权交给了畜牧工业局，一直延续至今。法律颁布后，暴露出很多的漏洞。当时，美国虽然有全国性的法律，但是与食品药品相关的健康安全事件时常发生。鉴于此，国会在 1938 年通过了《联邦食品、药品与化妆品法》(Federal Food，Drug and Cosmetic Act)。此后，在长达七十多年的发展历程中，因美国法律体系特点使然，修改食品安全法律是以通过修正案的方式进行的。如 1958 年的《食品添加剂修正案》(Food Additives Amendment)、1960 年的《色素添加剂修正案》等建立了食品添加剂和着色剂的安全标准，标志着美国食品安全进入了安全评估时代。"9•11"事件之后，美国国会在 2002 年通过了《2002 年公共卫生安全与生物恐怖预防应对法》(The Public Health Security and Bio terrorism Preparedness and Response Act of 2002)，将保障食品安全提高到国家安全的战略高度，提出"实行从农场到餐桌的风险管理"的理念，对食品安全实行强制性管理，要求凡输往美国的食品和动物资料的生产经营和运输单位，在 2003 年 12 月 12 日前，必须为产品溯源，建立记录保持制度。这个变化预示着 FDA 将长期以来一直作为重点的事后治理延展到食品安全监管的全过程，确立了食品防护理念。就整体趋势而言，在监管问题上，在美国近一个世纪的食品安全立法史上体现了不断加强监管的目标。

二、美国食品安全的立法程序
The legislative process of food safety in the USA

根据美国宪法规定，美国的立法、执法和司法三权分立。

（一）立法机构
Legislative institution

1. 国会
Congress

在美国，国会负责制定法律，总统签发后正式生效。国会制定的法律分为两类：一类是对联邦政府的管理职能进行授权的法律；另一类是各政府部门起草、实施法规应该遵循的法律，如《联邦行政程序法》（APA）。

2. 管理与预算办公室
Office of management and budget

管理与预算办公室（OMB）是隶属于白宫的一个机构，其职责是审议美国所有的法规，主要是对法规的重要性进行评估；另外负责确定拟制定的法规可能涉及的机构和部门，因为在法规制定过程中需要这些机构和部门参与审议。

3. 相关的政府部门
Relevant government departments

由相关的政府部门负责法规制定前的调研、风险分析、起草法规草案、征询公众及各方意见并回答质疑，起草最终法规文本并公布。

4. 美国最高法院
Supreme Court of the USA

在美国，由最高法院负责对存有争议的最终法规审查并裁决。

（二）立法程序
Legislative procedure

美国食品安全的立法程序分为简单立法程序和常规性立法程序。简单立法程序的启动，是在遇到突发事件时而启动的立法程序。如，美国发生"疯牛病"时，联邦政府曾经启动过简单立法程序；常规性立法程序分为两步骤：第一步骤是法规草案制定程序，第二步骤是法规审议程序。

（三）立法特点
Legislative features

1. 集中审查，保证法规制定标准的一致性
Centralized review, to ensure consistency in the development of standards and regulations

所有联邦政府部门制定的法规都必须通过 OMB 的审议，从而保证法规审查标准的一致性，并避免不同机构或部门法规条款的重复和交叉。

2. 过程公开，保证法规制定的透明度
Encourage an open rule making process to ensure transparency

如果政府部门提议制定某项法规，首先应在网站上进行公示，告知公众制定此法的目的和意义，制定过程中还应当按照专门程序接受公众的评议和质疑。

3. 风险分析，保证法规制定的科学性
Perform risk assessments to ensure scientific integrity of a rule making process

美国政府部门在制定法规时必须进行风险分析，以保证最终法规的科学性，同时也利于更好地实施。

三、食品安全法律体系的主要内容
Main contents of the food safety legal framework

现行美国食品安全法律体系主要由《联邦食品、药品与化妆品法》（FFDCA）、《联邦肉类检验法》（FACA）、《禽类检验法》（PPIA）、《蛋类产品检验法》（EPIA）、《食品质量保障法》（FQPA）、《联邦杀虫剂、杀真菌剂和灭鼠法》（FIFRA）和《公众卫生服务法》（PPESA）七部法律组成。大部分食品安全法的精髓来自1938年的《联邦食品、药品与化妆品法》。根据这些法律，设立了食品药品安全监管机构，并授权监管机构进行监管的权力并明确相互之间的权限。在食品药品的安全控制上，要求企业在新产品上市之前须通过食品和药物管理局的审评，以控制风险。《联邦食品、药品与化妆品法》作为美国食品安全法律体系（图3-1）的核心，首先在第903节中对食品和药物管理局作了专门规定；其次，在监管范围上，要求食品和药物管理局监管除了肉、禽和部分蛋类以外的国产和进口食品药品的生产、加工、包装、储存；再次，该法律将主要精力集中在对标签的管制上。《联邦肉类检验法》《禽类食品检验法》和《蛋类产品检验法》规定了农业部下属FSIS的职责主要是规范肉、禽、蛋类制品的生产，确保销售给消费者的产品都是卫生安全的。《食品质量保障法》主要对农业及食品中的农药残余进行规制，对应用于所有食品的全部杀虫剂制定了一个单一的、以健康为基础的标准，要求定期对杀虫剂的注册和容许量进行重新评估，以确保杀虫剂注册的数据不过时。《联邦杀虫剂、杀真菌剂和灭鼠剂法》规定了杀虫剂残留的卫生标准，并授权国家环境保护署（EPA）对用于特定作物的杀虫剂的审批权，以避免环境中的其他化学物质、空气和水中的细菌污染物威胁食品的安全性。《公共卫生服务法》明确了严重传染病的界定程序，制定传染病控制条例，规定检疫官员的职责，并对战争时期的特殊检疫进行了规范。

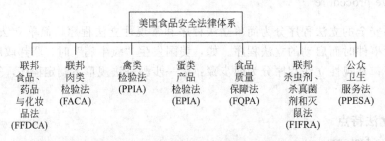

图3-1 美国的食品安全法律法规体系

四、美国食品安全法律治理的新发展—美国《食品安全现代法案》
New developments in food safety law governance in the USA

近年来，美国在食品安全治理方面做出了重要的立法举措。2011年通过的美国《食品安全现代法案》（Food Safety Modernization Act，简称FSMA）对《联邦食品、药品与化妆品法》（1938年）进行了大量修订，授予美国FDA更大的监管权力和更高效的监管工具，旨在保证美国本土食品及进口食品的安全性。尽管FSMA只是美国的国内法，但鉴于美国在全球食品供应链中的重要地位和美国法律的全球化影响力，FSMA的"法律溢出"效应不容忽视。由于该法的生效与实施并不同步，许多规定尚需由相关联邦机构制订细则和指引，整个法律的完全实施需要较长时间。该法对美国国内的食品安全治理有重大影响。

美国《食品安全现代法案》的主要内容
The main contents of FSMA

FSMA 主要从预防性控制、应对措施、进口食品的监管及合作伙伴关系四个方面，对《联邦食品、药品与化妆品法》进行了重要的修正，从而整体提升美国的食品安全治理体系。

1. 确立以风险为基础的预防性控制
Establish risk-based preventive controls

FSMA 最重大的变化在于引入了以风险为基础的预防性控制体系和以风险为基础的检查制度。美国首次以立法的形式，授予 FDA 在整个食品供应链建立全面的、预防性控制体系。FSMA 强制性要求除微小企业外的所有食品设施采纳 HACCP。而此前，只有生产果汁、海鲜、肉和禽肉的食品设施被强制性要求采纳 HACCP。为了保证预防控制体系的实施，FSMA 还确立了以风险为基础的检查制度。该法明确规定 FDA 将不断提高对所有食品设施（包括出口美国的食品企业）进行检查的频率。此外，对于进口食品，FSMA 也明确了以风险为基础的口岸检查制度。

2. 完善事后应对措施
Improving the measures to deal with afterwards

尽管 FSMA 反映了美国食品安全监管基本范式的转变——由事后应对转为事前预防，但是再严密的预防措施也不能实现"零风险"。因此，该法在强调预防控制的同时，也强化了事后应对的措施。这些措施包括强制召回、扩展行政扣留程序、吊销注册、强化食品追溯能力以及对高风险食品的额外记录保存要求。

3. 强化进口食品监管
Strengthening the oversight of imported foods

FSMA 不仅规制美国国内的食品安全，也要求进口食品符合其法律要求。为此，FSMA 在进口商问责、自愿合格进口商项目、第三方认证和禁止入境等方面为 FDA 提供了新的授权和监管工具。FSMA 首次明确了进口商的责任，要求进口商通过"外国供应商验证项目"，审核其国外供应商是否采取了充分的预防性控制措施，保证其食品的安全性。FDA 还获得授权建立第三方认证项目，把获得合格第三方认证作为高风险食品进入美国的先决条件。如果外国企业或国家拒绝 FDA 及其委托机构或人员的检测，FDA 则有权拒绝其食品的进口。FDA 应在 FSMA 生效后 2 年内建立认证机构的认证体系以使具备资格的第三方机构开展外国食品设施符合美国食品安全标准的认证工作。此处的"第三方认证机构"可以是外国政府、外国政府的机构、外国企业或任何 FDA 局长认为符合相关标准的第三方。

4. 加强合作监管
Promoting regulatory cooperation

FSMA 强调加强国内各区域间（联邦、州、地方等）及外国政府间的合作，明确支持 FDA 创立实际意义上的一体化食品安全体系。FSMA 规定，FDA 可以采用其他联邦、州、地方政府部门的检测结果，以完成繁重的国内食品设施检测任务。FSMA 还要求建立食品安全监管相关部门的合作关系，以制定和实施一项关于美国农业和食品安全的战略，并且要求对实验室网络进行整合，建立"一体化"的实验室网络，以改善对食源性疾病的监测，为食品安全提供量化的数据保障。

五、美国食品安全技术法规体系现状
Current status of food safety technical and regulatory systems in the USA

按照法律层次分，美国食品安全技术法规体系由联邦法律和条例上下两个层次构成。法律层面的食品安全技术法规与我国的《食品安全法》或《产品质量法》的法律地位和作用以及内容等类似，这些法律规定的是食品安全的一般要求。对于要达到这些一般要求的具体技术规定，则是由条例层面的技术法规来规定，内容与我国的强制性标准规定的内容类似。美国与食品安全相关的法律主要有《联邦食品、药品与化妆品法》《食品质量保护法》和《公共卫生服务法》等，条例层面的有《联邦肉类检验法》《禽产品检验法》《蛋类产品检验法》《公平包装和标签法》和《婴儿食品法》等。按照制定部门分，美国农业部负责禽肉和肉制品食品安全技术法规的制定和发布，食品药品管理局负责其他食品安全技术法规的制定等。同时一些部门也会联合制定技术法规，这些由部门制定的技术法规要由国会的相关专业委员会和国家管理与预算办公室（OMB）统一协调，然后由相应的政府机构或部门制定并颁布实施。所有现行的联邦技术法规（全国范围适用）全部收录在《美国联邦法规法典》当中。除联邦技术法规外，美国每个州都有自己的技术法规，联邦政府、各州以及地方政府在用法律管理食品和食品加工时，承担着互为补充、内部独立的职责。

六、美国食品安全法规和标准体系的特点
Features of the USA food safety regulation and standard system

（一）全面系统
A comprehensive approach

根据食品安全的有关法律，各责任部门按照各自职责分门别类地制定食品安全法规与技术标准。美国食品安全法律和技术标准涉及食品安全的各个领域，分类齐全、覆盖面广泛。

（二）灵活多变
Flexible and changeable

通常情况下，为达到管理目的，会先起草法律，然后，依法产生相应的法规或标准。但当出现新的技术和产品或产生新的健康危害，而法律上又无针对性条款时，管理机构可以先行制定或修改法规与标准。由于这种变化是发生在管理和技术层面上的，法规与标准的制（修）订易于进行。《美国联邦法规典籍》（CFR）一年一版，每年都进行修改。

（三）公开透明
Open and transparent

美国食品安全法律和技术标准体系从立项、制订到公布，始终公开透明。企业、消费者可以积极参与，充分表达自己的意见，利用现代信息系统随时免费、完整地获得有关信息和文本，并且这种公开透明制度有相关法律来保证。

（四）以科学为基础
A science-based approach

美国食品安全法律和技术标准体系的研制是以科学性为基础，特别是依据 WTO 和 CAC 的要求，以科学为依据的"风险分析"成为美国食品安全决策和立法的基础。

七、食品安全法律体系的问题及改革
Existing problems and reform of the food safety legal system

之前美国的食品安全法律有些已陈旧，阻碍了在食品安全方面以科学为基础的决策制定技术。在出现食品安全事故时，国会就强调通过一部新法律来解决问题，这使得食品安全监管法律没有延续性和稳定性。针对这些问题，美国对食品安全法律进行了改革：一是强调预防，如扩大食品和药物管理局的检查权；二是加强执行，如修订《联邦食品、药品与化妆品法》，授权食品和药物管理局，只要它有理由认为食品掺杂使假或贴错标签，就有权在司法查封行动申请前扣留食品；三是加强信息提供，如要求食品企业向食品和药物管理局登记并报送产品清单。

第三节　食品管理
Food management

一、食品安全起始计划与食品安全管制系统
Food safety initial schemes and food safety control systems

1997 年，克林顿政府提出一项食品安全起始计划，以加强食品安全管理，减少食源性疾病的发生。联邦各部门通力合作，制定了名为"从农场到餐桌"的食品安全报告，HACCP 是这个报告的核心部分。食品安全起始计划还利用网络技术建立国家细菌 DNA 图谱资料库，进行细菌 DNA 图谱与病人或食物对比，此举可以在疾病爆发时更快地完成检测工作，进行疾病原因判定，加快防治工作的进行。营养补充品安全管理方面，1994 年美国国会通过《膳食补充剂健康与教育法》，对营养补充品进行管理，授权 FDA 制定营养补充品相关规范。这一法案促进了加工企业合法制造、销售及使用营养补充品，以对抗伪造产品与非法营业。

基因工程食品是通过 DNA 重组或基因接合技术，改变作物基因结构，使农作物取得优势特性。关于基因工程食品，美国农业部（USDA）负责确认农作物对农业环境是否有伤害作用；环保署负责确认农作物杀虫剂对人类及动物消费及环境是否安全；FDA 则负责确认由这些农作物制成的产品是否可以安全食用。在遭受"9·11 事件"之后，美国 FDA、卫生部疾病控制预防中心（CDC）和美国农业部密切合作，建立了"食品紧急反应网络"，以应对食品安全突发性事件。

二、美国食品安全管理体系的基本架构
General framework of the USA food safety management system

美国政府对食品安全问题十分重视，建立了较为科学、全面和系统的食品安全管理体系。

美国食品安全系统有较完备的法律及强大的企业支持，它将政府职能与各企业食品安全体系紧密结合，担任此责的主要由美国卫生与人类服务部（DHHS）、食品药品监督管理局（FDA）、美国农业部（USDA）及其下属的食品安全检验局（FSIS）、动植物卫生检验局（APHIS）、美国联邦环境保护署（EPA）的几个部门组成。另外，海关部门定期检查、留样监测进口食品。此外，还有其他部门，如疾病控制预防中心（CDC）、美国国立健康研究院（NIH）、农业研究服务部（ARS）、国家研究教育及服务中心、农业市场服务部、经济研

究服务部、监测包装及畜牧管理局、美国法典办公室和国家水产品服务中心等部门也负有研究、教育、预防、监测、制定标准以及对突发事件做出应急对策等责任。FSIS 主管肉、家禽、蛋制品的安全；FDA 则负责 FSIS 职责之外的食品掺假、存在不安全因素隐患、标签有夸大宣传等工作。

美国食品安全管理体系有如下特征：执法、立法和司法三部门权利分离，工作方式公开透明，决策以科学为依据，公众广泛参与。美国宪法中规定了国家食品安全管理体系由政府的执法、立法和司法三个部门负责。为了保证供给食品的安全，国会颁布立法部门制定的法规，委托执法部门强行执法或修订法规来贯彻实施法规，司法部门对强制执法行动、监管工作或一些政策法规产生的争端给出公正的裁决。美国最高法律、法规和总统执委会制度建立了法规修订工作制度，即采取与公众相互交流和透明的工作方式。

联邦政府努力通过强制立法和科学的管理确保食品供应"从农场到餐桌"的安全性。联邦法律强制每个联邦机构努力履行好自己的职责，确保食品安全。联邦政府管理食品安全的各个部门和机构的权限是依据食品的类型、食品加工方式和在特殊食品中发现的掺假物的类型的不同而设定的。

美国涉及食品监督管理的机构非常复杂，主要的机构达 20 个之多，细分起来，卫生部有 5 个，农业部有 9 个，环保局有 3 个，还有商务部、国防部和海军各 1 个。其中最主要的有美国卫生与人类服务部（DHHS）及其所属的食品药品监督管理局（FDA）、美国农业部（USDA）及其所属的食品安全检验局（FSIS）、动植物卫生检验局（APHIS）以及美国联邦环境保护署（EPA）。美国各食品安全主管部门及其主要职责如下。

1. 卫生与人类服务部（DHHS）

United states department of health and human services（DHHS）

（1）食品药品监督管理局/食品安全与应用营养中心（FDA/CFSAN）

在食品监管方面，FDA 负责美国州际贸易及进口食品，包括带壳的蛋类食品（不包括肉类和家禽）、瓶装水以及酒精含量低于 7% 的饮料的监督管理。FDA 对食品的监管职责是通过食品安全与应用营养中心（CFSAN）来实施的，目的是保证美国食品供应能够安全、卫生、有益，标签、标示真实；保证化妆品的安全和正确标识，保护公众健康。

（2）食品药品监督管理局/兽药中心（FDA/CVM）

CVM 主要管理动物食品的添加剂及药品的生产和销售。这些动物既包括用于人类消费的食用动物，也包括作为人类伴侣的宠物。

（3）食品与药品监督管理局/毒理学研究中心（FDA/NCTR）

作为研究机构，NCTR 通过开展基础研究，为 FDA 的各中心提供所需的科学支持。NCTR 以动物作为研究对象来开展毒理学试验，并根据研究结果推断相关毒素对人类的影响。

（4）过敏与传染病研究所（NIAID）

NIAID 通过卫生与人类服务部支持的相关研究包括食源性疾病的传播、发生和发展的病理学研究、治疗及预防等相关课题。

（5）疾病控制与预防中心（CDC）

CDC 旨在通过预防与控制疾病来提高人类健康及生活质量，负责收集相关传染病信息，进行传染病检测，并提供相关技术支持。CDC 拥有一个全国性的食源性疾病监测网络——食品网，细菌基因图谱国家电子网络——脉动网，同时还建立了食源性疾病暴发的快速反应与监控体系。

2. 美国农业部（USDA）

The United States Department of Agriculture（USDA）

（1）动植物卫生检验局（APHIS）

APHIS负责监督和处理可能发生在农业方面的生物恐怖活动、外来物种入侵、外来动植物疫病传入、野生动物及家畜疾病监控等，从而保护公共健康和美国农业及自然资源的安全。

（2）农业科学研究院（ARS）

ARS是美国农业部主要的研究机构，负责一系列影响美国人民日常生活的食品安全研究项目，推广相关科学知识，并向APHIS及FSIS提供技术支持。

（3）州际研究、教育和推广合作局（CSREES）

CSREES是美国农业部主要的集资研究机构。该机构可以为从事食品安全等相关研究的学校、政府机构、专业组织及业界团体提供竞争性的集资补贴。

（4）经济研究所（ERS）

ERS是美国农业部经济信息来源和经济研究的主要机构。ERS的研究可以为农业、食品、自然资源及乡村发展提供相关信息，提高政府决策的科学水平。

（5）食品安全检验局（FSIS）

FSIS是美国农业部负责公众健康的机构，主要负责保证美国国内生产和进口消费的肉类、禽肉及蛋类产品供给的安全、有益，标签、标示真实，包装适当。

（6）农业营销局（AMS）

AMS旨在维护稳定的市场环境，保障农牧民及消费者的利益。该机构主要通过提供农产品质量定级和认证服务，保证国民能有选择性地享受高品质的食品供给。

（7）谷物检验、批发及畜牧场管理局（GIPSA）

GIPSA负责管理家畜、肉（猪、牛、羊、禽）类、谷物、油籽及相关农产品贸易。GIPSA可以就农产品制定官方定级和检验标准，统一检测方法，从而维护公平竞争的市场营销体系。

（8）海外农业局（FAS）

FAS负责帮助美国产品进入国际市场，促进美国产品获得新的海外市场准入或提高其在国际市场的竞争力。FAS同时也支持农业国际贸易的发展。

（9）首席经济师办公室/风险分析及成本收益分析办公（OCE/ORACBA）

ORACBA的主要职责是保证美国农业部重要的法规草案能够建立在坚实的科学基础之上，并通过成本收益分析（即必须是收益大于成本）。该部门负责政策指导和技术支持，组织协调农业部起草法规的成本收益分析工作，并保证农业部门出台的政策符合美国相关的法规要求。

3. 联邦环境保护署（EPA）

The federal environmental protection agency

（1）预防、农药及有毒物质办公室（OPPTS）

OPPTS职责广泛，旨在保护当前及今后的公共健康和环境免受有毒有害化学药品的污染，设定食物中的农药及其他有毒有害物质的残留限量等。

（2）研究开发办公室（ORD）

ORD是环境保护局主要的科研机构，其研究项目围绕风险分析或风险管理来进行，为环保局正确履行保护人类健康、保护自然环境的职能提供科学依据。

（3）水资源办公室（OW）

OW旨在保证水质安全，以供人类安全饮用，鱼类及贝类安全生存，适于游泳，从而保护人类健康。该办公室负责制定相关管理规定，确定相关研究项目，开展风险分析。

4. 国防部（DOD）

The ministry of national defense

美国军队兽医局（DOD/VSA）

VSA 负责美国军队食品供应的安全。由于美国军队在世界各地广泛分布，所以美国军队兽医局必须制定相应的管理规定和检验项目，对分布在全球的食品供应商进行认证。

5. 商务部（DOC）

Department of Commerce

国家大洋大气管理局/国家海洋渔业局（NOAA/NMFS）

NMFS 负责推荐性的海产品检验项目，主要是有关海产品的食品安全事宜，包括对海产品及加工设备的检验、实验室检测、风险分析、风险管理、风险传播及产品质量等级的确定等。

6. 政府与学术界在食品安全领域的相互合作

Mutual support and cooperation between governments and academia in the field of food safety

（1）食品安全与应用营养联合研究院（JIFSAN）

JIFSAN 是一个政府与学术界在食品安全领域的合作机构，旨在为相关食品安全政策提供技术支持。参与合作方包括 FDA 下属的 CFSAN、CVM 以及马里兰大学。

（2）食品安全及技术中心（NCFST）

NCFST 是由来自伊利诺伊州技术研究院的科学家、FDA 官员以及食品相关业界人士组成的联盟，其重点在于保护食品供应的安全。

7. 政府机构间协作关系

Collaboration between government agencies and institutions

（1）风险评估联盟（RAC）

RAC 负责食品安全风险评估的联邦政府机构间相互协作，通过这种交流和合作，共同开展食品领域的风险分析工作。

（2）技术支持工作组（TSWG）

TSWG 为多个机构参与的工作小组，负责开展预防和打击生物恐怖活动的全国性的机构间合作研究机构。其与食品安全相关的工作包括危害因子（细菌、病毒等）在食品中的生存能力、检测技术、造成危害程度的评估及食品安全培训等。

（3）食源性疾病反应协作组（FORCG）

FORCG 目的在于提高联邦、州及地方机构对发生跨州界食源性疾病做出反应的处理能力。FORCG 将联邦、州及地方相关政府机构纳入到了全国性的食源性疾病综合反应体系。

三、美国食品安全管理的主要方式

Main approaches to food safety management in the USA

（一）全面保证公民食品安全

The comprehensive guarantees of food safety to citizens

1. 整合部门资源，统一食品安全管理

Integration of sector resources and unification of food safety management

美国食品安全部门中与消费者关系最密切的是管理肉、禽和蛋类产品的农业部（USDA）和食品药品监督管理局（FDA）。美国食品安全管理部门的权限划分以产品而非生

产环节为标准，每个部门对自己负责的产品生产的各个环节、各个方面均有明晰的管辖权和责任，力求安全监管职责明确，全程覆盖，不留死角。

2. 制定联邦法律和部门规章，全程突出民意

The development of federal laws and department regulations with public opinion prominent

美国食品安全法律体系分 3 级。《食品、药品与化妆品法》等联邦法律由立法机构——国会通过，明确相关工作的基本原则、核心目标和部门分工。USDA 等执行部门在联邦法律的基础上出台针对专门产品和专门问题的部门规章，落实联邦法律的目标和要求。为了贯彻规章，有关部门还会制定更加详细的指南。消费者组织和农民组织在联邦法律和部门规章制定过程中都发挥着重要作用，不但可以游说国会影响联邦立法，还经常直接对执行部门的规章提出意见，甚至应邀对规章提供技术支持。此外，美国法律规定，政府部门制定规章时必须在网上公开并听取公众意见，任何公民和组织都可以对这些规章发表意见和疑问，制定规章的部门必须一一作答。

3. 构建严格且务实的多元食品安全标准体系

Construction of strict and pragmatic pluralistic system of food safety

基于联邦与州的权利划分原则，美国食品质量安全的官方标准有联邦和地方标准两种。同时，美国高度尊重协会甚至是大企业自身创立的"私人标准"。美国食品安全标准具有鲜明的"自下而上"特征：一些协会和企业"私人标准"通过市场竞争得到公众认可推广，在时机成熟时可以由政府部门在法律条文中明确援引或者间接认可，从而成为国家强制力标准。这种标准体系的优势很明显，第一，现代经济、技术发展迅速，政府制定标准无法及时规范食品安全的各个方面，"私人标准"有效弥补了政府标准的不足；第二，将"私人标准"转化为国家标准，可降低企业达到这些标准所付出的成本。

4. 采取驻厂检验保证高危食品安全

Taking mill inspection to ensure the safety of high-risk foods

FSIS 与 FDA 监管产品的风险层次不同，所以工作方法存在差异。FDA 以定期抽查检验的方式确保食品安全，而 FSIS 对禽、肉、蛋产品的监管则因其安全风险度比较高而实施驻厂全程检验。FSIS 向企业派遣驻厂检验员，检验员具有专业知识，属于政府工作人员。

5. 推广危害分析和关键控制点（HACCP）

Promotion of hazard analysis and critical control point

美国是最早将 HACCP 强制用于食品企业的国家，在此领域更一直处于领先地位。政府的职责一是对产业提供必要的标准和指导，如《危害分析和关键控制点原理及应用准则》等，作为行业和企业制订计划的基础；二是组织由联邦政府、地方政府有关部门专家构成的考核委员会，对协会和企业开发的安全计划进行审核，对合格的协会颁发食品安全认可函作为认可凭据。

（二）即时信息通报、无间隙部门联合、驻外质检人员，应对贸易壁垒促进食品出口

Instant communications, seamless departmental cooperation, overseas quality control personnel to deal with trade barriers and to promote food exports

1. 保证即时的食品安全信息通报

Ensure the timely communication on food safety

美国国家 SPS 信息通报中心设在 USDA 的海外农业局（FAS）。SPS 信息通报中心的主要任务：一是向 WTO 提交美国 SPS 措施通报；二是将 WTO 最新 SPS 措施通报迅速通知

给美国国内企业和相关政府部门。对内信息通报以两种途径同时进行：一方面，SPS 信息通报中心会通过网站统一发布 WTO 最新 SPS 措施通报，让企业和公众及时获得信息；另一方面，该中心也会主动将不同种类、不同领域的通报以邮件方式分别发至 FDA、FSIS 等美国政府相关部门的固定联络人员。

2. 组织高效无间隙的多部门应对

Organize efficient and seamless multi-sector communications or responses

SPS 信息通报中心工作人员并不具备食品安全专业技术背景，对所有 SPS 通报的实质性分析和评议工作都是由政府其他专业部门完成。FDA、FSIS 及环境保护署（EPA）等相关部门在收到 SPS 措施通报信息后，会结合自己的专业领域开展研究，再通过其联络人向国家 SPS 信息通报中心提交专业分析和评议意见。SPS 信息通报中心工作人员会把收集到的部门专业意见整理成统一规范格式通过互联网提交 WTO。遇到对美国食品出口或者其他利益造成重大影响的 SPS 措施通报，各部门也会专门开会协调口径。

3. 派驻专业质检人员应对出口障碍

The presence of accredited quality professional staff to deal with barriers to exports

USDA 和 FDA 在美国主要农产品贸易伙伴国常驻有大量专业质检人员。这些质检人员的主要任务包括向驻在国推介美国食品安全理念，实地考察驻在国向美国出口的食品的生产环境状况，就驻在国食品要求向美国出口企业提供咨询意见等。其中最重要的任务之一，是在美国企业向驻在国出口食品遭遇检验检疫障碍时，配合出口企业与驻在国检验检疫部门沟通，保证美国的食品能够顺利出口到驻在国市场。

四、美国食品安全管理新动向

New trends of the USA food safety management

美国食品安全管理新动向主要体现在美国《食品安全现代法案》的出台和完善，该法是对美国 1938 年颁布实施的《食品、药物和化妆品法》的重大修改和补充。该法显著加强了 FDA 的权力和职责，最突出的特点是强化预防为主理念、强调经营主体的责任、加强进口食品安全监管。

（一）建立全面预防机制

The establishment of comprehensive prevention mechanisms

《食品安全现代法案》要求 FDA 在食品供应链的各个环节建立全面、科学的预防机制。在该法出台之前，FDA 仅有权指导企业开展食品安全控制计划，同时该部门管辖的生鲜产品缺少强制生产标准。针对这些情况，《食品安全现代法案》明确授权 FDA 监督食品企业制订书面的食品安全问题预防控制计划，制定新鲜水果和蔬菜的强制性生产标准，同时还要求 FDA 制订新规则以防止蓄意的食品掺假事件。

（二）加强相关主体责任

The strengthening of the relevant main responsibility

《食品安全现代法案》进一步强化 FDA 监管食品生产、加工、流通企业的权利和责任。

（三）强调进口食品安全

The emphasis on import product safety

针对进口食品安全，《食品安全现代法案》赋予 FDA 一系列前所未有的权力，如当国外企业拒绝接受 FDA 检验时，新法授权 FDA 禁止进口其产品。

第四节　食品监管
Food supervision

美国联邦宪法第一章第 8 条将管理国内商业和贸易的权力授权给国会，国会据此设定法律来保障美国国内的食品安全。美国宪法规定了国家食品安全系统由政府的执法、立法和司法等三个部门负责。其主要监管机构包括卫生部下属的食品和药物管理局、农业部下属的食品安全检验署、动植物卫生检验署及环境保护署。为了加强各监管机构之间的协调与配合，美国政府先后成立了食品传染疾病发生反应协调组和总统食品安全顾问委员会，并最终形成了由总统食品安全顾问委员会综合协调的，由农业部、卫生部、环境保护署等多个部门分工执行具体监管职责的综合性食品安全监管机构体系。

一、食品安全监管体系
Food safety supervision system

（一）专门机构监管
Supervision by specialized agencies

在诸多的联邦机构之中，美国农业部（USDA）和美国食品药品监督管理局（FDA）是美国食品安全监管体系中最为核心的两家机构。他们的管理范围覆盖国产食品和进口食品，在食品安全相关术语以及涉及食品添加剂和食品污染的相关标准上是统一的。

1. 美国农业部（USDA）

美国农业部（United State Department of Agriculture，USDA）的主要职责是确保肉、禽类产品在美国国内的运输安全以及最终的消费安全。USDA 在食品监管中主要承担了立法者的角色。从法律依据上而言，USDA 本身就是被授权对食品进行监管的职能部门。

美国农业部食品安全检验局（Food Safty and Inspection Service，FSIS）主要负责执行食品安全法律，监督管理国内生产和进口的肉、禽产品；对用作食品的动物，屠宰前和屠宰后进行检验；检验肉、禽屠宰厂和肉、禽加工厂；与美国农业部市场销售局（AMS）合作，监测和检验加工的蛋制品；收集和分析食品样品，进行微生物、化学污染物、病原微生物、毒素的监测和检验；制定食品添加剂和食品其他配料的使用标准；制定工厂卫生标准，确保所有进口到美国的外国生产的肉、禽加工产品符合美国标准；召回肉、禽加工者加工的不安全产品；对行业和消费者安全的食品处理规程进行培训教育，开展食品安全方面的科学研究等工作。

2. 食品药品监督管理局（FDA）

被国际上公认为全球第一流的食物与药物监管机构——食品药品监督管理局（Food and Drug Administration，FDA），是一个负责美国国产和进口的食物、化妆品、药物、生物制剂、医疗器械以及放射性产品安全的科学监管专门机构。相较于 USDA 的立法权而言，FDA 承担的则是权力分立中的执行权。FDA 隶属于美国联邦政府中的卫生和公众服务部（HHS），其权力来自 1938 年制定的《食品、药品与化妆品法》的授权。FDA 的使命是通过实施《联邦食物、药品与化妆品》和其他公众健康法律来保护消费者健康。

3. 机构间协同监管
Inter-agency collaborative supervision
美国一直是全球最安全的食物供应者，主要因为美国实行机构联合监管制度，在地方、州和联邦政府的各个层面建立监视食物生产和流通的互相制约的监控体系。美国负责食品安全的主要联邦管理机构是卫生与人类服务部（DHHS）所属的食品药物管理局（FDA）、美国农业部（USDA）所属的食品安全检验局（FSIS）和动植物卫生检验局（APHIS）以及美国环境保护署（EPA）。财政部的海关总署根据所提供的指南对进口货物进行检验或偶尔进行扣押，以协助食品安全管理部门的工作。很多部门在其研究、教育、监督、标准制订机构以及在处理突发事件的反应行动中都有其派出机构，包括 DHHS 疾病控制中心（CDC）和国家卫生研究所（NIH）、USDA 的农业研究署（ARS）、州际研究、教育和推广合作署（CSREES）、农业市场署（AMS）、经济研究署（ERS）、谷物检验、包装和堆料场管理局（GIPSA）、美国法典办公室以及商业部的国家海洋渔业署（NMFS）。

美国食品安全监管机构独具特色，其特点主要体现在以下几个方面。

① 美国食品安全监管机构实行多部门的监管模式，分工负责，职责明确。食品安全检验局、食品和药物管理局、动植物健康监测服务局等监管机构都有不同的职责分工。

② 美国食品安全监管机构实行科学的纵向监管模式，按食品类别划分监管职责，避免部门推诿，提高办事效率，避免监管无力，实现监管有序进行。

③ 美国食品安全监管机构实行分级监管模式，联邦、州、地区三级机构地位独立，相互合作。联邦食品安全监管机构实行垂直监管，全过程监测。州、地区食品安全监管机构具体负责辖区内的食品生产和销售并配合联邦监管机构具体实施。

（二）法律法规监管
Supervision based on judicial rules/laws and administrative regulations

1. 食品安全监管法律制度的发展历程
The history of food safety supervision and associated legal systems

美国食品安全监管法律制度的形成并不是一蹴而就的，而是经历了一个从无到有、从乱到治、从治到严的发展历程，大致经历了以下几个阶段。

第一阶段是自由竞争和分而治之阶段，主要涵盖了美国建国之初到 19 世纪早期。当时美国的资本主义经济相对落后，人口也相对较少，与食品相关的生产和贸易大多在各自治州境内进行，农业生产多数是比较原始的耕作，也极少出现真正的食品安全问题和隐患。供应食品的企业由当时具有高度自治权利的州政府实施监管，客观地讲，当时的食品监管相对来说比较单一和混乱。

第二阶段是初级治理阶段，时间跨度从 19 世纪中期到 20 世纪初期。此阶段美国的大工业已经开始飞速发展，食品生产和食品贸易也开始走出各自治州延伸到美国全国各地。美国国会于 1906 年 6 月 30 日通过了关于食品安全的第一部全国性法律《纯净食品和药品法》，该法第一次全面规定了联邦政府在食品、药品规制中所应承担的责任，奠定了美国现代食品、药品法的基本雏形和框架，使美国走上了食品安全监管法制化道路，较好地遏制了美国食品生产领域的违法犯罪行为。

第三阶段是高级治理阶段，时间为 20 世纪初期至中期。1938 年促使美国国会制定了《联邦食品、药品与化妆品法》。该法对原来的食品安全监管体制作了大调整，扩大了 FDA 的监管权力，奠定了美国现代食品安全监管体制的基础。

第四阶段是强化与完善阶段，从 20 世纪中期到现在。《联邦食品、药品与化妆品法》颁布之后，美国食品安全监管工作得到了前所未有的加强，并在实践中对该法的部分条款进行了修正，在此基础上，又不断颁布了一系列相关法律制度，并最终形成了 7 部较为完善的食品、药品监管法律体系，分别是《联邦食品、药品与化妆品法》《联邦肉类检验法》《联邦杀虫剂、杀真菌剂和灭鼠法》《食品质量保障法》《蛋类产品检验法》《禽类检验法》和《公众卫生服务法》。2002 年，美国国会又通过的《生物反恐法案》，对食品安全进行强制性管理，使其提升到了国家安全的战略高度。2007 年，布什总统签署通过了《联邦食品、药品与化妆品法》修正案，加强并完善了对药品的安全监管。2011 年，奥巴马政府签署的《FDA 食品安全现代法案》（简称新法），标志着美国食品安全监管法律体系正式从单纯依靠对食品的检验为主过渡到依靠事前预防为主的新阶段。自此，美国食品安全监管法律制度进入了全新的历史发展时期。

2. 美国食品安全监管法律制度的特征
Features of the USA food safety supervision legal system

FDA 在监管职权提升方面得益于《FDA 食品安全现代法案》的颁布实施。具体来说，该法对 FDA 的职权调整及制度创新主要体现在以下四个方面。

（1）新法更加强调食品安全的预防控制权，《FDA 食品安全现代法案》要求由企业推进危害分析和风险预防控制权的实现。新法使 FDA 从单纯依靠检验为主向以预防为主过渡并将 FDA 推到了预防食品安全事故发生的最前线，通过确保食物供应安全来保护公众健康。新法明显加强了 FDA 对每年从国外进口到美国的上百万种食品的监管能力。

（2）新法进一步强化了 FDA 对问题食品的及时、强制召回权。新法及时、强制召回权的实施取得了明显的实践效果。一方面，食品强制召回制度有效地调节了食品市场，降低了问题食品对公众健康的危害，维护了消费者的合法利益；另一方面，强制召回的处罚制度对涉事企业具有很强的威慑力。

（3）新法强化了 FDA 对食品企业的强制检查权和执法权。新法加强食品企业的强制检查权和执法权是食品安全监管的有效手段，能够切实保证有关法律规定、安全标准得到严格遵守和执行。

（4）新法进一步体现了 FDA 与其他食品安全监管机构的合作权。FDA 与其他食品安全监管机构的合作权主要通过横向合作和纵向合作的方式得以实现。横向合作权是指美国境内的食品安全监管机构与美国境外的食品安全监管机构合作的实现；纵向合作权的实现是指美国联邦政府，各州政府以及部落地区的食品安全监管机构相互之间的合作。联邦政府间的协调合作，州和地方政府间的合作伙伴关系之间相互补充、相互作用，形成一个有效的食品安全防护系统。

（三）HACCP 管理技术监管
Technical supervision using HACCP Management

食品法典委员会（CAC）认为 HACCP 是迄今为止控制食源性危害的最经济、最有效的手段。美国是最早使用 HACCP 系统的国家。20 世纪 90 年代，美国发生了一系列的食源性疾病促使美国克林顿政府加强美国的食品安全体系的建设。1995 年 12 月，美国颁布了强制性水产品 HACCP 法规——《水产品加工与进口的安全卫生规定》，此法规的主要目的是要求水产品企业实施 HACCP 体系，确保水产品的安全加工和进口。1996 年，美国农业部（USDA）颁布 9CFR-417 法规，要求在禽肉食品企业实施 HACCP 体系；同年 7 月，由美国农业部（USDA）下属的食品安全及检查服务局（FSIS）公布了 "致病性微生物的控制与HACCP 体系规范"，要求国内和进口肉类食品加工企业必须实施 HACCP 体系管理，以便控制致病性微生物。1998 年，FDA 提出了 "在果蔬汁饮料中应用 HACCP 进行监督管理"的法规草案，2001 年，美国 FDA 正式发布了 21CFR120 法规，要求在果汁行业实施HACCP 体系。鉴于 HACCP 在应用中的显著成效，HACCP 原理和体系实施显著地提高了实施行业的食品安全水平。美国 FDA 现正考虑建立覆盖整个食品工业的 HACCP 食品安全标准，即用于指导从"农场到餐桌"的所有环节的本地食品的加工和食品的进口。

（四）《食品现行良好操作规范、危害分析和基于风险的预防控制》法规
Rule for "Current Good Manufacturing Practice and Hazard Analysis and Risk-Based Preventive Controls for Human Food"

HARPC 法规开创了一种新的预防性的食品安全框架，来甄别食品供应链上潜在的威胁，并采取适当的步骤以在造成任何损害之前解决这些威胁。HARPC 法规主要基于危害分析及关键控制点（HACCP）的理念，但要求更为严格、更为全面且具有强制性。

（五）缺陷食品召回制度
Food recall systems for unsafe food

美国产品召回制度是在政府行政部门的主导下进行的。负责监管食品召回的是农业部食品安全检验局（FSIS）及食品和药品管理局（FDA）。美国食品召回的法律依据主要是《联邦肉产品检验法》（FMIA）、《禽产品检验法》（PPIA）、《联邦食品、药品与化妆法》（FFDCA）以及《消费者产品安全法》（CPSA）。FSIS 和 FDA 在法律的授权下监管食品市场，召回缺陷食品。

二、美国食品安全监管体系的基本原则
General principles of FSMS in the USA

（一）"从农田到餐桌"全过程监控原则
The whole process "from farm to fork" monitoring principle

美国食品安全监管强调"从农田到餐桌"的整个食品链的有效控制。监管对象包括化肥、农药、饲料的生产与使用以及包装材料、运输工具、食品标签等；监管环节包括农产品的生产、加工、包装、储藏和运输；与食品接触工具或容器的卫生性；操作人员的健康与卫生要求等。由于涉及的面广，食品安全法律体系非常庞大和复杂。

（二）责任主体限定原则
The liability subject defining principle

食品安全首先是食品生产者、加工者的责任，政府在食品安全监管中的主要职责就是通过对食品生产者、加工者的监督管理，最大限度地减少食品安全风险。按照美国法律，企业作为当事人对食品安全负主要责任。企业应根据食品安全法律法规的要求来生产食品，确保其生产、销售的食品符合安全卫生标准。政府的作用是制定合适的标准，监督企业按照这些标准和食品安全法律法规进行食品生产，并在必要时采取制裁措施。违法者不仅要承担对于受害者的民事赔偿责任，而且还要受到行政乃至刑事制裁。

（三）危险性管理原则
The risk management principle

食品安全法律法规应该是以科学性的危险分析为基础。危险分析有三个相互关联的因素，即危险评估、危险管理和危险沟通。危险评估是指食源性危害对人体健康产生的已知的或潜在的不良作用可能性的科学评估。危险管理是根据危险性评估的结果由管理者权衡可以

接受的、减少的或降低的危险性，并选择和实施适当措施的管理过程。危险沟通包含两层含义：一是有效的信息交流；二是管理过程的透明性。

（四）专家参与原则
The expert involvement principle

美国政府一方面在管理机构内部组织优秀科学家加强对前沿问题的研究，另一方面积极利用政府部门以外的专家资源，通过技术咨询、合作研究等各种形式，使之为食品安全管理工作服务。同时与世界卫生组织（WHO）、联合国粮农组织（FAO）等国际组织保持密切联系，分享最新的科学研究成果。政府还充分利用检验机构的专业力量。美国的食品检验机构中有大批食品工艺、微生物、营养、卫生等方面的专家，在政府的统一组织下，利用他们的专业知识，系统开展食品安全状况调查，收集并分析样品，监控进口产品，从事消费者研究等工作。

（五）可追溯性和食品召回原则
The traceability and food recall principle

食品的可追溯性是指食品在商业流通中应保有它们的溯源。法律要求各个阶段的主体标记所生产的产品，并记录食品原料和配料的供应商信息，以保证可以确认以上各种提供物的来源与方向。从而当食品被发现存在危害时，可以及时从市场召回，避免流入市场的缺陷食品对公众的人身安全损害的发生或扩大。食品召回是指食品的生产商、进口商或经销商在获悉其生产、进口或经销的食品存在可能危害消费者健康、安全的缺陷时，依法向政府部门报告，及时通知消费者，并从市场和消费者手中收回有问题产品，予以更换、赔偿的积极有效的补救措施，以消除有缺陷食品的危害风险的制度。

（六）充分发挥消费者作用原则
The principle of giving full play to the role of consumers

美国在法律制定和修订过程中都允许并鼓励消费者积极参与，立法机构通常发表一个条例提案的先期通知，提出存在问题和解决方案，征询公众的意见；在最终法规发布前，要为消费者提供开展讨论和发表评论的机会；当遇到特别复杂的问题，需要立法机构外的专家建议时，立法机构还将根据需要通过非正式信息途径召开公众会议，收集消费者对特定问题的看法。如果个人或机构对立法机构的决策提出异议时，还可以向法庭提出申诉。美国食品安全监管实践表明，强有力的法律法规和集中、高效、针对性强的食品安全监管体系是保障食品安全的关键所在。

三、美国食品安全监管体系的特点
Features of FSMS in the USA

（一）食品安全法律法规体系健全
Complete food safety laws and regulation system

健全的法律法规体系是食品安全监管顺利进行的基础，美国食品安全监管具有健全的法律法规体系。一个多世纪以来，美国建立了几乎涵盖所有食品类别和食品链各环节的法律法规体系，为制定监管政策、检测标准以及质量认证等工作提供了依据。1906 年美国第一部与食品有关的法规《纯净食品和药品法》开始实施，到目前，美国政府已制定和修订了 35

部与食品安全有关的法律法规，其中直接相关的法律有 7 部，包括《联邦食品、药物和化妆品法》《食品质量保护法》《公共健康服务法》和《联邦肉类检查法》等等。

（二） 强调食品安全风险防范与管理
Emphasis on food safety risk prevention and management

美国十分重视食品安全管理方面的预防措施，并以实施风险管理和科学性的危害分析作为制定食品安全系统政策的基础。

（三） 信息公开透明
Transparency in information disclosure

在食品安全风险管理过程中，美国十分强调政策及管理的公开性和透明度。强调保持每一项政策制定过程中的透明性，建立了有效的食品安全信息系统，形成了从联邦到地方，分工明确、全方位的信息披露主体，以及遍布全国的信息采集、风险分析以及综合的信息反馈等基础设施。食品安全信息披露范围、内容及公众参与的范围非常广泛。根据美国法律，政府在制定行政法规时，任何人都可以获得政府决策依据的信息，并进行评论。

（四） 分工明确、配合协调
Clear division of responsibilities and coordination

美国的食品安全监管机构实行的是从上到下垂直管理，采取品种监管为主，即按照产品种类进行职责分工，不同种类的食品由不同部门管理，各部门分工明确，各司其职，为食品安全提供了强有力的组织保障，而且部门之间有着良好的合作关系，既分工，又合作。

第五节　实验室检测
Laboratory testing

《食品安全现代法案》要求由获得认证资格的实验室对某些食品进行测试，同时指令食品和药品管理局建立一套实验室认证项目，以保证美国食品检测实验室符合高标准（认证项目在法律生效后两年内建立）。

美国食品实验室主要分两类：政府实验室和第三方实验室。美国政府主导思想是尽量减少政府部门的开支，所以在设立政府实验室时比较谨慎，规模也与其需要相适应，但对于关键性的实验室还是会以社会效益为重而加以设立（如 FDA 实验室）。非关键性的政府检测任务采用政府合同的形式分包给经考察评价较好、有信誉的第三方实验室。

美国的检测实验室检品来源主要有两种：一种来源于政府合同；另一种来源于市场。由于在美国各产地的产品只要符合准入条件，注册获得批准都可自由销售，所以不存在有进口检验。FDA 审批新药时，对仿制类基本不进行审批前检验，所以注册检验也很少。美国实验室除政府实验室专门完成相关政府任务外附加一部分送检，但政府实验室及政府不外包的检测任务很少，而第三方实验室的检品主要来源于客户自愿送检。

一、政府实验室
Government laboratory

美国 FDA 实验室和 FSIS 实验室是美国食品安全管理体系中的核心实验室。

（一）美国 FDA 实验室

FDA laboratory

FDA 在美国有 17 个实验室，共 500 人左右，其中大型实验室 100 人左右，中型实验室 50 人左右，小型实验室 15 人左右。

调查研究是 FDA 日常最重要的监督工作。因此，每年派遣经验丰富、水平较高的专家深入现场视察工作，调查生产原料、工艺、成品、仓库、贮藏、运输等，样品经实验室分析后作出质量评价。全国所有实验室都专设消费者投诉电话，以反映市场上产品的质量。

FDA 实验室的研究工作：收集数据，查阅国际动态和最新资料；与其他相关实验室或工厂进行检测方法的信息交流；根据工作需要，研究、验证新的分析方法的准确度和精密度等；推广和采用新的测定方法。

FDA 非常重视人才的培训工作，定期考核工作人员是否适应新工作的能力。每年从经费中提 5％作为培训费，分期分批让在职专业人员到大学或研究院深造提高业务能力。采用分析方法要求准确性好、精密度高，要保证试剂的纯度、浓度。高级仪器制造厂规定的技术指标要定期检查，确保各种测试手段的准确性。总之，专业人员的高素质、准确的测试方法、仪器保养的质量等是保证实验室工作质量的重要因素。

（二）美国 FSIS 实验室

FSIS laboratory

实验室是食品安全检验局履行食品监管职能的重要技术支撑。FSIS 实验室体系由三部分组成，第一是 FSIS 的官方实验室；第二是对承担其指定检测任务的实验室技术能力进行审核，利用社会实验室完成其日常的检验检测工作；第三是 FSIS 与美国联邦政府其他有关部门合作，参与食品应急反应网实验室计划工作，共享其他实验室的检测结果。这几方面相互补充，形成了高效、权威、快捷的 FSIS 实验室体系。

1. FSIS 官方实验室

FSIS official laboratory

FSIS 官方实验室对肉、禽及蛋产品的化学、微生物学和病原生物开展食品安全性检测。FSIS 有专门机构对现有官方实验室进行管理，其组织机构为实验室管理办公室下设的五个机构，分别是东部实验室、西部实验室和中西部实验室，从事分析食源性疾病的微生物流行与特殊计划实验室，及确保实验室鉴定和检测质量的实验室质量保证处。

为提高实验室的管理效率，FSIS 开发了自己的实验室信息管理系统，将实验室管理的信息输入该系统。FSIS 实验室管理系统从 1995 年起开始研制使用，现在该系统在所有的 FSIS 实验室中应用，实验室技术人员负责将有关数据输入该系统，或直接从实验室仪器将数据转入该系统。该系统数据库可提供完整的从样品接收到检测结果全过程的信息，满足国际标准对实验室管理的要求。

此外，FSIS 还应用了实验室电子申请结果通知单系统（LEARN），FSIS 的检验人员、执法人员、巡回检查人员、区管理人员、技术中心人员和总部人员都可收到该系统的结果通知单。企业管理者和州政府管理人员也可通过 E-mail 收到 FSIS 实验室检测结果通知单。

2. FSIS 实验室确认计划

FSIS laboratory confirmation scheme

FSIS 根据联邦法典的规定开展实验室确认工作，以确认可承担肉、禽类食品中的水分、蛋白质、脂肪和灰分含量以及某些化学残留物分析的非联邦政府的实验室。这些确认实验室主要承担 FSIS 指定农药残留、食品化学成分及有毒有害物的分析，包括有机氯、多氯联苯、磺胺、亚硝酸盐和砷。FSIS 根据实验室申请的检测能力及评审情况，最终确认申请的实验室是否可承担 FSIS 指定的检测任务，每月公布一次获得 FSIS 确认实验室名单。

首次通过 FSIS 确认的前提是要准确测试 FSIS 提供的能力核查样品，核查样品由 FSIS 准备和分发给申请确认的实验室，以便验证该实验室是否有能力按相关标准开展检测工作。美国的法规对现场审核的人员也有明确的要求，审核食品成分检测的人员必须具有化学、食品科学、食品技术或相关学科学士学位，有 1 年以上工作经验。审核残留检测的人员需具有 3 年以上从事 PPM 级检测残留的经验。

FSIS 的确认仅限于对肉类和禽类食品的化学检测，实验室获得确认后，就可以替代政府实验室检测官方法定的样品。FSIS 通过这种严格的确认计划，确认了一大批可从事官方样品检测的实验室，并确保实验室结果的准确和可靠，为其科学有效执法提供了技术支持。

3. 积极参与食品应急反应网实验室计划

Active participation in food emergency response network laboratory scheme

2005 年，FSIS 根据生物反恐法令和美国食品安全管理的需要，新组建了食品应急反应网处。该处的主要职能是与 FDA 合作，增加管理检验和鉴定食品中生物、化学及放射性因子的联邦、州和地方的实验室。食品应急反应网是在美国遭受生物、化学或放射性恐怖袭击时，承诺可以承担食品样品分析的州和联邦政府实验室网络。联邦政府部门包括食品和药品管理局、美国农业部、美国疾病控制中心和环境保护署，现在加入食品应急反应网的实验室已达 90 多家。该网络主要是在遭受食品生物、化学和放射性恐怖袭击时，承担食品样品分析任务。现在的主要任务是完成监测样品的检测，验证用于检测的新方法，满足确保实验室及其人员安全的各项要求。

FSIS 同时也积极参加由 FDA 开发的电子实验室交换网络，该网络主要为具有食品安全职能的机构提供一个食品检测数据的交换平台。

二、第三方实验

Third-party laboratory

（一）美国国家卫生基金会（NSF）

National sanitation foundation

美国国家卫生基金会（NSF）是一个独立的、非营利性组织，认证产品并为食品类、水类和消费品制定标准，以提升社会大众健康卫生的生活品质为主，最大程度上降低对健康的不利影响和保护环境。NSF 于 1944 年成立于密歇根州的安娜堡市，多年致力于在全球范围内保护人类的健康与安全，是世界卫生组织关于食品类、水类和室内环境的协作中心。

至今为止，NSF 自主编写了 72 个国际标准，并服务于超过 120 个国家 50000 多个组织。NSF 的业务包括对食品和水工业的检测、认证以及安全审核；对膳食补充剂和功能性食品行业的认证以及受禁有害物质的检测；对制药业的培训和测试；对玩具和消费品的测试；环境可持续服务，包括可持续产品认证以及环境要求验证。此外，实验室还能提供玩具安全、食品安全、药物、医疗设备和食品添加剂生产领域的培训服务。

（二）Silliker（实力可）实验室

Silliker laboratory

实力可集团隶属于法国梅里埃集团，在全球 16 个国家已经设有 62 个实验室。专门从事多种项目的检测、技术顾问和培训业务，是独立的第三方商业实验室。其为整个食品行业提供包括农药残留、食品微生物、营养标签、过敏原、添加剂等专业检测服务项目，致力于竭诚满足客户的检测需求，更好地保障公众食品安全与健康。

第六节　信息、教育、交流和培训
Information，education，communication and training

一、美国食品安全体系的信息公开制度和交流制度
Establishment of the USA FSMS information disclosure system

美国是世界上食品安全信息最公开、最透明的国家，其科学的制度安排有效地预防和处理了其国内食品安全事件。遇到食品安全问题时，美国的食品安全体系中有一些核心的法律规范支撑着处理问题的程序。

（一）美国食品安全信息公开法律制度的建立
The establishment of the USA FSMS information disclosure system

美国通过明确联邦、州、地方政府既有独立又互相合作的食品安全信息公开责任，成为世界上食品安全管理最为有效的国家。其完善的食品安全信息公开法律制度并不是一蹴而就的，与其他制度一样，美国食品安全信息公开法律制度的完善，离不开本国诸多学者对于知情权与生命健康权理论的研究，也离不开日益完善的食品安全立法。

美国现行食品安全信息公开法律体系包括两大板块的内容：一是议会通过的有关信息公开的法律，包括《信息自由法》（Freedom of Information Act，简称 FOIA）、《联邦咨询委员会法》（Federal Advisory Council Act，简称 FACA）、《联邦行政程序法》（Federal Administrative Procedure Act，简称 APA）及《新闻自由法令》等；二是由权力机构根据议会的授权制定的规则和命令。在两大板块的相互呼应和共同作用下，美国食品安全信息公开法律制度构成了一张严密的食品安全信息公开保护网。

（二）美国食品安全信息公开法律制度的主要内容
Main contents of the USA FSMS information disclosure system

美国在食品安全信息公开法律制度下，形成了以行政机关、食品经营者、食品生产者和消费者"四位一体"的食品安全信息公开责任体系。其中食品安全信息公开的行政机关从联邦到地方分工明确，内容全面。美国食品安全信息公开法律制度不仅明确了责任主体，同时也制定了专门的程序来规范食品安全信息的公开。责任主体、信息公开的范围以及信息公开的法定程序构成了美国食品安全信息公开法律制度的主要内容。

1. 美国食品安全信息公开的责任主体
Liability subject of the USA FSMS information disclosure system

美国食品安全信息公开法律制度对美国联邦到地方各级行政机关的食品安全信息公开职责进行了详细的划分，同时也明确了处于信息优势地位的食品生产者和食品经营者的食品安全信息公开法律义务和内容。

（1）必须主动公开信息的行政机关

美国十分重视食品安全，在联邦一级建立了由总统食品安全顾问委员会协调组织、农业部、卫生部、环境署等多个部门及其下属部门具体负责的综合性食品安全信息公开体系。由

于美国实行联邦制，地方政府拥有较大的自主权，各州政府对各州食品安全实施监督管理，在法律法规赋予的权限范围内独立公开食品安全信息。因此，美国建立了以联邦为主体，各部门及地方政府为辅，相互独立又相互合作的食品安全信息公开机制。电子信息时代改变了公众获取食品安全信息的常规渠道，网络成为食品安全信息公布的主要平台。美国食品安全网（www. foodsafety. gov）建立后，FSIS、FDA、CDC、EPA 及地方各州政府食品安全管理机构必须与其官网同步定期公开食品安全信息，从而形成了统一的食品安全信息公开平台。该平台设置的消费者信息反馈平台能够有效地监督这些行政机关是否及时更新、发布其必须依法主动公开的食品安全信息。

（2）依法公布信息的食品生产者

作为信息不对称中的信息优势者，食品生产者必须受到法律的约束才能使消费者的知情权得到保障。根据联邦法律，食品安全首先是食品生产加工者的责任，企业应根据食品安全法规的要求来生产食品，确保其食品符合安全卫生标准，否则要依法承担民事赔偿责任甚至刑事责任。美国 FDA 还要求所有食品企业，包括畜牧场、农场、食品制造企业必须建立和保持食品生产记录，以便查阅和必要时公开这些信息。食品生产者作为食品供应链条的源头，其信息优势相当明显，不能完全依靠其自律来约束。美国法律对食品生产者的严格规定，是确保"从田间到餐桌"食品供应链安全有效的重要手段。其严格的规定和处罚措施以及有效的舆论监督促使美国的食品生产者们积极提高业务水平，生产安全食品。

（3）依法履行食品安全信息公开义务的食品经营者

食品经营者是指从事食品经营与服务的法人、其他组织或者个人，无论其从事的是食品的运输、销售还是仓储。2011 年《FDA 食品安全现代法案》的修订，有效促进了食品经营的有序化和规范化，用法律的形式将食品经营者纳入到必须公开食品安全信息的主体中，有效地防范了食品经营者隐匿食品安全信息，同时也能在发生食品召回事件时，及时准确地找到事故主体，提高食品安全事件的处理效率。

2. 美国食品安全信息公开的信息范围

The scope of the USA FSMS information disclosure system

美国的食品安全体系可以分为食品安全组织管理体系、食品安全法律法规体系、食品安全风险分析体系以及食品安全质量管理体系。这四个体系环环相扣，为美国食品安全提供了制度和技术保障。美国拥有多层次的网络化公共卫生实验室，进行全球范围的信息采集，其信息披露对象包括消费者、生产经营者、科学家和研究工作者。通过美国食品安全信息公开网络平台，我们不难发现，美国的食品安全信息内容包括食品处理信息、食品召回信息、食品辐射信息、食源性疾病信息、疯牛病信息、水及杀虫剂信息、产品信息、食物添加剂和包装信息、食品标签和营养信息等。另外，美国在"疯牛病"事件之后，尤其关注食品安全的风险预防与食品安全信息采集。

（1）应主动公开的食品安全信息

根据应主动公开的主体不同，应主动公开的食品安全信息可以分为行政机关应主动公开的食品安全信息、食品生产者应主动公开的食品安全信息以及食品经营者应主动公开的食品安全信息。

（2）依申请公开的食品安全信息

美国政府信息公开法律制度对依申请公开的信息作了明确规定。《美国法典》规定，除行政机关应当主动公开的两类信息外，除去九类不公开的信息外，其余信息，公众都可以申请公开。

（3）食品安全信息公开的例外

美国《信息自由法》确立了"政府行政信息公开是原则，不公开是例外"的原则，通过列举的方式提出了九条豁免信息情形。《信息自由法》列举的九类不公开的信息中与食品安全密切相关的是第四类"受到法律特权保护或保密的贸易机密、商业信息和财务信息"。因此，这些信息根据《统一商业秘密法》和《经济间谍法》将免于公开，最经典的例子就是保密的可口可乐配方。

3. 美国公开食品安全信息的法定程序
The USA legal procedures for publicizing food safety information

美国公开食品安全信息的程序是由法律明确规定的。行政机关、食品生产者以及食品经营者必须严格遵照法律的规定执行，否则将依法承担法律后果。从信息公开角度上看，信息公开的一般程序是由《信息自由法》、《咨询委员会法》、《联邦行政程序法》进行规定。而针对食品行业的信息公开程序，FDA《食品安全现代法案》等食品法律法规有其专门的规定。

（三）美国食品安全信息公开法律制度的特点
Features of the USA FSMS information disclosure system

1. 食品安全信息公开范围广泛且科学
Wide scope and scientific nature of food safety information disclosure

第一，公共卫生实验室多层次采集食品安全信息。在雄厚的资金支持下，美国拥有多层次的网络化公共卫生实验室，并且掌握了最先进的食品安全检测设备和技术，这是保证食品安全信息准确性和科学性的重要机构。第二，食品安全风险分析机制确保食品安全信息的科学性。美国完善的食品安全及信息公开立法为风险管理提供了制度保障，为保护美国消费者提供了高水平的保护，切实维护了消费者的公共健康权。美国综合运用关键控制点制度（HACCP）和风险分析，以法律的形式确立为食品风险预防控制制度，并对所有食品链所涉及的企业提出要求，以便于及时发现可能产生的食品安全风险，同时制定出预防或控制风险的计划。

2. 社会公众参与程度高
High degree of social public participation

（1）社会公众参与渠道多元化　《美国行政程序法》规定，食品生产者、食品经营者、消费者或其他单位、个人都可以参与相应的食品安全法律法规的制定过程，充分听取各利益方代表的意见。网络是美国公众最直接、最便捷获取食品安全信息的渠道，同时食品安全信息网络平台也成为公民向行政机关直接反馈信息的最主要渠道。公众还可以通过热线电话、普通信件等方式反馈信息。公众通过拨打美国农业部或者食品与药品管理局等食品安全管理部门网站上公布的免费服务电话，就可以询问相关食品安全问题获取相关咨询，同时可以举报和发表批评意见。

（2）食品安全教育确保公众参与的积极性　美国借助其完善的食品安全信息公开网络平台，对公众开展食品安全教育。美国农业部每一年都会开展"Ask Karen"的培训以及媒体推广会，通过食品安全教育培训，提高了消费者的辨别能力，同时也促进了食品安全风险的有效防范。美国的食品安全教育不仅针对消费者，同时也关注加强食品生产者和食品经营者的食品安全教育。

3. 食品安全信息公开监管机制健全
Sound regulatory mechanisms for food safety information disclosure

美国食品安全信息公开法律制度的健全和完善有赖于其健全的食品安全监管机制，美国虽然采取的是多头监管的模式，但是分工明确，避免了管理中出现交叉监管、职能重复的现象。此外，还有配套的社会舆论监督机制。

4. 食品安全信息公开诉讼制度不断发展

Continuing development of lawsuit system for food safety information disclosure

美国的信息公开诉讼制度源于1966年制定的《信息自由法》(FOIA)，后来随着信息公开制度的逐步完善，信息公开诉讼制度也在不断发展。之后制定的《隐私权法》《阳光下的政府法》等法律均包含个人和组织可以请求"机关"公开有关信息及对行政机关违反信息公开的法律规定引起的争议可以诉请联邦法院裁判的规定，进一步扩大了信息公开诉讼的范围。

（四）食品安全信息披露机制

Disclosure mechanism for food safety information

信息披露是食品安全信息管理体系中一个非常重要环节，它是食品安全管理透明化、公开化、提高消费者信任的基础。

1. 形成了从联邦到地方，分工明确、全方位的信息披露主体

The formation of a comprehensive information disclosure body from federal to local with clear division of responsibilities

按照各部门监管范围和职责权限的划分，形成了以联邦政府信息披露为主，地方各州政府信息披露为辅，分工明确、全方位的信息披露主体。

2. 全面的信息采集，科学的风险分析，综合的信息反馈是信息披露活动开展的物质基础

Comprehensive information collection, science-based risk analysis, comprehensive information feedback form the material basis of information disclosure activities

（1）充足的经费保障，先进的检测设备、技术，广泛的信息采集渠道，保证了信息采集的准确性、全面性和完整性。

（2）风险分析体系保证了信息的科学性　风险分析是美国制定食品安全方针的基础，也是风险交流的基础，保证了披露信息的科学性。

（3）信息反馈保证了信息的适用性　信息反馈是进一步准确把握食品安全动态，广泛征集食品安全信息，及时发现食品安全问题，鼓励公众参与食品安全管理，强化公众的主体意识，推动食品安全管理工作民主化、科学化的需要。

3. 信息披露的范围广泛、内容丰富

Information disclosure with a wide scope and rich content

美国食品安全信息披露的范围和内容非常广泛，从披露的对象来看，主要包括消费者、生产经营者、科学家和研究工作者。

4. 法律法规的规范是信息披露活动得以进行的制度保障

Standardization of laws and regulations providing institutional guarantee for information disclosure activities

（五）食品安全交流

Communication on food safety

食品安全交流主要包括信息交流和风险交流。信息交流包括国内的信息交流和国际间的信息交流，国内信息交流在信息公开体系中已经详细介绍，国际间信息交流就是国家间信息共享，善于收集其他国家的信息。风险交流与信息交流密不可分，在信息交流后进行风险分

析，才可以制定计划和改革措施，进而实施。

食品安全风险分析是加强食品安全管理的有效工具，也是考量相应措施可能带来的影响的基本框架，其内容主要包括互相独立又互为影响的三个组成部分：风险评估、风险管理和风险交流。

1. 风险评估
Risk assessment

风险评估需要以一种客观性方式进行。曾担任美国国会食品安全风险评估与管理委员会执行理事的美国健康风险战略机构主任的 Gail Charnley 博士指出，任何风险评估的科学数据和科学知识永远不会完整，绝对的风险评估是不可能的。通过明确考虑数据和分析的不确定性，决策能够通过考虑可接受的不确定性的总数来决定。美国用于风险评估的方针决策也能够确保风险不被低估。在美国，风险评估的危害识别是建立在科学和经验的基础之上，并有法律依据的。

2. 风险管理
Risk management

美国在 1983 年的国家研究委员会报告（National Research Council Report）中将风险管理定义为评价不同的管理选择并在其中做出选择的过程。在美国，食品安全风险管理通过训练有素的监管机构操作，其唯一目标就是对美国消费者提供高水平的保护。当只有较少的数据或没有数据时，就需要知识渊博、经验丰富的专家为公众健康需要进行科学的决断。风险管理的原则由法律或风险管理者的专家评判设置，目的是将风险减少到最低或可接受的水平进行。

3. 风险交流
Risk communication

日常的风险交流是透明立法过程所固有的一部分。在保护公众健康方面，使用透明的标准确保对食品行业的所有成员公平。当需要进行紧急风险交流时，通过与各级食品安全体系相连，保留国家范围的通信体系传输警告，使所有公民都意识到风险，并通过全球信息分享机制通告 WHO、FAO、OIE、WTO 等国际组织和 EU 等地区组织及各个国家等。风险交流在风险评估和风险管理阶段都发挥着非常重要的作用。既包括风险评估者与风险管理者之间的交流，也包括风险分析团队与其他部门或公众的交流。

二、美国食品安全教育体系
The USA food safety education system

美国食品安全教育是美国食品安全体系中的重要部分，也是美国食品安全防御措施的基本环节，其广泛、深入的食品安全教育使国民具有食品安全意识，安全防范已成为企业责任自律、消费者自我保护、管理者监督管理的自觉行动。

（一）美国食品安全教育的对象与目标
Objects and goals of the USA food safety education system

美国食品安全教育强调的是全民教育，重点是针对食品行业从业人员的教育和对食源性疾病易感人群的教育。儿童是食源性疾病易感人群，也是观念、行为形成的关键人群，因此，也是食品安全教育的重点对象。对于不同的人群，其教育的重点是不完全相同的，总的教育目标是提高受教育者的食品安全意识、增长食品卫生知识、改变食品安全态度、改善不良卫生习惯、开发食品安全预防技术、降低食源性疾病的发生。

（二） 食品安全专业（职业） 教育
Food safety professional（vocational） education

1. 学历教育
Academic education

目前在美国尚无一所大学开设食品安全专业的本科教育。因为食品安全涉及范围及其从业岗位非常广泛，不同岗位对食品安全教育的要求不同，如食品安全学术研究的科学家、食品科学和工程技术专家、风险评估专家、政府职能部门监督管理人员等要求更多的自然科学教育背景，如微生物学、化学、普通生物学、动物学、动物医学、环境卫生学、流行病学、卫生学等；食品工艺学家、食品工厂设计工程师、饮食服务企业员工等则更多的需要食品加工、烹调技术的教育背景；食品安全高级管理人员需要较多的教育学、食品法律法规、政策制定、管理学等教育背景。食品安全作为一个独立的专业，难以包含上述所有学科。因此，美国对食品安全的专业教育并不注重本科及其以上的学历教育，而是更强调在上述各科本科教育基础上的高级职业培训教育。

2. 职业资格教育
Vocational certification education

美国具有完善的职业资格制度，食品安全职业岗位的从业人员必须获得相应的资格证书方能上岗。食品安全领域主要的职业资格证书有食品安全职业资格证书（CFSP）、注册环境卫生专员/注册卫生员证书（REHS/RS）、食品保护职业资格证书（CFPP）、国家职业食品经理证书（NCPFM）、食品安全管理员证书（FSMC）和国家餐饮协会安全服务培训证书等。不同的资格证书针对不同职业岗位，对申请者的资历要求也不完全相同，但无论申请哪种资格证书，都必须经过权威机构规定的培训，通过国家职业资格考试和鉴定。

3. 继续教育和远程教育
Continuing education and distance education

继续教育和远程教育也是职业教育的一种形式。无论是食品产业界从业人员，还是政府职能部门的监管人员都要求参加与本岗位相关的食品安全新知识、新技术、新动态的培训。并不是所有的大学或任何机构都能开设这种继续教育或远程教育课程，一般由国家权威学术团体，如食品工艺学家学会、环境卫生特许研究会、美国焙烤食品研究所等，以及联邦政府职能部门，如美国食品和药品管理局的法规事务办公室、美国农业部的食品安全检验局的新闻教育和对外联系办公室、美国商业部的国家海洋和大气管理局等开设。另外，各州都会指定1~2所州立大学为政府食品安全教育的合作伙伴，承担本州/地区的食品安全继续教育和培训任务。

在食品安全继续教育项目中，除对从业人员培训的一般要求外，还特别强调对特殊职业的从业人员进行教育。

4. 进修实习
Training internship

美国相关的权威机构为食品安全专业人员和管理人员提供奖学金或研究基金，为其提供进修或实习机会，以提高专业人员食品安全研究、技术开发、管理实际工作能力。提供奖学金的主要机构包括食品安全与应用营养联合研究所、疾病控制与预防中心、国家餐饮学会教育基金、美国烹饪联合会、美国饮食协会、国家肉品协会、食品工艺学研究所等13家单位。

（三）食品安全普及教育
Food safety universal education

1. 学校食品安全教育计划
School food safety education program

该计划于 1999 年 9 月在全国初、高中实行，由 FDA 与 USDA 和国家科学课教师学会共同开发针对初、高中学生的食品科学补充课程和教材，重点放在"从农田到餐桌"以及"从食品加工到消费"各环节中的食品安全科学知识，学生将学习到细菌在食源性疾病发生中的作用、预防食源性疾病和降低有害因素对健康影响的方法等。同时建立起交互式的教育网站，制作了教学录像带，制定了教师教学指南。

2. 老年食品安全教育项目
Elderly food safety education program

FDA 的食品安全与应用营养中心（CFSAN）与美国退休者协会合作开发老年食品安全教育项目，定期向老年人群公布食品安全信息，同时教育老年人关注食品安全。

3. 国家食品安全教育月
National food safety education month（NFSEM）

该行动计划始于 1995 年，每年的 9 月定为国家食品安全教育月，在这个月集中对食品企业从业人员和消费者进行宣传教育。每年有一个教育主题和重点，如近 3 年的主题分别是"冷藏"、"生熟食品分开"、"安全烹调"，分别强调食品加工、储存过程中的冷藏，避免交叉污染和正确烹调。

4. "BAC"战役
BAC campaign

该项目是由 FDA 和 USDA 的食品安全教育合作伙伴主持的题为"人人都能对付细菌"的全民教育活动，通过各种形式对消费者进行常年的食品安全宣传，如它的公共服务宣言（PSA）在全国 15 个收视率最高的电视台播放；与 FDA 和 USDA 共同召开全国电视大会，宣讲有关食源性疾病的预防等；将食品安全教育以故事形式登载发行在各大报纸上，每天可有上万的读者；开发和制作成套的宣传资料分发到地区健康管理部门和超市商场，指导他们如何使用打好 BAC 战役；开发出食品安全的儿童木偶剧，在幼儿园和小学中播放，包括歌曲和故事。

5. "公众意识"战役
Public awareness campaign

公众意识战役是由 FDA 发起的增强公众食品安全意识战役行动计划。该计划主要是针对消费者中存在的食品安全误区或者新出现的食品安全问题进行教育，如以"不要以为经消毒处理过的饮料不会引起易感人群危害"为例，对儿童、老人、病人等易感人群进行教育；针对食用紫花苜蓿幼芽引起中毒危险的食品安全问题召开公众大会进行宣讲，对儿童、老人以及免疫机能低下人群进行咨询。

6. 国家食品安全信息网络
National food safety information network

该网络由 FDA/CFSAN、USDA/FSIS 和 NAI/USDA 共建于 1998 年，主要代表联邦政府向公众发布有关食品安全信息，同时对公众进行教育。主要包括美国国家农业部肉类和禽类食品热线、食品安全与应用营养中心信息中心、USDA/FDA 食源性疾病教育信息中心、食品安全政府网站、国家食品安全教育者网络等。

（四） 美国食品安全教育的特点
Features of USA food safety education

1. 政府企业和消费团体都高度重视
Great attention from government and consumer groups

在 1997 年总统宣布的"国家食品安全行动计划"中将食品安全教育作为一项重要的预防战略措施，作为政府职能部门监督管理、食品产业界自律行动以及公众自我保护的基础，在全国范围内开展长期、持续、全方位的食品安全教育。不仅如此，还对食品安全教育的具体组织、步骤、方式作了周密的安排。2003 年 7 月，美国农业部公布的一份题为"增进公众健康：面向未来的战略"的食品安全远景计划书中也指出，要加强培训教育工作，调整教育培训计划，增加培训时间，更新培训内容，突出公众健康这个工作重点。除此以外，各州/地区都有自己有关食品安全教育的法规。从联邦到地方，从政府到非政府团体，从食品产业界到消费者团体，都体现了对食品安全教育的高度重视。

2. 教育面广，层次分明，针对性强
Wide spectrum, structured, targeted education

美国的食品安全教育强调全民教育，无论居民，还是外来暂住者；无论专业人员，还是一般消费者；无论儿童，还是中老年；无论病人，还是健康人都是教育的对象。针对不同的对象，采用不同的教育内容、方式和教育资料。为了对母语为非英语人群进行教育，开发多种语言的教育资料和开展各种双语教育活动，如西班牙语、德语、法语等。

3. 教育资源丰富，形式多样
Abundant and diverse educational resources

美国食品安全教育资源极其丰富，包括各种食品安全报告、图书、小册子、新闻来信、杂志、教材、教育辅助资料、网站等。食品安全报告主要是有关权威组织或政府机构对某些食品安全专项问题的调研报告，一般会在他们的网站上发表，这样的报告每年不少于 100 份；食品安全宣传册一般针对消费者的科普知识和最新食品安全问题，消费者可以根据自己的需要选择单行本；食品安全图书是教育资源中最多的一类，包括一般的参考书、不同专题的书籍，如食品添加剂、动物健康、疯牛病、食物过敏、基因食品、食品辐射、食品保藏、食品安全法规、食品污染、农药、食源性疾病等；新闻来信是新闻出版物上刊登的有关食品安全的新闻和读者来信，一般篇幅较短，直接送发到教育者、食品卫生员、食品专家，也有些在网上发表；食品安全网站和电子媒体数千个，有些资料库非常广泛，而有些则非常专业。另外，美国开发出各种图书教材、音响教材，包括 VCD、DVD 和录像带、录音带、电子教材、多媒体软件、彩色挂图、游戏、活动设计方案、科学实验、歌曲、试题库、学校餐饮工作人员用袖珍卡片、管理人员检查量表等教育资料，教师根据不同的教育对象选择不同的教育资料，这些资料大多在国家农业图书馆中储藏，使用者可通过当地公共图书馆向国家农业图书馆借用。还开发出食品安全的公益广告，在电视、广播中播出，还印制在铅笔、围裙、老鼠夹、T 恤衫、杯子等物品上。

4. 以研究为基础，国家大力资助
Research-based, heavily nationally subsidized

无论是教育行动计划和方案的制订、教育内容的确定，还是教育后效果的评价都是以研究为基础。如为确定对消费者的食品安全教育内容，FDA 和 USDA 召开消费者行为研讨会，对消费者食品安全知识、态度以及行为趋势进行调查研究；在制定全国中、小学校食品安全教育计划时，FDA 和 USDA 与教育部联合在全国中小学进行调查研究，结果表明在

初、高中年级的科学课中增加食品安全教育的内容最为合适，同时对其可行性、内容、方式、教材、师资等进行周密的研究论证；为教育食品从业人员，包括家庭主妇，怎样预防食源性疾病，对食品温度与细菌污染和繁殖进行研究，并与温度计商家共同研究开发；还有的教育项目与研究应用项目结合，如美国农业部建立的"联合州研究、教育、推广服务"基金，该项目是集研究、教育和推广为一体的综合性竞争基金项目，鼓励跨地区、多单位、多功能的研究和推广，尤其强调食品安全应用技术的研究，食品安全教育内容、方法和教材的研究。每年国家出资 1300 万～1400 万美元支持该项目，平均每个项目的资助强度为 30 万美元。

5. 政府牵头，各部门密切合作
Government-led, in close cooperation of various departments

食品安全教育的组织和机构非常多，包括联邦政府部门、州、地方政府部门、学校、社会团体、食品企业、个人教育者等。但是，食品安全教育作为国家食品安全防御措施的重要部分，就全国范围而言，是统一规划、统一行动和统一步伐。大多数教育项目，如国家食品安全教育月、"BAC 战役"、公众意识战役等都是由 FDA 和 USDA 共同组织，其他部门、协会团体、行业协会、学校参与。即使在同一管理部门内，如 USDA 中负责食品安全教育的就有四个部门：食品和营养服务部，国家农业图书馆，国家联合研究、教育、推广服务部及食品安全和检验服务部，他们各自有自己的教育项目、目标，同时相互合作、相互促进。

三、食品安全培训
Food safety training

除了食品安全教育中的培训外，2011 年 10 月 15 日，美国食品药品监督管理局（FDA）、马里兰大学及其与 FDA 联合创办的食品安全与应用营养学研究学院及沃特世公司联合成立国际食品安全培训实验室（IFSTL）。该实验室属于非营利性永久性培训机构，可以长期提供培训。IFSTL 实验室将对全球各地科学家进行培训，力求从源头上确保美国进口食品的安全性。

IFSTL 想要达到的计划目标包括：一是增加 FDA 对其他国家的检验机构的培训能力；二是减少 FDA 的压力，为科学家提供最新的分析方法，利用顶尖的仪器进行培训，并得到 FDA 认证，减少美国食品安全的风险，缓解美国食品进口商的压力；三是最大化地利用食品安全方面的专业经验；四是大力加强中美合作和中美关系。加强中美在食品安全上的合作，并为中国的官员和企业代表、以及食品出口等领域提供了解美国食品安全管理标准和要求的机会和培训；五是在全球范围内提高对食品安全的意识和准则，促进全球食品安全一体化；六是促进全球食品安全标准的发展，并且提供一个最好的操作平台，将操作和使用的情况广泛传播。

第四章 欧盟食品安全管理体系
Chapter 4 Food safety management system in European Union (EU)

第一节 欧盟食品安全及其管理体系的发展与现状
Development and current status of food safety management system in European Union

一、欧盟食品安全概况
Overview of food safety in European Union

目前，欧盟建立了较为健全完善的食品安全管理体系，同时也拥有较为严格的食品安全标准。深入研究欧盟食品安全及其管理体系发展的全过程，对于其他国家尤其是发展中国家建立完善的食品安全体系有着重要的借鉴作用。

1951 年成立了欧洲煤钢共同体，并在此基础上，成立了欧洲经济共同体。欧洲经济共同体的成立促进了成员国之间的物资流通，使跨边境流通食品成为可能。当时，整个欧洲几乎没有统一的食品生产标准，各国都制定和执行自己的规则。由于缺少严格和统一的标准，动物健康无法保证，牲畜更易暴露，有患染疾病的高风险。20 世纪 50 年代，欧洲大陆蔓延牛结核病，原因在于牛的饲养密度过大，牛棚通风效果差以及缺少相应的健康检查制度。此时食品工业尚未大规模采用巴氏消毒法，使得牛结核病通过奶制品传染给了人类。这一时期是欧洲政府和各种不同的动物源性疾病作斗争的时期。从这时开始，欧盟制定了一些法规以确保动物健康并避免感染疾病，要求动物产品必须符合安全标准。这些措施一定程度上保证了动物源性食品的安全，减少了动物疾病的爆发，降低了对公众健康的危害。随着时代的发展，这些法规与时俱进地或被修改，或被完善，或被更新，或被添加新规定。

二战后的经济复苏对人们的食物结构和饮食方式产生了深远影响。欧洲市场上可供选择的食品不断增多，消费者可以购买到不同产地的食品。食品的购买、烹调、食用、销售、储存方式也发生了巨大变化。由于当时的食品安全体系并不完善，食物中毒是众多有害威胁中较为突出的一个问题。1964 年，欧盟颁布了仅针对鲜肉的第一部食品卫生法规。之后，食品卫生法规不断完善，欧盟陆续制定了针对鸡蛋、禽肉、鱼类、乳制品和野味等其他食品的卫生法规。这些法规要求预防、消除或减少有害细菌、寄生虫、玻璃渣和化学物质等对食品的污染，显著提高了欧盟的食品安全水平。经过各成员国的努力，牛群中牛结核病的发病率大幅度减少，一些原先在肉类中常出现的病原体如绦虫幼虫也得到了遏制。欧盟通过对一些食品中常见细菌的安全法规和标准的设定，有效减少了食源性疾病在欧盟的传播。

1973 年，全世界范围内的石油危机使得食品运输出现中断，导致了欧盟市场上白糖等食品供不应求。这表明欧洲的食品市场已经在一定程度上依赖进口，自给自足的便利型生产方式已经成为历史。欧洲社会出现了快节奏的生活方式，来自欧盟以外国家的食品也源源不断地涌入该市场。

这一时期的大部分食品经过工厂生产和加工，化学添加剂被广泛用于食品生产。1971年，欧盟在禽肉屠宰、储存和运输方面制定了统一的卫生要求，同时对牛、猪及其鲜肉的进口也做了相应的健康要求，并规定对肉类要强制性进行旋毛线虫的检验。1975年，欧盟成立了一个主要研究食品、营养及锻炼相关问题的基金会，旨在改善人们的生活和工作环境。1976年，欧盟制定了第一部关于杀虫剂的法规，规定了果蔬中农药的最大残留限量。1979年，欧盟建立了食品和饲料快速预警系统，以加强食品和饲料危机中的有效信息交流。此后，欧盟陆续针对食品添加剂、食用香精和其他食品污染物制定了限量标准。欧盟要求成员国主管当局必须对食品产品进行抽样检查，确保它们符合法律的规定。对于进口食品，其出口国有义务保证其产品符合欧盟的法律，同时欧盟对其入境和市场销售进行监管。

1989年，柏林墙的拆除标志着欧洲在政治和地理上的巨大变迁，也为食品行业的发展开创了新局面，食品消费日趋国际化。微波炉的普及使得冷冻食品、预包装食品和预制食品大受欢迎。这一时期，欧洲农场遭遇生产过剩危机。因此，欧盟试图通过对共同农业政策进行一系列改革，同时也把关注点由食品数量转移至食品质量。欧盟采取了一系列立法措施，控制食源性疾病，保护消费者健康。欧盟的食品企业也开始关注消费者健康的保护和食品生产中的道德因素，以此来维持和拓展市场。但此后，欧盟的食品安全危机仍然不断发生。

21世纪初，欧盟新加入了12个成员国。食品产业的创新技术飞速发展，越来越多的新型食品通过一系列新技术生产出来。与经过反复试验证明其安全后才能进入市场的传统食品相比，新型食品具有不同的特性。为此，欧盟制定了新的法规来规范这些新型食品。其中，转基因食品就是这类食品的代表。欧盟非常重视转基因食品的安全性。出于保障公民身体健康的考虑，长期以来并不鼓励生产和进口转基因食品。这一时期，欧盟甚至出台了对所有转基因产品的临时禁令。经过多年科学论证，欧盟业界近年来逐渐认可了转基因技术，解除了一些转基因产品的进口禁令，并批准了转基因玉米、油菜及烟草等作物的种植。尽管如此，欧盟针对转基因生物，仍制定了严厉的法规，借此平衡利益、控制风险、保证人类和动物的健康，同时保护环境不受破坏。有关转基因生物的任何立法决定都基于科学的评估和建议。

二、欧盟食品安全管理体系的发展历程
The development process of food safety management system in European Union

欧盟全称为欧洲联盟（European Union，EU），总部设在比利时首都布鲁塞尔，是由欧洲共同体发展而来的。欧共体在20世纪60年代成立之初，就制定了食品政策，以确保食品在各成员国之间的自由流通。随后，为了缓解战争造成的食物供给危机，欧共体又制定了共同农业政策，对促进欧洲农业发展、稳定农产品市场、保证农民收入及保证食品的正常供给做出了重要贡献。但在相当长的时期内，共同农业政策的工作重点是以价格补贴促进农产品增长，而对食品安全危机的管理和预防方面的关注严重不足。1996年以后，口蹄疫、禽流感、疯牛病和二噁英等重大食品安全事件在欧洲大陆频繁发生，给欧盟及当事国政府构成了严峻挑战。为了使消费者恢复对食品安全的信心，欧盟对其食品安全法规进行了根本性改革，制定了严格的食品安全政策，建立了完善的食品安全管理体系，具体包括以下阶段。

1. 酝酿形成阶段：从二战结束到1996年疯牛病在欧洲爆发
The forming stage：From the end of World War II to the outbreak of "mad cow disease" in 1996，Europe

这一时期是欧盟食品安全法规体系的形成阶段，主要解决了食品供应的数量安全问题。

然而，欧共体农业的高速增长也伴随着许多不安全因素。为实现粮食高产的目的，欧共体农业普遍采取集约化生产方式，大量使用化肥和杀虫剂，导致环境破坏严重。为降低生产成本，农民甚至使用有病动物的内脏、骨粉等作饲料，引起疯牛病、口蹄疫等动物性疾病频繁发生，欧洲食品安全受到严重威胁。这些食品安全事件引起欧盟对食品安全问题的高度重视，推动了欧盟在食品安全领域实施大规模改革。

1985 年，欧盟委员会为确保食品在成员国之间自由流通，发表了"食物通讯"，首次将保护公众健康列入欧共体立法的重要议事日程。该通讯指出，共同体食品法规的制定应以下列四点为基础：对公众健康的保护、公众对信息的需要、实现公平交易和必需的政府管理。

这一时期欧共体已开始重视食品质量安全问题，通过一系列法令法规的颁布减少了环境破坏、保障了食品安全、推动了有机农业的发展。但这一时期欧共体的食品安全管理体系尚未清晰定型，故仍处于酝酿形成阶段。

2. 改革发展阶段：从 1996 年疯牛病在英国爆发，到 2002 年（EC）No 178/2002 法规（又称《通用食品法》）的生效启用

The reform and development stage：From the outbreak of "mad cow disease" in 1996, England to the generation of the (EC) No 178/2002 Act (also called General Food Law) in 2002

这段时期是欧盟食品安全管理体系改革并快速发展的阶段。1996 年，英国爆发的疯牛病使欧盟蒙受巨大损失，对政治、经济影响深远。

在这一事件的影响下，1997 年 4 月，欧盟颁布了关于欧盟食品法规一般原则的《食品安全绿皮书》，确立了欧盟食品安全法规体系的基本框架。

在此基础上，2000 年 1 月，欧盟又发布了《食品安全白皮书》，包括执行摘要和 9 章116 项条款。全书对食品安全问题进行了详细阐述，制定了一套连贯和透明的法规。

以《食品安全白皮书》为框架，欧盟又在 2002 年 1 月制定了（EC）No 178/2002 号法规，即著名的《通用食品法》。该法规同时确定了食品法规的基本原则和要求，明确了欧洲食品安全管理机构的基本职责以及有关食品安全的管理程序，建立了 EFSA，是欧盟历史上首次采用的通用食品法。该法所确立的"从农田到餐桌"全过程的食品安全管理办法已经成为欧盟食品安全政策的一般原则。

3. 完善成熟阶段：2000 年至今

The maturation stage：from 2000 to present

自 2000 年以来，欧盟对食品安全法规和条例进行了大量更新和修订，建立了一个较为完备的食品安全法规体系，涵盖了"从农田到餐桌"的整个食物链，形成了以《通用食品法》为核心，各种法律、法规和指令并存的食品安全法规体系新框架。在欧盟食品安全法规的框架下，各成员国如英国、德国、荷兰、丹麦等也各自形成了一套自己的法规框架，主要针对各成员国自己的实际情况而制定。

2004 年 4 月，欧盟公布了四个补充性法规：（1）（EC）No 852/2004 号法规，即"食品卫生条例"，规定了食品生产及加工企业、经营者确保食品卫生的通用规则；（2）（EC）No 853/2004 号法规，即"动物源性食品特殊卫生条例"，规定了动物源性食品的卫生准则；（3）（EC）No 854/2004 号法规，即"供人类消费的动物源性食品的官方控制组织条例"，规定了对动物源性食品实施官方控制的规则；（4）（EC）No 882/2004 号法规，即"欧盟食品安全与动植物健康监管条例"，规定对食品、饲料、动物健康与福利等法律实施官方监管，检查成员国或第三国是否正确履行了欧盟食品安全法律或条例所规定的职责。这四个法规涵盖了 HACCP、可追溯性、食品、饲料控制以及从第三国进口食品的官方控制等方面的内容，自 2006 年 1 月 1 日起生效。

2005 年 2 月，欧盟委员会提出新的《欧盟食品及饲料安全管理法规》，获批后于 2006 年 1 月 1 日起实施。新法规对欧盟各成员国生产或者从第三国进口到欧盟的水产品、肉制品、肠衣、奶制品以及部分植物源性食品的官方管理与加工企业的基本卫生等提出了新的要求，适用于所有成员国。欧盟以外国家的产品要输入欧盟市场，也必须符合该法规所规定的标准。

经过不断发展和完善，欧盟现已形成了一套较为完善的食品安全管理体系。欧盟食品安全管理体系具有严谨的"指导思想-宏观要求-具体规定"的内在结构。整个体系的构建始终围绕保证食品安全这一终极目标，坚持风险分析、责任明确、可追溯性和高水平透明度四个基本原则，形成了一个包括食品加工、食品化学安全、食品生物安全、食品标签以及对部分食品实行垂直型管理的食品安全法规体系。

三、欧盟食品安全管理体系的发展趋势
Development trend of EU food safety management system

欧盟历史上层出不穷的食品安全危机促使欧盟出台了一系列严格的食品安全法规，并相应地建立了可靠的机制以确保对人类和动物健康的保护。欧盟食品安全管理体系围绕保证欧盟具有最高食品安全标准这一终极目标，贯穿风险分析、从业者责任、可追溯性、高水平的透明度等基本原则，涵盖了"从农田到餐桌"整个食物链。同时，这一体系的有效运作，也为预防和处理欧盟及欧盟各成员国的食品安全问题发挥了重要作用，成为整个欧盟食品安全体系建设的重要基石。欧盟将紧随食品行业的发展，进一步修订、制定有关转基因食品的技术法规和标准，完善关于食品中具有潜在危害的化学品和生物因素的相关立法，加强对食品行业的横向立法。这些将是今后欧盟食品安全管理的工作重点。

第二节　食品法规与主要标准
Food regulations and major standards

一、欧盟食品法规
Food regulations in EU

1985 年，欧洲单一市场的建立凸显了对食品安全统一立法的需求。同时，一系列食品安全问题的出现，使食品质量安全的统一立法成为了头等大事。1997 年，欧盟委员会发布的《食品安全绿皮书》是欧盟食品安全法规体系的基本框架，涵盖了"从农田到餐桌"的整个食物链，包括了农业生产和工业加工的各个环节。2000 年 1 月 12 日，欧盟委员会发布《食品安全白皮书》，又为新的食品安全政策的制定奠定了基础。白皮书加强了"从农田到餐桌"的管理，增强了科学在体系中的比重，确保能高水平地保障人类的健康。2002 年 1 月 28 日，欧盟颁布（EC）No 178/2002 号条例，建立了欧洲食品安全局（EFSA），这是欧盟食品安全立法方面的重要举措。之后，欧盟陆续出台了包括条例、指令和决议在内的有关食品安全的多项新法规，涵盖了几乎所有食品类别，为食品安全制定了十分具体的监管程序，形成了比较完整的食品安全技术法规体系。此外，欧盟根据科学技术的发展，反复修订食品安全技术法规，用最先进的技术指导整个食物链中的作业，以最科学的技术方法和动态措施来指导生产和消费，很大程度降低了潜在危害的发生。在欧盟食品安全的法律框架下，各成员国如德国、荷兰、英国、丹麦等也结合各国国情形成了自己的法规体系。虽然经历过重大的食品安全事件，但欧盟的食品安全仍然是世界上最高水平之一。这与其日趋完善的食品安

全法规体系的保障作用是分不开的。

（一）欧盟食品法规的构成
The structure of EU food laws and regulations

欧盟食品安全的法律渊源包括基础性法律渊源和派生性法律渊源。基础性法律渊源指欧盟各成员国之间所达成的关于欧盟食品安全的基础性条约；派生性法律渊源指根据食品安全基础条约所赋予的权限，由欧盟主要机构制定出来的各种规范性法律文件。

由欧盟理事会、欧洲议会和欧盟委员会批准、颁布的食品技术法规包括条例（The Act）、指令（The Directive）和决议（The Resolution）三种形式。它们是欧盟法律法规体系的主要构成，但三者的法律效力却低于欧盟的基础条约。条例、指令和决议分别具有不同的效力等级与法律性质。

1. 条例
The act

条例是指具有全面约束力、普遍适用性和直接适用性的技术法规。全面约束力指其法律的整体性，它既规定应达到的目标，又规定了达到既定目标所应采取的行动方式。全面约束、要求所有成员国彻底地、全面地在国内付诸实施，不仅要禁止成员国任何不全面地实施，而且还禁止成员国通过任何国内立法或行政措施变通地实施。全面约束力是条例区别于指令的一个重要特征。普遍适用性是指条例适用于欧盟的所有法律主体。直接适用性是指条例一旦发布，各成员国无需将其转化为国内法，而是直接对成员国的自然人或法人产生法律效力。

2. 指令
The directive

与条例相比，指令具有三个特点：一是指令不具有全面的约束力，仅对其规定的目标具有约束力，但采用何种方法与形式达到指令规定的目标可由成员国自行选择；即指令仅规定作为其发布对象的成员国在一定期限内应达到的目标，而达到目标的方式则由各成员国自行选择决定。因此，指令只有通过成员国的实施才能产生法律效力。欧盟发布指令的目的在于调整和协调成员国国内法；二是指令仅适用于成员国；三是指令不具有直接适用性，但需要注意的是，指令之所以不像条例那样具有直接适用性，即通常被认为不直接产生效力，是因为指令的效力是以成员国的执行为条件。指令在立法程序上也表现为两个阶段。首先，欧盟公布指令，通常情况下，指令中都规定有成员国将其转化为国内法的期限，一般为12个月至24个月；其后，成员国将指令转化为国内法。指令只有在转化为国内法之后，才会对特定的成员国产生约束力。指令这种法律形式的存在目的是允许成员国结合本国的具体情况实施欧盟的规则，从而在满足欧盟整体的统一性的同时，也保留各成员国特色的多样性。

3. 决议
The resolution

决议针对所有成员国或特定成员国发布，也可以针对特定的企业或个人发布。决议的发布对象具有全面的法律约束力，但它只具有特定的适用性，而不具有普遍适用性。

（二）欧盟食品法规的主要特征
Main features of the EU food laws and regulations

欧盟食品法规体系是一个统一管理、相互协调、高效运作的架构，是强调构筑"从农田到餐桌"全过程的食品安全管理体系。欧盟的食品法规体系主要有以下几个特征。

1. 横向立法和纵向立法相结合

The combined horizontal and vertical legislation

横向立法和纵向立法相结合是欧盟食品立法的主要协调方式。横向立法是指欧盟首先对食品某领域提出框架性指令，之后欧盟委员会和欧盟理事会根据此框架指令制定一批实施指令或者协调标准。框架性指令主要是指食品卫生、添加剂、食品接触材料、食品生产和制造、特殊饮食、杂质和新食品以及食品控制、向消费者提供信息（包括标签和营养信息）等方面的指令。由此可见，横向立法适用于整个食品链。纵向立法是针对特定食品制定的具体的技术法规。纵向立法一般适用于特定食品或食品行业的特殊领域，例如针对具体食品的生产和销售做出的规定，如蜜饯和果汁、咖啡萃取物、带壳榛子的营销等。

2. 利益主体责任明确

Clearly defined responsibilities of stakeholders

在欧盟及其成员国中，农业生产者、家畜饲养者、食品加工者、管理者、消费者等各项主体的责任都非常明确。食品安全首先是食品生产者、加工者的责任，政府通过对食品生产者、加工者的监督管理，最大限度地减少食品安全风险。农业生产者要对其生产的农产品的安全直接负责。农作物种植者要严格按照欧盟的安全标准选择和使用农药，保证农药残留不超标。家畜饲养者要严格按照规定选择饲料，切实遵守动物检疫防疫制度，保证动物健康。食品加工者要严格按照食品加工卫生管理规定从事加工生产。对于管理者，欧盟委员会要求各成员国成立专门的食品安全监督和指导机构，定期对食品生产企业进行卫生检查，对存在问题的产品实行封存、销毁或停产等措施，及时为企业提供科技信息并讲解欧盟有关政策。作为食品安全最后一个环节的消费者，直接参与保障食品安全的各项活动，需要对自己的饮食安全负责。

3. 从"农田到餐桌"全程控制和可追溯性原则

The whole "from farm to table" process control and traceability principle

欧盟的食品安全体系强调对"从农田到餐桌"的整个过程进行有效控制，具体环节包括生产、收获、加工、包装、运输、贮藏和销售等；监管对象包括化肥、农药、饲料、包装材料、运输工具、食品标签等。通过全程监管，对可能会给食品安全构成潜在危害的风险预先加以防范，避免重要环节的缺失，并以此为基础实行问题食品的追溯制度。欧盟《通用食品法》中将可追溯性定义为在生产、加工及分配的所有阶段追踪食品、饲料及其他成分存在情况的能力。该法包含了可追溯性原则的一般性条款，涵盖了所有的食品和饲料，以及所有食品和饲料的经营者。

欧盟及其主要成员国在可追溯制度方面还建立了包含识别系统和代码系统的统一数据库，详细记载了生产链中被监控对象移动的轨迹、被监测食品的生产和销售状况等。欧盟还规定饲料和食品经销商对原料来源和配料保存进行记录，农民或养殖企业对饲养牲畜的全过程进行详细记录。例如，欧盟要求牲畜饲养者必须详细记录包括饲料的种类及来源、牲畜患病情况、使用兽药的种类及来源等信息，并妥善保存；屠宰加工场收购活体牲畜时，养殖方必须提供上述信息的详细记录。屠宰后被分割的牲畜肉块，也必须有强制性标识，包括可追溯号、出生地、屠宰场批号、分割厂批号等内容，通过这些信息，可以追踪到每块畜禽肉的来源。

4. 以保证消费者安全为出发点

Protection of consumer safety as the starting point

欧盟食品安全法规体系建立的初衷是为了缓解欧盟成员国发生的一系列食品安全危机。因此，立法的出发点更多的是出于对食品安全本身的保护，即以保障"消费者安全"为导向。为欧盟消费者提供安全健康的食品是欧盟食品立法的根本出发点，整个食品安全法律体系都围绕该目的而建立，以确保所有欧盟消费者享有同样高标准的食品。

5. 食品安全预防性原则

The food safety precautionary principle

欧盟食品安全法规体系是基于预防为主的指导思想，建立在风险评估基础之上的食品安全控制技术法规和标准体系，强调要从源头开始，强调以预防为主的"事先控制"和对食品生产全过程的控制。《通用食品法》第 7 条正式提出预防性原则（Precautionary Principle）并规定，当风险管理者为了保护人类或动植物健康必须做出某项决定，但此时有关该风险的科学信息在某些方面并不充分或没有说服力、不足以进行综合的风险评估时，可以采取预防性原则。当遇到这种情况时，决策制定者或风险管理者可以一方面以预防性原则为基础采取措施保护人类或动植物健康，另一方面收集更多的科学及其他信息以便做出全面的风险评估。但是，这些措施必须符合非歧视等一般性原则，而且必须是暂时的，直到收集了更多有关该风险的信息，可以做出综合的评估为止。欧盟委员会还表示，在可以选择的情况下，这些措施作为解决办法，对贸易的限制作用必须最小、尊重比例相称原则（指以预防性原则为基础，采取的措施应当与期望达到的保护水平相适应），同时兼顾远期风险和近期风险，并能联系不断发展的科学知识加以重新审查，同时还强调了充分向公众通报情况的重要性。

6. 重视风险分析

Emphasis on risk analysis

欧盟在 2000 年发表的《食品安全白皮书》中提出，欧盟将用 3 年时间将欧盟的食品安全管理体系建立在《实施卫生与植物卫生措施协议》（Agreement On the Application of Sanitary and Phytosanitary Measures，简称 SPS 协议）的基础上，即建立在风险分析的基础上。风险分析包括三个方面：一是风险评估，即根据科学研究及对信息数据的分析，从科学的角度分析是否存在危害以及危害的严重程度；二是风险管理，即某一危害经过风险评估后，由管理者在政策和法律法规的层面上对其进行管理；三是风险交流，即应当加强风险评估人员、风险管理者及消费者之间的信息沟通与交流，确保科学评估与风险管理的准确性和科学性。2002 年，欧盟成立了欧洲食品安全局（EFSA），专门从事相关政策出台前的风险评估工作。

7. 食品风险预警系统

Early warning system for food risk

尽管风险管理人员设法防范，但发生问题的可能性总是存在的。为确保消费者安全，一旦发生问题，风险管理人员必须能够尽快了解情况，以便执行必要的措施避免发生危险。欧盟自 1979 年起就开始采用风险预警系统，以加强食品风险管理。《通用食品法》也规定，对于任何在食品生产和销售过程中出现的安全问题，食品生产企业都被强制性要求及时向有关行政执法部门通报，以便加强相关部门对食品风险预警系统的管理。欧盟委员会每周会对当周的风险预警信息及信息通报情况进行审查。目前，欧盟主要采用食品与饲料快速预警系统（Rapid Alert System for Food and Feed，简称 RASFF）收集成员国的相关信息，并发布风险预警信息。RASFF 是欧盟及各成员国管理机构的一个信息交流的有效工具。

8. 实时更新

Updating in real time

欧盟的食品法规自建立以来一直处于开放、发展、整合的动态过程。为适应欧盟内、外形势的变化，其食品管理体制与管理措施不断发展、创新。欧盟食品安全各类法规的制定一般经历以下过程：欧盟先发布指令，之后再不断补充和修正，随着风险评估工作的深入开展，旧的法规不断被修订，新的法规不断被发布。除了在立法上与时俱进，欧盟在食品安全上的管理手段和管理方法也随着食品安全政策的变化不断改进，先后建立了各种信息传递和快速反应机制，最大限度地确保食品安全。随着科技的长足发展和环境的不断恶化，食品安全问题随时可能产生，食品的潜在风险也将长期存在。欧盟深刻认识到这一点，因此在确保统一、完善、透明的前提下，坚持以保护消费者为中心，以科学研究为保障和指向，及时跟进和修订相关指令和法规，调整与食品安全相关的标准，完善风险管理运行机制。

（三）欧盟主要食品安全法规

Major EU food safety regulations

欧盟通过加强食品安全立法、设立风险评估机构、完善食品和饲料快速预警系统、强化食品可追溯体系等措施，建立了一个较为完善的食品安全管理体系。欧盟主要食品安全法规的出台经历了三个阶段，从绿皮书到白皮书再到基本法，从基本目标到具体框架设计，一个不断完善的立法过程为欧盟食品安全的监管提供了坚实的法律基础。

1. 食品安全绿皮书

Green Paper on food safety

20 世纪 90 年代，欧洲发生的疯牛病、二噁英污染等一系列食品危机事件给欧盟各国带来巨大经济损失，也削弱了消费者对于欧盟食品安全监管能力的信心。为恢复消费者对欧盟食品的信心，欧盟于 1997 年出台了《食品安全绿皮书》。绿皮书通过了解立法在多大程度上可以满足消费者、生产商、制造商和贸易商的需求和期待，考虑采取何种措施可以强化官方控制和检查的独立性、客观性、均衡性和有效性，从而实现保障食品安全和卫生以及消费者利益的基本目标，开展公众对于食品立法的讨论，使欧委会在需要的时候对于发展有关欧盟的食品立法提出合理的措施建议。作为欧盟食品立法的一个起始点，绿皮书实现的基本目标包括：确保较高的消费者保护水平，确保食物在内部市场的自由流通，确保立法以科学的风险评估为基础，确保欧洲食品产业的竞争力并提高该产业的出口前景，让企业、生产者和供应商通过实施 HACCP 体系承担食品安全的主要责任，并辅之以有效的官方控制和执行，以确保立法的一致性、合理性和易于理解。只有确保食品安全的监管覆盖整个食物链，也即"从农田到餐桌"的监管原则，才能实现上述目标。《食品安全绿皮书》的出台引起了欧盟各成员国对食品安全立法的广泛讨论，并为食品安全立法的改革指明了方向。《食品安全绿皮书》是欧盟食品安全法律体系的基础。

2. 食品安全白皮书

White Paper on food safety

在《食品安全绿皮书》的基础上，欧盟于 2000 年 1 月 12 日出台了长达 60 页的《食品安全白皮书》，其目的是实现欧盟最高水平的食品安全标准。"白皮书"本身不具有法律效力，它提出通过立法改革来完善欧盟"从农田到餐桌"的一系列食品安全保障措施及建立新的欧盟食品安全管理机构的计划。此外，白皮书制定了一套连贯和透明的法规，从饲料、寄生虫病、优先措施、动物健康、动物福利、疯牛病、卫生、食品添加剂和调味品、残留物、食品接触材料、转基因食品、新型食品、辐射食品、食疗食品、强化食品、食物补充剂、营养、食品标签、种子、支持政策、第三国政策以及国际关系等 22 个方面规定了 84 项行动方案，每一项行动都有相应的内容和具体完成时间，所有方案都要求在白皮书发表后的三年内完成。其中最重要的一项建议是要在 2002 年年底建立一个独立的欧洲食品安全局（European Food Safety Authority，简称 EFSA），主要负责食品风险评估和食品安全议题交流。此外，还建议设立食品安全程序，规定了一个综合的涵盖整个食品链的安全保护措施；

并建立了一个对所有饲料和食品在紧急情况下的综合快速预警机制。《食品安全白皮书》是欧盟和各成员国制定食品安全管理措施以及建立欧洲食品安全管理机构的核心指令，奠定了欧盟食品安全体系实现高度统一的基础。白皮书包括食品安全政策体系、食品法规框架、食品管理体制、食品安全国际合作、消费者信息等内容，是欧盟及其成员国完善食品安全法规体系和管理机构的基本指导。白皮书中各项建议所提的标准较高，在各个层次上具有较高透明性，便于所有执行者实施，并向消费者提供对欧盟食品安全政策的最基本保证，是欧盟食品安全法规的基本核心。

3.（EC）No.178/2002号条例（《通用食品法》）

Regulation（EC）No.178/2002（The General Food Law Regulation）

2002年1月28日，根据白皮书的决议，欧盟颁布了（EC）No.178/2002号条例，即《通用食品法》，并建立了欧盟食品安全局。该法是欧盟食品安全监管的基本法规，共有五章内容，分别就适用范围与定义、食品法基本原则、欧洲食品安全管理机构、快速警报系统和风险管理以及有关程序以及其他条款做出了规定和描述。食品法基本原则包括预防原则、风险分析原则、透明原则和保护消费者利益原则。食品法的一般要求规定了饲料安全要求、责任、展示、可追溯性、食品安全必须涵盖整个食品生产链（从"农场到餐桌"）；食品与食品经营者的义务以及饲料与饲料经营者的责任。该法建立了通用的定义、食品的定义，并制定了重要的食品法准则及合理目标，以保证食品的高度健康和安全，为确保今后欧盟在食品安全立法中的一致性、合理性和明确性提供了法律保障。《通用食品法》不仅使食品安全监管有了最基本的法律保障，也使各有关机构的运行和控制工作可以依法进行。

4. 欧盟食品及饲料安全管理法规

EU food and feed safety management regulations

在（EC）No 178/2002号条例之后，欧盟委员会对关于食品卫生和兽医方面的法规进行彻底改造，相继有多部新法规出炉：关于供人类消费的动物源食品的生产、加工、销售和进口的动物卫生规定的指令2002/99/EC，关于食品卫生规定的条例（EC）No 852/2004，关于动物源食品卫生细则的条例（EC）No 853/2004，关于动物源食品官方控制组织细则的条例（EC）No 854/2004和关于确保食品和饲料法律、动物卫生和动物健康法规得到完全执行的官方控制措施的条例（EC）No 882/2004。（EC）No 882/2004侧重于规定对食品与饲料、动物健康与福利等法律的监管实施，提出了食品安全"官方控制"（Official Control）的概念，规定了欧盟成员国食品安全主管部门（Competent Authorities）的职责与权力，并明确了欧盟委员会对成员国食品安全主管部门的监督职能。

在此基础上，2005年3月，欧盟推出新的《欧盟食品及饲料安全管理法规》。该法规从2006年1月1日开始正式实施。此前的三项法规：欧盟理事会有关饲料取样及分析执行规定70/373/EEC指令、家畜营养检查标准95/53/EEC指令及官方饲料有关规则93/99/EC指令自新法生效之日起废止。从某种角度说，《欧盟食品及饲料安全管理法规》是《食品安全基本法》的贯彻和细化。与欧盟以往的食品安全法规相比，该法不仅强化了食品安全的检查手段，提高了食品的市场准入标准，实行食品经营者问责制，还要求进入欧盟市场的食品从初级阶段就必须符合食品安全的标准。

《欧盟食品及饲料安全管理法规》详细概括了食品与饲料进入欧盟市场的安全准则及程序，要求对相关生产企业在生产、加工及销售过程中是否符合食品、饲料法规、动物卫生及动物福利原则加强检查。成员国监管计划必须在操作标准中明确人员、培训以及管理程序。欧盟委员会食品与兽医办公室负责对这些计划进行审计与评价。另外，对饲料、兽医行业和食品危险等方面要求制订应急计划和责任到人。对于食品和饲料卫生的官方监管，该法规定各成员国在遵守该法基本原则的基础上，由各成员国制定具体的监管计划和执行措施，但同时欧盟的专家——食品与动物检疫办公室（Food and Veterinary Office）会对成员国的监管活动进行监督，包括到成员国进行现场检查。该法规不仅对欧盟市场的食品和饲料要求作出规定，还规定欧盟以外的国家生产的食品和饲料要想进入欧盟市场必须符合该法规的标准或至少符合不低于该法规标准的其他要求。

5. 其他欧盟食品安全法律法规

Other EU food safety laws and regulations

（1）农药残留管理法规

EU legislation on pesticide residue management

欧盟在 1991 年发布 91/414/EEC 指令。指令要求，欧盟成员国应在 2008 年前完成对市场上所有正在使用的农药活性物质的审查和重新登记。对于审查不合格的产品，将予以撤销，并禁止在欧盟销售和使用。对含有新农药成分的产品，必须通过各成员国和欧盟的预审。预审结束并公布后，欧盟各成员国可为含有该成分的农药办理有效期为三年的临时登记。三年有效期内，欧盟和欧盟各成员国为该新农药成分进行正式审查。对审查评估中不合格的产品，欧盟将取消其注册登记。截至 2004 年 12 月，已有 1136 种农药列入需要进行审查的农药清单。经评估，欧盟相继撤销了约 503 种农药有效成分的登记。2005 年 2 月 23日，欧盟发布（EC）No 396/2005 号法规，建立了植物源、动物源产品以及饲料中农药残留限量管理的基本框架，原先的指令 76/895/EEC（水果和蔬菜）、86/362/EEC（谷物）、86/363/EEC（动物源食品）以及 90/642/EEC（植物源产品，包括水果和蔬菜）都被废止。2006 年 2 月 1 日，欧盟又发布（EC）No 178/2006 号法规，建立了农药最大残留限量所使用的食品以及饲料产品分类列表。2008 年 1 月 29 日欧盟发布（EC）No 149/2008 号法规，建立了植物源和动物源产品中的具体农药限量标准。至此，历时三年，欧盟完成了对农药残留限量的统一调整。迄今为止，欧盟和各成员国对农产品中农药活性物质共制订了 2 万余条MRLs，覆盖面很广。其中水果和蔬菜产品中有关毒死蜱、氰戊菊酯的 MRLs 指标分别有337 和 524 个，仅菠菜的 MRLs 就有 300 多个。

（2）动物源食品残留管理法规

EU legislation on monitoring residues in food of animal origin

欧盟针对动物源食品残留也制定了较为详细的法规。这些法规包括关于限制某些有害物质和制剂上市销售和使用规定的指令 76/769/EEC、关于监控活动物体内和动物产品中某些物质和残留措施的指令 96/23/EC、关于建立动物源食品中兽药共同体程序的条例（EEC）No2377/90、关于食品中某些污染物最大残留水平的条例（EC）No 1881/2006（这些污染物包括铅、镉、汞、二噁英、硝酸盐和黄曲霉毒素等）和上文中的关于植物源食品和动物源食品中农药 MRL 的条例（EC）No 396/2005。

兽药残留也是动物源食品的安全隐患之一。引起残留的原因很多，加强对兽药的安全管理有助于控制残留的发生。因此，欧盟制定了多种法规来加强兽药和药物添加剂的管理，其中起主导作用的两部法规为指令 2001/82/EC 和指令 96/22/EC。前者制定了《欧洲共同体兽医药品法典》。《法典》对兽医药品的定义、管理范围、上市销售、生产和进口、标签和包装、拥有、批发销售和分销管理、兽药不良反应监测、兽药认可和监督、动物源食品的残留监控等方面做出了明确的规定；后者规定了在畜牧业中禁止使用某些具有激素或抑制甲状腺作用的物质以及 β-兴奋剂，同时废止指令 81/602/EEC、88/146/EEC 和 88/299/EEC。

欧盟始终认为安全的动物源食品来源于安全的动物饲料，因此，欧盟的法规强调饲料生产者的责任并且提出广泛的安全条款。尤其重要的是，欧盟对能够用于饲料生产和不能用于饲料生产的材料，包括动物副产品明确地给予了界定。界定的唯一原则就是所用的材料对动物本身和人类的消费不产生危害。欧盟现有的关于饲料安全管理的主要法规有以下几项：关于饲料卫生规定的条例（EC）No 183/2005、关于饲料中添加剂使用规定的条例（EC）No 1831/2003、关于动物饲料中有害物质规定的指令 2002/32/EC 和关于饲料流通法规的指令 96/25/EC。

条例（EC）No 183/2005 要求饲料从业者必须有义务保障饲料的卫生与可追溯性，并且对饲料企业的注册和审批做出明确规定。它适用于所有的饲料商业运营者，从饲料的初级生产到上市销售，包括从第三国进口以及食品动物的饲养。该条例废止了原先的关于饲料卫生的两个指令：95/69/EC 和 98/51/EC。条例（EC）No 1831/2003 的目标是为动物饲料添加剂的批准上市、销售和使用建立标准化程序，同时制定这些物质的标签和监督规则。指令 2002/32/EC 对动物饲料中的有害物质进行了规定，这些有害物质包括砷、铅、汞、DDT、二噁英和某些有害植物。指令 96/25/EC 制定了关于饲料流通的法规，其目的是协调成员国法规用于规定饲料材料的使用和流通。

此外，欧盟还制定并修订了大量针对食品动物健康和疾病控制的技术性法规和贸易相关性卫生法规。食品动物健康和疾病控制法规在维护动物健康和促进动物源食品安全方面发挥着重要作用。贸易相关性卫生法规是欧盟内部贸易和从第三国进口活动物或动物源食品的兽医检查依据。

（3）转基因食品法规

Regulations on genetically modified foods

转基因食品是应用现代生物技术，改变生物原有基因的组成，生产出的可供人类食用的动植物或微生物；或用这种动植物或微生物制成的，含有或不含有转基因成分的加工食品。"预防性原则"是欧盟对转基因食品进行管制的指导思想。欧盟在其管制转基因生物产品方面的重要法规《有关有意向环境排放转基因生物的指令》中明确提出，指令的实施必须充分考虑预防性原则，确保采取一切适当措施以避免向环境释放转基因生物或转基因生物上市对人类健康和环境造成的不利影响。

20 世纪 90 年代，欧盟建立起转基因食品管理制度。欧盟法规涉及的转基因食品可以分为两类：一类是可以直接食用的"转基因生物"或包含"转基因生物"的食品，如转基因西红柿等；第二类是由"转基因生物"加工制造而成，但在终产品中不再包含"活的"转基因生物，如利用转基因大豆加工的食用油、用转基因玉米制成的玉米粉等。其中，较为重要的是 258/97 号"有关新食品和新食品成分的管理条例"和 1138/98 号"关于转基因生物制成的特定食品的强制性加贴标识条例"等。258/97 号条例规定包含转基因生物的食品不应给消费者带来危害，不能误导消费者；并对特定转基因食品的上市程序作出规定，即对于由转基因生物制成的，但不再包含"活的"转基因生物的，同时在成分、营养价值、用途和有害物质含量等方面与传统食品"实质性相似"的转基因食品，生产商可以无须向成员国的主管机构申请对其进行风险评估，而是在上市时通知欧盟委员会，并提交由成员国主管机构颁布的认可意见或"实质性相似"的科学证据。1138/98 号条例则规定了由转基因大豆和转基因玉米制成的食品必须加贴特定标签加以说明。

此后，欧洲议会和欧洲理事会又于 2001 年共同发布指令 2001/18/EC，主要涉及慎重将转基因有机物释放到环境中的相关法规。条例（EC）No 1829/2003 发布于 2003 年 9 月，主要涉及转基因食品与饲料的管理。该条例主要从申请、监管和标签三方面规定了转基因食品的管理政策，确有必要时对已批准的转基因食品的适用范围进行修改。转基因成分要列在食品成分表中；若没有食品成分表，则要在食品中清楚标明含转基因成分，让消费者享有知情权。标签中还要标明转基因食品的特点，提示与普通食品的不同。条例（EC）No 1829/2003 自 2004 年 4 月起开始正式实施。自此，欧盟的转基因食品由该法规统一管理。同时发布的另一法规是条例（EC）No 1830/2003，主要涉及转基因食品的标签及可追溯性，并对指令 2001/18/EC 进行补充。欧洲委员会指令（EC）65/2004 于 2004 年 1 月发布，主要内容是关于建立独有的转基因有机物标志系统，以方便消费者快速、有效地识别转基因有机物及转基因食品。欧洲委员会于 2004 年 4 月发布（EC）641/2004 号指令，规定了批准转基因食品时的具体参考标准，并详细规定了发布经风险评估许可的转基因产品及技术通告的具体细则。2010 年 1 月，欧盟又发布了 G/TBT/N/EEC/304 号通报，主要涉及用来生产食品、饲料的转基因植物，由转基因植物生产的食品、饲料，含有或由转基因植物组成的食品、饲料；规定了转基因食品和饲料投放市场的执行规则；提出了风险评定要求、食品和饲料售后监控，由（EC）No 1829/2003 规定的检测、鉴定方法和参考资料。

（4）食品标签法规

Food labeling regulations

欧盟食品标签法规体系主要由关于向消费者提供食品信息规定的条例（EU）1169/2011、关于食品标签、说明和广告宣传的指令 2000/13/EC（2014 年 12 月 13 日废止）及其他与食品标签有关的专项指令构成。欧盟食品标签法规为消费者提供信息，保护消费者的利益，可分为横向和纵向两种法规。横向法规针对的是各种食品标签的共同内容，不涉及具体产品；纵向法规规定了各种特定食品标签，具体到某一类或者某一种食品。横向法规主要规定一般性食品的标识、食品的营养标签、外观和广告、对于含有过敏源食品的标识、食品的营养和保健声称、预包装产品（质量和容量）的标识、食品包装材料和大小标识、食品的价格标识和食品批次的标识等。欧盟通过对横向食品标签法规进行不断地修订与补充使其逐步达到完善。纵向法规所涉及的食品范围较广，在细节上的规定也非常全面。如关于含奎宁及咖啡因的食品标识规定的指令 2002/67/EC，规定了必须在食品配料中列出作为调味料而添加的奎宁和咖啡因的名称及其含量，防止消费者过量食用。同时，欧盟根据出现的食品安全问题不断调整相关法律法规，不断完善纵向法规。自疯牛病爆发以来，欧盟建立和完善了一系列关于牛肉标签的法规和识别、登记活牛以及牛和牛肉产品的标签。

（5）新型食品法规

Novel food regulations

新型食品是指采用新工艺或新技术生产出来的食品，或是指在欧盟范围内不曾销售过的世界其他地区的食品。1997 年 5 月 15 日，欧盟出台了有关新型食品法规的条例（EC）No 258/97，此后几经修改和完善。2008 年 1 月 14 日，欧盟委员会通过了一项修改欧盟新型食品法规的提议，要求简化新型食品的评估和审批程序，以使新型食品进入市场的批准程序更加便捷，并帮助安全的新型食品更快地进入销售领域。在此之前，新型食品的最初评估由某一欧盟成员国完成，之后该成员国将评估结果转交给其他各成员国征求意见。根据新的提议，由新型食品生产商先向欧盟委员会提出申请，再由 EFSA 直接对产品进行评估。若产品被认为是安全的，欧盟委员会将授权欧盟食品和动物健康常设委员会向该成员国提出批准建议。这样的操作流程加快、统一了新型食品审批程序。此次的法规修改提议还简化了对欲进口到欧盟市场的新型食品的批准程序，申请者只需向欧盟委员会呈交该产品在欧盟以外市场使用无害的证明书，证明书随后将提交给 EFSA 和欧盟各成员国。如果各成员国对该产品不持反对意见，那么申请者自提交证明书之日起 5 个月后，其产品就可以进入欧盟市场。

（6）有机食品法规

EU regulations for organic food

　　2007 年 6 月，欧盟出台了针对有机食品的新规（EC）No 834/2007。该法规定了有机食品生产的目标、原则及通用规则。2008 年 9 月，欧盟又发布了（EC）No 889/2008，主要涉及有机食品的生产、标签和监管，进一步为（EC）No 834/2007 制定了实施细则。2010 年 2 月 8 日欧盟委员会宣布，"欧洲叶"（Euro-Leaf）标志成为欧盟有机产品标识，自 2010 年 7 月 1 日起正式使用。2015 年 1 月，欧盟又发布（EU）2015/131，对（EC）No 1235/2008 号法规进行修订。欧盟要求只有超过 95％的成分是有机的食品才能标明"有机（organic）"标识；严格规定有机产品的养殖、种植过程以及有机食品的添加物，严格禁止在生产过程中滥用化肥、农药以及在食品加工中添加增味剂、防腐剂、人工香料等添加剂；在有机食品生产中，禁止使用转基因成分；非欧盟国家输欧有机产品必须符合欧盟相关法规，如第三国生产条件不能完全适用欧盟的生产和控制规则，则须经过欧盟授权的检测机构认证方可出口欧洲。

6. 成员国食品安全立法
Food safety regulation in EU member states

　　欧盟食品安全监管经过一系列法律整合后已经形成较为完整的体系，对大部分环节均有基础性规定，因此成员国通常以欧盟相关法规作为国内食品安全基础性法律规范以及食品安全执法机构职权来源，本国法规就具体监管和执法细节做出具体规定。各国主管部门通过官方控制，确认运营商的活动和商品在欧盟市场符合有关标准和要求。所有的运营商必须确保在生产、经营活动中遵守欧盟的法规要求。各成员国的法规并不一定与欧盟的法规完全吻合，主要是针对成员国的实际情况而制定。以爱尔兰为例，爱尔兰将以（EC）No 178/2002 为核心的欧盟食品安全法律体系作为原则性食品安全规范，成立了爱尔兰食品安全局（Food safety authority of Ireland，简称 FSAI），并且围绕（EC）No 882/2004 确定食品安全执法基础制度。在此基础上，爱尔兰议会通过本国条例 FSAI Act 1998 对爱尔兰食品安全局具体执法措施作出规定，明确了整改通知、改进令、关闭令和禁止令四重执法架构。

二、欧盟及其主要成员国的食品标准
Food standards of EU and its members

（一）欧盟食品标准概述
Overview of EU food standards

　　近年来，欧盟利用其较强的经济和技术优势，建立了从源头到最终消费的食品生产全过程安全管理体系，并且广泛采用 Good Manufacturing Practice（GMP）和 HACCP 等先进的安全控制条例。欧盟的食品安全标准体系强调以预防为主，对产品整个生产、加工、储运的全过程进行控制，更加注重从源头上控制食品安全，同时又强调注重食品安全的关键环节。因此，欧盟形成了相对完善的食品安全标准体系。目前，欧盟拥有世界上公认的最高的食品安全保护水平，对于大多数的出口国家和地区而言，欧盟是食品市场壁垒最高的主要地区之一。

　　欧盟的标准化机构主要包括欧洲标准化委员会（CEN）、欧洲电工标准化委员会（CENELEC）、欧洲电信标准协会（ETSI）、各成员国的国家标准机构以及一些行业和协会标准团体。在实践中，欧盟层面标准和欧盟各成员国国家标准是欧盟食品标准体系中的两级标准。前者主要有欧盟标准（European Standard，简称 EN）、协调文件（Harmonization Document，简称 HD）和暂行标准（European Prestandard，简称 ENV）三类。EN 是由 CEN、CENELEC、ETSI 按其标准制定程序制定、经正式投票表决通过的标准。EN 正式发布实施后，各成员国必须在半年内将其采用为国家标准，不做任何结构和内容上的修改。HD 是当制定的欧盟标准与成员国标准存在难以避免的偏差时所采用的文件类型。HD 在各成员国的采用有两种形式：一种是采用为相关国家标准；另一种是废止与协调文件不一致的有关国家标准，向公众公布协调文件的题目和编号。ENV 是在急需标准或技术发展快的领域临时应用的标准。目前，CEN 的欧洲食品标准包括 CEN/TC 174（水果和蔬菜汁）、CEN/TC 194（食品接触器具）、CEN/TC 275（食品分析的水平方法）、CEN/TC 302（奶及奶制品）、CEN/TC 307（油料作物种子、蔬菜、动物脂肪和油及其副产品）和 CEN/TC 327（动物食品系列）。

欧盟的食品标准发展大致可分为三个阶段：标准制定起步时期、标准体系建成时期和标准体系创新完善时期。20 世纪 50 年代至 80 年代，为解决战后食品短缺问题，欧洲共同体各成员国根据《欧洲经济共同体条约》制定了"共同农业政策"，有力地促进了欧洲食品生产，保障了食品供给数量。但由于该政策过于重视对食品数量的刺激，忽视对食品品质安全的控制，消费者的健康受到严重威胁。20 世纪 80 年代中期，欧盟理事会发布了《关于技术协调与标准新方法决议》，明确表示欧盟将采用更为合理、灵活的方式来统一协调食品立法，加速食品安全标准协调工作的进展。随着科学技术的不断发展，食品的生产日益复杂多元化。为了保持食品标准的先进性，欧盟始终与负责食品安全标准的食品安全法典委员会保持密切联系，不断更新、完善相关标准，分别于 2004 年和 2005 年颁布了《食品卫生系列措施》《欧盟食品与饲料安全与管理法》，对欧盟食品安全标准体系进行了适时更新与完善。

欧盟食品安全标准按其内容可以分为产品标准、过程控制标准、环境卫生标准和食品安全标签标准四个方面。产品标准主要对产品的质量、规格及检验方法作出严格要求；过程控制标准针对食品生产过程中可能发生的物理、化学及生物性污染作出严格要求；环境卫生标准是对食品建筑物、食品设备所作的要求；食品安全标签标准是针对食品包装上的说明物（如图形、文字等）制定的严格规范。

欧盟层面的食品安全标准对各个成员国均具有法律效力。欧盟各成员国也分别制定了符合本国国情的食品安全标准，并保障欧盟标准的统一实施。英国是直接实施欧盟食品安全标准，德国则是间接实施欧盟食品安全标准，法国是以直接和间接相结合的方式实施的，其他成员国也有着各自的方式实施欧盟食品安全标准。同时，各成员国的食品安全标准与欧盟食品安全标准发生冲突时也有其冲突解决机制。欧盟食品安全标准与 WTO 贸易规则是保持一致性的，对进口食品和欧盟的食品贸易都有着规范作用。

（二）欧盟食品标准的特征
Features of EU food standards

1. 具有强制性、统一性、程序性
The mandatory, unity, strict procedural nature

欧盟食品标准具有强制性、统一性和严格的程序性。强制性是指欧盟的食品安全标准要通过法律等强制性的手段加以实施，成员国必须贯彻执行，其中欧盟议会和欧盟理事会制定食品安全标准的框架指令，欧盟委员会负责制定实施框架指令的相关政策，即具体的实施指令。统一性要求各成员国的食品安全标准在原则上须与欧盟食品安全标准达成一致。程序性是指欧盟食品安全标准的制定要遵循法定的程序和步骤。

2. 国际标准采标率高
High adoption rate of international standards

1987 年，国际标准化组织发布了 ISO 9000 系列标准，以有效确保最终产品的质量，消

除贸易壁垒。1995 年，WTO《技术性贸易壁垒协定》正式承认国际食品法典委员会（Codex Alimentarius Commission，简称 CAC）标准是国际法律中促进国际贸易和解决贸易争端的参考依据。制定伊始，欧盟等发达国家和地区的食品安全标准就注重与 CAC 标准、ISO 9000 标准等一系列国际先进标准接轨。英国、德国的国际标准采用率普遍在 80% 以上。

3. 具有较高的周密性和全面性
Relatively high thoroughness and comprehensiveness

欧盟食品安全标准具有较高的周密性和全面性。周密性主要体现在欧盟食品标准包括水平类标准和垂直类标准两个方面。水平类标准也称为横向标准，主要针对食品的一般方面，涉及食品卫生、动物副产品、人畜共患病、残留和污染、对公共卫生有影响的动物疫病的控制和消除、食品添加剂、农药残留、食品标签、食品接触材料、特殊营养物、转基因食品等各方面，体现了种类多、涵盖面广的特点。垂直类标准也称为纵向标准，或叫专用标准。此类标准主要针对某一类具体的食品，如洋葱标准、白菜标准、土豆标准等，借助于专项立法的方式来制定，具有针对性强、保障性高的特点。全面性体现在欧盟食品安全技术标准十分严密，囊括了食品安全方方面面的内容。

4. 及时更新、修订
Timely updates and revisions

欧盟尽可能地及时修订、更新其食品安全标准，以保障食品安全标准能与时俱进地反映科学技术发展带来的挑战，在保障消费者利益的同时，以先进的食品安全标准引导欧盟范围内食品行业的健康有序发展。欧盟会充分考虑到实际需要的不断变化，在原有的食品安全标准的上层指令或技术法规还有效的情形下，更新其中部分条款，并发布新的食品安全指令或技术法规。在欧盟食品安全标准的上层技术指令中，同一规范对象往往存在多个时间的管理规定，可见其标准制定的延续性和时效性。到目前为止，欧盟仅就其发布的 28 个限制农药残留方面的法规和标准，已经进行了 50 余次修改。德国标准化委员会的标准每 5 年全面检查一次，修订率达到 80% 以上。

5. 确立可追溯制度
Establishment of traceability system

食品安全标准系统的可追溯制度，是指在食品生产、加工和销售的每个关键环节中，对饲料、可能成为食品或饲料组成成分的所有物质的信息进行溯源或追踪。在需要的情况下，该制度还可为相关的机构提供备案和溯源相关信息。因疯牛病爆发造成的不良影响以及牛肉在欧洲日常生活中举足轻重，欧盟首先针对牛肉建立专门的可追溯制度。2000 年，欧盟出台《新牛肉标签法规》，要求牛肉产品及食品必须具备可追溯性，其标签涉及牛的饲养场、屠宰场、加工厂等内容。该制度的实施，保障了食品安全标准管理从源头抓起，明确了食品安全责任主体，降低了食品安全标准实施成本，同时也提升了消费者对于公共食品安全的信心。目前欧盟在食品安全领域已确立了较为全面、严格的食品追溯制度，实现了对"从农田到餐桌"整个过程的有效控制，基本可以快速定位出食品产业链中的问题所在，并采取相应措施召回有问题的食品。可追溯制度对于欧盟食品安全的监督与管理、准确追查问题食品的根源、防止食品安全危险扩大起到了重要作用。

6. 重视标准制定机构以外的第三方意见
Attention to the views of third parties other than the standard-setting bodies

欧盟食品安全标准的制定机构有两个层次：一是欧洲标准化委员会，二是欧盟各成员国。欧洲标准是欧盟各成员国统一使用的区域级标准，对食品安全保障具有重要的作用。除此之外，相关企业、高校实验室、消费者都有机会参与标准的制定。在面对重大安全标准实验难题时，欧盟会引进一些学术界人士、大型企业、消费者代表参与。标准制定机构以外第三方的参与，一方面可以充分调动科研人员、企业和消费者的积极性，另一方面可以保证食品安全标准的科学性、可操作性和实用性。

（三） 欧盟各成员国的食品标准实施情况
The implementation of food standards in EU member states

1. 英国
Britain

英国于 1997 年成立食品标准局。食品标准局不隶属于任何政府部门，是独立的监督机构，负责制定各种食品安全标准及其相关事宜。食品标准局在首席执行官之下设立食品标准部。该部门是职能机构，除负责制定食品安全标准外，还制定一些其他指南，如 2000 年发布的《饮料业和食品用 ISO-9001-2000 应用指南》、2006 年发布的《新食品标签指南》等。

2. 瑞典
Sweden

瑞典的国家食品安全局负责签署食品标准和企业的检验标准化等。这些标准涵盖了食品安全标签、食品产品标准、食品添加剂及食品建筑物的审批和规范等。

3. 德国
Germany

德国高度重视食品安全标准的制定工作，并成立相应的权威机构——德国标准院。该机构主要负责制定粮食等食品的安全标准、审查和检验非官方组织制定的安全标准。从食物产业链角度出发，德国标准院制定的国家层面的食品安全标准主要有食品加工标准、食品生产标准、食品销售标准和产品标准。

第三节　食品管理
Food management

欧盟的主要工作目的是促进经济发展，其途径是整合内部市场、消除欧盟内部市场的一系列壁垒，包括财政性、实质性和技术性的障碍，以实现资本、商品、服务以及人员的自由流通。食品是一种重要的商品，食品和饮料行业在欧洲经济中处于重要地位，为欧盟各成员国创造了大量就业机会，并增加出口。最初，欧盟食品管理工作的重点在于消除各成员国之间的贸易壁垒，以确保食品的自由流通。但随着 1996 年英国疯牛病的爆发，欧盟食品安全问题不断涌现。一系列食品安全恶性事件导致欧洲范围内的食品恐慌，降低了消费者对欧盟食品管理制度的信任。欧盟开始正视各成员国各自独立进行食品安全监管的体制缺陷，为恢复消费者对食品安全的信心，建立了相对统一的欧盟层面上的食品安全监管机构。这些机构主要包括欧盟理事会、欧洲议会、欧盟委员会和欧盟食品安全局。

一、欧盟食品安全管理机构及其职责
EU food safety management agencies and their responsibilities

（一） 欧洲理事会
The European council

欧洲理事会是欧盟的决策机构和最高权力机构，拥有欧盟的绝大部分立法权。理事会根据委员会的建议，做出有关欧盟立法和政策的各项重大决策，并根据欧洲联盟条约，负责外交、司法、内政等方面的政府间合作事宜。有关食品安全方面的立法主要由欧洲理事会负责。

（二）欧洲议会

The European parliament

欧洲议会也是欧盟的立法机构之一，同时也是监督及咨询机构。它和欧洲理事会共同承担立法职责，根据涉及领域的不同，向理事会提供建议或与理事会共同做出决策。在与食品安全有关的政策领域，欧洲议会也同样享有立法权。

（三）欧盟委员会

The European commission

欧盟委员会是欧盟的常设执行机构，向理事会及欧洲议会提出立法、政策及行动计划的建议，负责实施理事会及欧洲议会的决策，处理日常事务。在食品安全领域，欧盟委员会负责在理事会或欧洲议会批准框架指令后制定相关的具体实施指令，即相关的政策法规。欧盟委员会作为食品安全立法的重要机构，被赋予了简化并加速制定食品法规及其程序的权力。

欧盟委员会中涉及食品政策与法规的有关部门主要包括：内部市场与服务业部，就业、社会事务与公平机会部，农业与农村发展部、健康和消费者保护部。欧盟委员会制定了一个协调手册，明确界定了各部门在相关领域的职责及任务，以有效协调这些部门之间的关系。内部市场与服务业部负责食品；就业、社会事务与公平机会部负责食物源性疾病；农业与农村发展部负责兽医和植物卫生问题；健康和消费者保护部负责在欧盟整体水平上制定消费者政策，以保护消费者健康并保证食物安全。为确保充分协作，这些部门共同分享有关食品安全方面的信息，例如会议日程、工作计划、报告、备忘录和立法建议等。

（四）欧洲食品安全局

The European food safety authority（EFSA）

2002 年 1 月 28 日，欧洲议会和欧盟理事会通过了（EC）No 178/2002 条例，正式成立了欧洲食品安全局（EFSA）。EFSA 成立的目的是恢复和维持消费者信心，在食品安全领域高水平地保护消费者健康。

EFSA 的职能是对食品"从农田到餐桌"实施全程监控，开展风险分析中的风险评估和风险信息交流，从根本上保证食品政策的正确性及可实施性，为欧盟委员会及各成员国的法律和政策提供科学依据。EFSA 是一个独立的法律实体，资金来源于欧盟预算，但其运作完全独立于欧盟其他机构。因此，EFSA 执行主任不向欧盟委员会或者其他欧盟或成员国机构汇报，而是直接向其管理委员会汇报。EFSA 主要负责风险评估及风险信息交流的管理，具体管理内容包括：所有对食品或饲料安全有直接或间接影响的问题，包括植物保护、动物健康和福利等；与营养和转基因生物有关的科学问题。EFSA 针对其管理范围内的技术性食品问题提供独立的科学意见或建议，作为制订有关食品安全方面的政策与法规的依据，为与欧盟立法有关的营养问题提供咨询服务；收集和分析有关任何潜在风险的信息，以监控整个欧盟食品链的安全状况；确认和预报紧急风险；在危机时期向欧盟理事会提供支援；在其职权范围之内向公众提供有关信息。该局相对独立、不受欧盟委员会及各成员国管辖的存在方式，切实保障了食品管理的公正性，并直接与消费者对话，及时了解消费者的心声，能够切实地保障消费者的利益。EFSA 并不直接制定立法或政策，也不具有决策权。该机构的建立完善了欧盟的食品安全监控体系，为欧盟对内逐渐统一各种食品安全标准，对外逐步标准化各项管理制度提供了科学依据。

（五）欧洲药品局
The European medicines agency（EMA）

欧洲药品局（EMA）是欧盟委员会的一个直属分支机构。EMA下属的欧洲兽医药品委员会（CVMP）是一个专门负责兽药相关的风险评估的核心技术机构。CVMP由欧盟每个成员国派两人组成，主要负责兽药技术事务管理和科学评价。CVMP中有一个由300多名专家组成的专家库，专门负责对新兽药的安全性、动物源食品中的兽药残留进行科学的风险评估。

EMA负责动物源食品中兽药的风险评估工作并负责制定兽药的最高残留限量（MRL）。一般情况下，兽药的MRL的制定源于兽药的生产者。兽药生产者先向EMA提交一份包括残留信息在内的详细资料，之后EMA通过其兽药委员会（CVMP）草拟一份关于兽药残留的风险评估结果并提交给欧盟委员会。

CVMP承担了EMA关于兽药方面的所有相关工作。CVMP发布关于兽药在动物源食品中的残留与兽药残留的安全性方面的科学指南文件，主要包括对兽药的毒理学、抗菌剂、用户安全、对环境的风险评估、兽药残留以及休药期、兽药最高残留限量的建立、应用于小种属动物兽药的有效性和多种学科的指导方针。CVMP对于兽药残留的风险评估方面制定了兽药的每日容许摄入量（ADI）以及最高残留限量（MRL）的值。欧盟通过其法律来保证肉、乳、蛋等动物源食品中不允许存在任何对消费者的健康具有危害的兽药残留。在欧盟授权兽药用于食品性动物之前，CVMP首先评估兽药的药理活性物质的安全性及其残留。目前，欧盟总共对一百多种（类）兽药进行了MRL标准的制定。涉及的动物源食品动物包括牛、猪、山羊、绵羊、禽类和一些小种属的动物，以及这些动物的可食性组织以及蛋、奶、蜂蜜等。此外，欧盟还制定了加米霉素的临时MRL标准，并规定了包括氯霉素、氯仿、秋水仙素、氯丙嗪、二甲硝唑、氨苯砜、甲硝唑、硝基呋喃类（包括呋喃唑酮）以及罗硝唑等9种（类）药理活性物质在动物源食品中不得检出。

（六）健康与消费者保护总司
Directorate-general for health and consumers（DGSANCO）

DGSANCO的主要职责是根据条例和相关法规赋予的权力，行使其在公共卫生、食品安全、兽医和植物卫生标准的控制等方面的事务。DGSANCO由两个高级顾问部门和综合事务部、消费者事务部、公共卫生与风险评估部、动物健康与福利部、食物链安全部和食品与兽医办公室六个部门组成，其中后三者负责食品安全管理的工作。

DGSANCO与EFSA合作密切，主要向欧盟理事会、各成员国提供独立的科学建议，作为欧盟当局风险管理策略的依据。

为了增加消费者安全，提高公共卫生和环境卫生，DGSANCO在其三个非食品科学委员会（消费者产品科学委员会、健康与环境风险科学委员会和新兴的健康风险科学委员会）范围内设立了关于风险方面的很多课程。为了确保所设立的相关课程有充足的风险评估专家来进行培训以及三个科学委员会能提出更好的风险评估方面的建议，DGSANCO招募了很多有关风险评估方面的专家。

食品与兽医办公室（FVO）是隶属于DGSANCO的一个部门，负责监督各成员国对欧盟相关法规执行情况及第三国输欧食品安全情况，是欧盟委员会的执行机构，在推动食品安全、动物健康与福利以及植物健康的法律法规能够得到有效实施的工作中发挥了重要作用。该办公室采用现场调查和听证会的方式对成员国、第三国相关产品及整体法规的执行情况进行调查，并将结果和意见报告给欧委会、各成员国及公众。FVO 下设：①国家档案、事物协调处；②哺乳动物源食品处；③禽类和鱼类动物源食品处；④植物源食品、植物保护、加工和销售处；⑤动物营养、进口控制和残留物处；⑥质量、计划和发展处六个部门。该机构的主要职责正在从单一的调查管理转向对欧盟所有成员国的食品安全体系作出全面的评估。FVO 履行职责的途径是通过对成员国和第三国进行检查。FVO 每年须制定一份检查计划，确定优先检查的国家和地区。FVO 还要对它们进行中期评估以确保这些计划适时并有意义。每次检查的结果都会以检查报告的形式发布，并附上 FVO 所作出的结论和建议。被检查国或地区的主管当局有权对报告草案的内容进行评估与修改，但需要向 FVO 提供一份针对如何解决存在缺陷的行动计划。FVO 与其他欧盟委员会机构一起对该行动计划作出评估，并且通过一系列后续活动监测它的执行情况。在适当的情况下，FVO 会提议欧盟委员会需要考虑澄清或修改相关法规，或需要制定新的法规。

二、部分成员国的食品管理
Food management in some EU member states

欧盟的食品安全管理体系属于多层次的监管，除了欧盟层面的监管机构外，各成员国都设有本国的食品安全管理机构，并分别在不同的机构进行风险管理与风险评估，从而保证以科学为基础的风险评估不受行政干扰，同时可以促进本国食品的国际贸易，建立统一的国家食品安全控制体系。

英国于 2000 年 4 月 1 日成立了独立的食品标准局（Food Standard Agency，简称 FSA），以行使食品安全监管职能。该部门完全独立于其他中央政府机构，全权履行食品安全执法监管职能，并向英国议会报告工作。FSA 的宗旨是保护与食品有关的公众健康和消费者的利益，其工作遵循三个指导性原则：消费者至上、开放性和参与性、独立性。它的使命是与地方当局合作，对食品安全和标准进行有效执行和监督；采用准确和明示的标识支持消费者选择；就食品安全、营养及食用问题向公众和政府提供咨询。受 FSA 的影响，一些欧盟成员国也对原有的监管体制进行了调整，将食品安全监管职能集中到一个部门。德国于 2001 年将原食品、农业和林业部改组为消费者保护、食品和农业部，接管了卫生部的消费者保护和经济技术部的消费者政策制定职能，对全国的食品安全统一监管，并于 2002 年设立了联邦风险评估研究所和联邦消费者保护和食品安全局两个机构，分别负责风险评估和风险管理。丹麦通过改革，将原来负责食品安全管理职能的农业部、渔业部、食品部合并为食品和农业渔业部，形成了全国范围内食品安全的统一管理机构。此外，法国设立了食品安全评价中心，荷兰也成立了国家食品局。

总体来说，欧洲议会、欧盟理事会和欧盟委员会等行政组织是欧盟食品安全的立法、监督和决策机构，他们对欧盟食品安全管理政策、法令、条例等法规的制定和决策起到重要的作用。欧盟农产品、食品进口标准制定及监督执行也由他们来完成。欧盟委员会担负着组织实施的重要职能，具体的管理实施机构是 EFSA。各成员国政府一般都参照欧盟的指令和标准，由各国农、林、食品行政管理部门发布具体指令，贯彻执行。各成员国政府、农、林、食品行政管理部门以及食品生产加工企业、经营企业都参与食品安全的管理，组成了一个完整、统一的食品安全管理体系。

第四节　食品监管
Food supervision

一、欧盟食品安全监管的特点
Features of EU food safety supervision

欧盟对食品安全的监管实行欧盟和各成员国的两级监控制度，而且食品安全的决策部门与管理部门、风险分析部门相分离。目前，欧盟的食品安全决策由欧洲理事会以及欧盟委员会负责，他们制定有关法规及政策并对食品安全问题进行决策；管理事务主要由欧盟健康与消费者保护总司（DGSANCO）及其下属但相对独立的食品与兽医办公室（FVO）负责；食品安全风险分析则主要由欧洲食品安全局（EFSA）负责。欧盟委员会、欧洲议会和欧盟理事会在保障食品安全重大决策和制定食品安全法规、指令、条例方面都起着非常重要的作用，对各成员国食品安全执行机构进行监督。对食品（农产品）出口国的监督和进口产品标准的制定与监督，也由上述机构来完成。欧盟在食品安全监管中采取的相关原则和措施，不仅需要考虑到食品安全监管中随时出现的新问题，也需要兼顾欧盟所有成员国之间的不同差异和各自的利益诉求，从而在欧盟层面实施协调统一。欧盟的食品安全监管主要有以下几个方面的特点。

（一）从"农田到餐桌"的全程式监管
The whole "from farm to table" process supervision

从"农田到餐桌"的监管原则是欧盟对食品安全进行监管的最基本原则。一方面，欧盟通过有效的食品追溯制度保障了从源头追溯，企业一旦发现食品存在问题就要迅速从市场上召回；另一方面，欧盟也要求企业通过 HACCP 体系实现自我监管，并且按要求标注食品标签内容，以保障消费者的知情权。尤其值得肯定的是欧盟对于饲料的监管。经过疯牛病、二噁英事件后，饲料对于食品安全的重要性已经受到了欧盟的高度重视，动物源性食物的安全真正从源头上得到了保障。

（二）风险评估和风险管理分离
The separation of risk assessment and risk management

风险分析相关工作包括风险评估、风险管理和风险交流。风险评估是指对危害进行科学评价，从而得出在特定暴露情境下危害发生的可能性。评估是提出科学建议的前提，而科学建议被认为是欧委会就健康和安全问题作出决议和采取措施的最可靠依据。疯牛病危机中暴露出来的科学建议的非独立性使得欧委会把风险评估和风险管理区分开来。风险管理是指对所有可达到有效保护水平的措施进行评估，并在科学评估结论和预期要达到的保护水平之间进行权衡，从多种政策措施中选择最优并付诸实施的过程。风险交流是指与各利益方之间进行的信息交流。为了实现独立透明的原则，欧委会把有关科学的工作交由专家负责，成立了独立负责该项工作的 EFSA。尽管如此，在实际操作中，风险评估和风险管理的界限难以分明，如风险评估者会提供可能被管理者采纳的建议。EFSA 的工作就是在科学事实的基础上做出科学建议。但对于科学家而言，他们未必会考虑到这些科学建议在实践中是否可行。而且，由于科学家本身研究领域的差异，很难保证所提出的科学建议没有偏见。为了保证其自身的一致性，EFSA 往往只向风险管理者提供一项建议，为风险管理者们留有一定的自由裁量的余地。因此，风险评估和风险管理在实际操作过程中还存在一定的交叉地带。对此，实践中 EFSA 和欧盟委员会之间会采取一些交流和合作，如欧盟委员会的官员会出席 EFSA 科学小组的会议。科学性、独立性和透明性三个原则是欧盟对 EFSA 的科学专家和科学工作提出的要求。

（三）责任明确
A clear definition of responsibilities

欧盟在食品监管过程中，通过立法重新划分了食物链中各方的责任。在欧盟及各成员国的食品链作业中，各项主体的责任是明确的：饲料生产者、农民和农产品加工者对食品安全负有最基本的责任；成员国政府通过国家监督的形式履行其监督和检查的职责；欧盟委员会对成员国政府的执行能力进行评估，以最先进的科学理论作为基础来发展食品安全措施，通过审查和检验促使国家监督和控制系统达到更高的水平；消费者在食品问题上采取积极态度，对食品进行妥善保管、处理与烹饪，改变不良的消费习惯。总之，通过明确各主体方责任的方式，欧盟让食品安全利益各方各司其职，确保了食品安全法规能得到顺利地贯彻实施，为实现食品安全的最终目标提供有效的法律保障。

（四）统一标准、统一监管原则
The principle of unified standards and supervision

欧盟食品安全的监管集中到少数几个相关部门，并加大部门间的协调力度，以提高食品安全监管的效率。欧盟委员会于 2002 年年初正式成立了 EFSA，对食品安全实施"从农田到餐桌"的全过程监控。EFSA 不具备制定规章制度的权限，只负责监督整个食物链，根据科学家的研究成果做出风险评估，为制定法规、标准以及其他的管理政策提供信息依据。尽管欧盟各成员国的食品安全监管机构名称、地位和具体执法流程各不相同，但是在欧盟法规体系下逐渐形成了统一标准、统一监管的模式。欧盟层面的主要食品安全法规确定了官方控制的标准，统一规划成员国食品安全部门，规定了主管部门的义务和基本原则，保持各国的食品安全执法在欧盟基本框架下运行，遵守一系列基本制度。欧盟为统一并协调内部食品安全监管规则，陆续制订了多部食品安全方面的法规，形成了强大的法律体系。欧盟还制订了一系列食品安全规范要求、标准。实行统一的法规和标准能够消除欧盟内部存在的因各国监管标准不一而引发的控制障碍，不仅有利于食品安全监管，也促进了成员国之间的食品流通。

（五）以利益相关者的合作为前提
The premise of stakeholder cooperation

欧盟在食品安全执法中的另一特点是注重合作，包括部门与部门之间的合作及建立部门间的协调机构，部门与经营者之间的合作。例如，德国、丹麦等国均建立了独立的政府部门专门负责"从农田到餐桌"的管理，但因为食品安全还涉及相关的科技部门、管理部门、消费者协会和食品业协会，即所谓的利益相关者。他们之间的交流与合作是实施食品安全监管的重要前提。在德国，食品安全监管涉及食品农业部、联邦消费者保护与食品安全局、联邦消费者与食品安全管理委员会，同时还有联邦研究中心、联邦风险评估研究所。在州一级还有地区政府与委员会、食品与兽医检测部门、企业和消费者。这些部门、群体或互相合作、或执行计划、或提供科学信息，相互之间形成有机整体。

（六）信息公开透明原则

The principle of openness and transparency on information

在食品安全监管过程中，风险信息的交流与传播是一个非常重要的方面。欧盟为了增强食品安全工作的透明度，将 EFSA 实施的环境风险评估、人类与动物健康安全风险评估结果以及其他的一些科学建议向公众公布，管理委员会举行的会议也允许公众参加，并邀请消费者代表或其他感兴趣的组织来观察管理局的一些活动，使公众可以广泛获取该局掌握的文件和信息。

二、欧盟食品安全监管的具体制度

The specific food safety supervision system in EU

（一）快速预警制度

Rapid alert system

欧盟早在 1979 年就建立了食品与饲料快速预警系统（RASFF）。该系统由欧盟委员会、EFSA 和各成员国组成。只要有证据表明来自成员国或第三国的食品与饲料有可能对人类健康产生危险，欧盟委员会就会立刻启动 RASFF，并采取终止或限定有问题食品的销售、使用等紧急控制措施。成员国获得预警信息后，会采取相应措施，并将危害情况告知公众。成员国也可以建议委员会就某种危害启动预警系统。任何成员国一旦获悉有威胁人类健康的食品危险存在，将会立即通报欧盟委员，并将信息通报给其他成员。为了应对不断出现的食品危机事件，欧盟于 2002 年对原有的预警系统做了大幅调整，使欧盟的快速预警系统更加科学化和完备化，有效连接了欧盟委员会、欧洲食品安全局以及各成员国的食品与饲料安全主管机构。RASFF 是各成员国的主管部门进行食品和饲料风险信息交流的一个平台。在 EFSA、欧委会以及各成员国主管食品与饲料安全的主管机构均设有联络点，并且欧洲委员会每年都会发布详细的快速预警系统年度报告。在快速预警系统下，所有的相关机构通过欧委会进行信息交流，最先发现风险的国家要按照欧盟的要求通过快速预警系统将风险报告给欧委会，欧委会再根据风险发现国递交的资料决定风险的等级，发布到快速预警系统中。各成员国以及 EFSA 接收到通报后，依据发布的等级进行响应。EFSA 给出科学的风险评估以及所有需要的科学信息和建议，然后将这些信息反馈回欧委会。与此同时，发布国对发现的风险进行进一步调查，给出更加详细的资料，以便其他成员国能同时采取更为有效的措施。各个成员国也会在采取措施之后，将他们采取的措施通过快速预警系统发布到网络中。

欧盟的食品和饲料快速预警系统的优越性不仅体现在它覆盖了食品、饲料信息的搜集和分析，也体现在该系统对于突发事件和危机采取及时、有效管理的信息支持，尤其是从常态管理进入到危机管理的衔接性。这种遍及各成员国信息搜集、发布和沟通的机制，使得欧盟委员会和各成员国在进入突发事件或是危机管理的状态后，能有效地采取预防和控制措施，并且通过充分的信息共享保持消费者的信心，防止事态进一步扩大。预警系统是实现整个食物链可追溯制度、召回制度以及在突发事件和危机发生时能够采取及时有效措施的保障。

（二）可追溯制度

Traceability systems

（EC）No 178/2002 号决议（《通用食品法》）第 18 条明确规定："在食品、饲料、产生食品的动物或其他意欲或已经包含在食物或动物饲料任何物质的加工、生产和流通的各个阶段均应建立起追溯制度"。为保证能够确认各种提供物的来源与方向，该法对各个阶段的主体作了规定。如食品生产者须对食品原料来源做好记录，食品销售者要对食品流向做好记录，以确保一旦食品安全出现问题，能够及时查找到原因和出现问题的环节，从市场上追回问题食品，以防对消费者健康造成损害。可追溯系统能够从生产到销售的各个环节追溯检查产品，有利于监测任何对人类健康和环境产生影响的因素。若一旦发生不可预测的不良影响，所涉及的产品将会被撤出市场。

（三）风险评估制度
Risk assessment system

欧盟在食品安全风险管理决策的制定及实施程序上一般包括三步程序：一是风险评估，是对某一个食品安全问题及风险因素进行科学评估，属于科学行为；二是风险管理，即政府部门根据风险评估的结果，结合当时本国本地的具体情况，制订相应的对策，采取具体的管理措施，属于政府行为；三是风险交流，就是以适当的方式将风险评估结果和政府的管理决策告诉所有的利益相关部门和消费者，包括行业协会、生产企业等。风险评估是风险管理的基础工作。欧盟要求所有食品法律，特别是与食品安全相关的措施必须有强有力的科学支持。风险的科学评估必须在有充分科学依据的基础上客观、独立、透明地进行。EFSA 负责为欧盟委员会、欧洲议会及各成员国提供风险评估结果，并为公众提供风险信息。欧盟各成员国也纷纷建立了自己的食品安全监督管理机构，并分别在不同的机构进行风险管理与风险评估，以保证以科学为基础的风险评估不受政府行为的干扰。与此同时，成员国在风险评估过程中积极与 EFSA、欧委会及国际组织（包括 FAO、WHO）开展广泛的交流与合作。

三、欧盟主要成员国的食品监管
Food supervision in major EU member states

欧盟各成员国的食品行业特征、食品安全形势、消费者消费行为模式的不同，导致各国对食品行业的监管模式也有较大差异。丹麦的食品安全监管模式集权程度较高，它把所有的食品监管活动转移至食品、农业和渔业委员会，直接由一个部门进行监管，一定程度上解决了部门之间协调合作不强、多头管理易造成空位、缺位等问题，提高了监管效率。德国采用中央集权式监管模式，由德国消费者保护和食品安全局统一集中监管食品安全，通过集中改变监管权分散、结构繁杂的状况。英国的食品安全监管由联邦政府、地方以及多个组织共同承担。整体来看，各成员国的监管主体呈集中化趋势。

（一）丹麦
Denmark

丹麦通过建立"从农田到餐桌"、"从养殖场到餐桌"的全程食品公共管理体系，加强对消费者的保护，改善与消费者及食品业的交流。改革之前，市政府、农业部、渔业部负责食品安全监督，农业部、卫生部和渔业部负责标准设立。丹麦政府于 1997 年整合了相关食品公共安全监管机构，成立食品、农业和渔业委员会，并将监督职能整合至新建的兽医和食品管理局（DVFA）。作为丹麦食品安全管理的中央机构，DVFA 主要负责以下工作：①将欧盟立法解析成本国法律，并制定指南；②依据食品法案进行食品安全控制和管理；③依据动物卫生和人畜患疾病法律进行食品安全管理；④协调各方食品管理；⑤组织实施全国性项目活动；⑥检查地方单位食品安全管理实施情况；⑦批准成立新的食品企业；⑧立法管理；⑨控制实验室活动；⑩为农民、企业和消费者提供信息咨询。2004 年，丹麦又将 DVFA 划归家庭与消费者事务部。此外，丹麦还通过建立八个地区管理机构，根据欧盟和国内食品法令进行地区食品安全、动物健康和人畜共患病管理、地区食品企业的审批和食品检验等工作。

（二）德国
Germany

2000 年 11 月，因在德国本土牛群中发现疯牛病，德国卫生部长和农业部长引咎辞职。食品安全问题使得国内消费者对德国食品安全信心大减，对政府产生不信任感。2001 年 7 月，联邦议会评估委员会根据国家听证会特别工作组的工作总结，提出了食品安全监管改革的三项建议：①重组联邦食品安全系统，建立消费者保护、食品与农业部；②在政府内建立协调机构；③建立独立的风险评估机构。2001 年 12 月，针对特别工作组报告的第 2 项和第 3 项建议，消费者保护、食品与农业部发布行政命令，要求建立联邦消费者保护和食品安全局（BVL）以及联邦风险评估所（BFR）。紧接着，德国议会于 2002 年 8 月批准了消费者健康保护和食品安全重组法案，批准建立了 BVL 和 BfR，负责与欧盟之间的信息交流，协调食品安全问题，建立实施国家食品安全法规的统一性规范。其中，BVL 是与欧委会交流的国家联络点，负责与欧盟食品和兽医办公室协调食品安全法规实施的工作，以及在德国范围内实施消费者健康保护和食品安全快速预警的工作。同时，该机构也负责开展国内的食品安全监测和建立统一的国内食品规范的工作。如有食品安全事件发生，BVL 还代表联邦消费者保护、食品与农业部履行事故处理工作。BFR 主要负责针对食品安全、食品链内污染物、动物保护、消费者健康保护方面的问题为联邦政府提供科学建议。

德国各州负责地方尤其是市级的食品安全法规的实施、监督巡视、食品检测，并负责制定工作场所的卫生与安全、消费者健康保护等法规。同时，德意志联邦基金会下设食品安全委员会，由食品营养、食品化学与毒理学、微生物学、医学、药学、分析化学、技术科学等领域的专家组成，为政府提供食品安全方面的科学咨询。此外，农业资源与农用物质委员会（SKLW）负责农业生物技术、农业资源管理、霉菌毒素和家畜饲养流行病学调查以及农药、兽药残留检测和转基因检测的技术问题。

（三）英国
Britain

英国的食品安全监管由联邦政府、地方以及多个组织共同承担，监管特点是执行食品可追溯和召回制度。食品可追溯制度是为了实现对食品"从农田到餐桌"的整个过程的有效控制，保证食品质量安全而实施的对食品质量的全程控制。一旦发现问题，监管部门可立即调查并确定可能受事故影响的范围和危害程度，通知公众并紧急召回已流通食品，同时报送至国家卫生部，以便在全国范围内统筹安排工作，控制事态，最大程度地保护消费者。为了追查食物中毒事件，英国政府还建立了食物中毒通知系统、食品危害报警系统、检验所汇报系统、食物中毒通讯系统和流行病学通讯及咨询网络。

第五节　实验室检测
Inspection or testing system

实验室检测是欧盟保证食品安全、维护消费者的合法权益、促进共同体内部贸易和单一市场完善的重要手段。目前，欧盟已经形成了较为完善的实验室检测体系。欧盟的食品安实验室检测是以强大的法律法规作为支撑点、以消费者的生命健康作为出发点和归宿、以雄厚的科技投入和资金注入作为保障的控制体系。

一、检测物质
Test substances

欧盟实验室监控的物质包括 A 类和 B 类两类物质。A 类是具有合成效应和未经批准的物质，包括①二苯乙烯类及其衍生物、盐和酯；②甲状腺拮抗剂类物质；③类固醇类；④二羟基苯甲酸内酯，包括玉米赤霉醇；⑤β-兴奋剂；⑥（EEC）No 2377/90 附录Ⅳ中的化合物。B 类物质是兽药和污染物，包括①抗菌药，包括磺胺类和喹诺酮类；②其他兽药，包括驱虫药、抗球虫药（包括硝基咪唑）、氨基甲酸酯类和合成除虫菊酯类、镇静药、非甾体类抗炎药和其他药理有效成分；③其他物质和环境污染物，包括有机氯化合物（包括聚氯联苯）、有机磷酸酯类、化学元素、真菌毒素、染料和其他。

二、欧盟食品安全实验室检测系统
EU food safety laboratory inspection or testing systems

欧盟食品安全实验室检测系统分为三级：欧盟基准实验室、成员国国家基准实验室和常规实验室。

（一）欧盟基准实验室
Community reference laboratories（CRLs）

欧盟现有四个 CRL，分别是荷兰国家公共卫生与环境研究所（RIVM-CRL）、德国联邦消费者健康保护与兽医学研究所（BVL-CRL）、意大利高级健康研究所（ISS-CRL）和法国食品卫生安全署（AFSSA-LMV-CRL）。四个实验室分别负责不同的残留检测，其中 RIVM-CRL 负责二苯乙烯类及其衍生物（盐和酯）、甲状腺拮抗剂类物质、类固醇类、二羟基苯甲酸内酯（包括玉米赤霉醇）、镇静药、真菌毒素的残留检测；BVL-CRL 负责 β-兴奋剂、驱虫药、抗球虫药、非甾体类抗炎药的残留检测；ISS-CRL 负责化学元素的检测；AFSSA-LMV-CRL 负责抗菌药、染料以及卡巴多、喹乙醇、氯霉素、氨苯砜和硝基呋喃类的残留检测。CRL 的主要任务有：建立和改进残留分析方法，批准有效的方法作为基准方法，并整理成册；及时向 NRL 提供分析方法和所需仪器设备的相关信息，为 NRL 建立良好实验室规范和 EN45000 质量保证体系提供帮助；为 NRL 提供详细的分析方法，组织进行方法学比对试验，公布比较结果；应 NRL 的要求，提供有关化合物分析的技术咨询服务；提供空白和已知含量的阳性基质（对照品或其溶液，投喂过药物并已经分析确定了药物浓度的动物组织、体液、排泄物等）；由欧盟委员会规定周期，组织进行 NRL 间的试验比对工作，以确保检测结果的准确性；当成员国之间在残留定性和定量分析问题上产生分歧时，由其进行仲裁；为 NRL 的分析人员进行初始和继续培训；在标准、测定和试验监控计划方面向欧委会提供科学技术支持，向欧委会提交年度工作报告；在分析方法和仪器设备方面，与第三国国家残留基准实验室保持联络。CRL 的基本要求是：必须同时是具有有效管理机构的成员国国家残留基准实验室；拥有适量、合格和精通分析方法的工作人员；拥有与所承担测定任务相匹配的实验设备和物资；拥有足够的数据处理能力，并能够向 NRL 和欧盟委员会快速传递；确保工作人员对工作内容、结果和通讯严守秘密；对国际标准和国际惯例有足够的了解。

（二） 成员国国家基准实验室（NRL）
National reference laboratories（NRLs）in the EU member states

成员国国家基准实验室（NRL）包括欧盟 93/257/EEC 决议指定的 12 个成员国的 34 个国家残留基准实验室。这些实验室是国家级某一类物质残留检测的基准实验室，参与开发和完善检测方法；接受 CRL 的技术培训；承担国家残留监控样品的检测；为 RFL 提供技术支持；承担其他的委托检验任务。

（三） 常规实验室
Routine field laboratories（RFL）

常规实验室（RFL）是各个成员国的众多常规分析实验室，分为官方和非官方两种形式。它们主要从事日常样品的检测和执行欧盟残留监控计划，主要进行筛选工作，不从事检测方法的开发和完善工作。

第六节　信息、教育、交流和培训
Information，education，communication and training

一、信息收集与分析
Data collection and analysis

风险信息的收集和分析是欧盟食品质量安全政策必不可少的要素。欧盟委员会是信息收集的主要负责部门，负责收集大量有关食品质量安全的事件。其信息来源主要有可传入人体的动物疾病、化学残留的监控计划、公共健康监视和督查网络、快速反应系统、环境放射性检测和研究活动及其他研究网络。由于信息来源较为分散，欧盟建立了欧盟委员会联合研究中心，以统一所有信息来源并建立综合有效的食品质量安全和监督系统。

二、信息交流
Information exchange

欧盟的风险信息交流主要是由 EFSA 和欧盟委员会负责。权威机构负责向所有利益方提供其研究信息，包括食品质量安全与营养事件的科学信息、监测和监督结果的相关信息。如遇突发事件，欧盟将启动欧盟食品和饲料快速预警系统（RASFF），发布相关信息给各成员国，并动员必要的科学资源提供最佳可能的科学咨询。

RASFF 是欧盟根据（EC）No 178/2002 号食品安全基本法所建立的，目的是为欧盟各成员国的食品安全主管机构提供有效的途径，交流有关信息，并及时采取措施确保食品安全。RASFF 通过由欧盟委员会、EFSA 和各成员国的食品安全管理部门组成的网络，时刻监测着关于人类健康、动物健康或环境的直接或间接的风险。一旦发现存在对人类健康有严重危害的警情时，危情所在成员国会立即在该预警系统下通知委员会，委员会则立即将信息传递给其他各成员国。各成员国是通过一个基于受控网络的信息交换系统发送通报。通报内容包括事件所涉及的国家、产品、公司、检测数据等详细的信息。该信息交换系统仅对各成员国、各成员国永久代表处、欧洲自由贸易联盟（EFTA）监管局和 EFTA 国家的联系点以及欧盟委员会开放。

RASFF 的信息交流包括两类通报：①预警通报。当某成员国在市场流通中发现有危害的食品和饲料，需立即采取措施并发出预警通报，并指明拟采取的相关措施（如撤离市场或召回等），以便给其他成员国提供所有相关信息，以确定在其他国市场上是否也有相关产品，以便及时采取必要措施；（2）信息通报。此类通报涉及经检测被拒绝在欧盟口岸之外的食品和饲料，因这类食品或饲料并没有进入欧盟成员国市场，无需立即采取行动。作为有效的信息平台，RASFF 为保障欧盟的食品安全发挥了重要作用。

三、安全教育与培训

Safety education and training

教育是一种能影响消费者的消费行为和市场产出结果的非强制性手段。实施"从农田到餐桌"各环节有效的教育与培训，可以从根本上改善食品的安全状况，也是政府部门的可行选项。欧盟政府部门除了通过制定、颁布和实施法律、法规、规章、标准和准则等，对生产企业和其他利益相关者进行强制性食品安全管理外，还对消费者提供了不同的食品安全教育与培训。

1997 年，欧盟委员会的一项民意调查显示，食品安全是消费者最关心的问题之一。为此，欧盟委员会发起了保证消费者健康和食品安全教育运动，目的在于告知消费者食品安全的基本知识，使公众意识到他们本身在保证食品安全上的作用，并强化消费者在提供有助于食品安全问题建议的信息方面的作用。该运动分别在 1998 年和 1999 年展开，活动以"见多识广的消费者才是负责任的消费者"为口号。食品质量安全教育告知人们关于降低感染食源性疾病的风险的科学知识，减少了消费者食用不安全食品的潜在危害。欧盟在中小学也开展了食品卫生方面的教育，使他们了解食品卫生的基本规则，重点了解如何避免由病原体引起的食品污染。

为了提高公共卫生和环境卫生，增加消费者安全意识，欧盟的健康与消费者保护总司（DGSANCO）还在欧盟各成员国进行风险评估培训。培训的方案包括正式大学的本科或研究生方案，国家、公共卫生或是类似团体的学校方案和交流计划方案三种类型。开设的课程主要有：风险评估和风险分析研究专业；与健康和安全专业相关的各种课程专业；应用毒理学研究专业；消费者风险评估培训专业；毒理学与风险分析学专业；风险与环境模型研究专业；毒理学与环境健康专业；各种毒理学与风险评估专业；内陆水资源质量评估专业；环境审计和风险评估专业；纳米技术及其伦理学研究专业；毒理学、暴露和风险专业；风险自发性和统计顾问专业；陆地污染物选修专业；环境污染物和化学事故选修专业；陆地污染物毒理学专业；整体安全性、卫生与环境学管理专业；环境学、药物和食品毒理学；各种陆地整治、风险评估课程；环境卫生和风险管理专业；药理及毒理学研究；环境卫生学以及环境管理学等二十多种关于人类健康、食品安全和环境卫生方面的风险分析和风险评估专业。培训时间从几天到几年之间时间不等。这一做法大大加强了普通消费者对风险评估的理解，更好地促进了公共卫生与健康，保护了消费者的食品安全。

第五章 英国食品安全管理体系
Chapter 5 Food safety management systems in UK

英国作为发达资本主义国家，在食品质量安全管理方面积累了丰富的经验，以其完善的法律法规和严格的标准作为基础和依据，在政府、协会、生产者、市场、认证机构、媒体和消费者等多方共同努力下，保证了其农产品及食品质量安全水平居世界领先地位。

第一节 食品安全现状与存在问题
Current status and issues of food safety

一、英国食品安全现状
Current situation of food safety in UK

（一）高效的农产品标准化生产
Efficient and standardized agricultural production

1. 区域化布局优化生产模式
The regional layout-optimized production pattern

为充分发挥各地优势，英国根据其境内各地区间的自然条件特点配置农林牧生产，将全国农业生产划分为四个区：①东南部的谷物生产区；②英格兰南部、威尔士大部和苏格兰北部以畜牧业为主的草原区；③英格兰中部、北部和苏格兰以谷物和畜牧业并重的农业区；④以养牛、猪和种植马铃薯为主，兼营林业的北爱尔兰区。

2. 规模化经营保障生产质量
Large-scale management to ensure production quality

在英国，农场作为农业生产的基本经营单位，按其经营方式主要分为数量较多而规模较小的自营农场以及规模化经营的大型农场两类。目前，英国大型农场虽然数量只占到农场总数的4%左右，但其耕地面积却占农场总面积的45.2%。不管是中小型的家庭自营农场，还是大型农场，基本都为私有农场，世代经营。同时，英国的农场主或大型农场的生产管理者，基本都受过良好的教育，具有丰富的农业生产理论和经验。因此，不仅英国农业生产的质量控制体系较为稳定，农场主或大型农场的生产管理者也非常重视自己的信誉品牌，严格按照标准生产和管理。

3. 高新技术应用提高生产效率
Application of high technology to improve production efficiency

英国直接从事农业生产的劳动力数量非常少，主要依靠现代技术、现代科学和现代管理来提高劳动生产率，因此，较为重视土地生产率和单位面积产量的提高。另外，农场主或大型农场的生产管理者文化程度较高，生产经验丰富，接受能力和理解能力较强，使得农业机械化、自动化和标准化生产比较容易实现。

4. 质量认证检验生产成果

Production quality certification testing

英国农产品"从农田到餐桌"生产链各环节都有第三方认证，有效促进了农产品产业链中各环节经营主体标准化水平的不断提高，实现了农产品在各环节质量安全得以全面保障。

（二）严格的农产品及食品加工程序

Rigid agricultural and food processing

1. 食品加工企业自律

Self-discipline of food processing enterprises

农产品生产出来后，有一部分直接销售，流入市场；还有一部分需要加工成各类食品，以满足消费者的需求。在食品加工过程中，HACCP 的应用是食品生产企业强制性自我监管的一个典型例证。HACCP 的执行主体是食品业者，是通过预警性地确定危害并将防控措施置于食品生产和消费过程中的一种事前监督方法。

根据欧盟法规 852/2004（EU Regulation 852/2004），自 2004 年起，除农民和蔬果种植者以外，欧盟所有同盟国境内的食品经营者都应当执行 HACCP。

因此，英国食品安全监管逐渐从外部监管转向食品加工经营者的主动参与，成为食品标准管理局实行食品安全监管的配合者。HACCP 制度的引进进一步强化了英国在食品安全管理控制上的前置性。

2. 经销商监督

Dealer supervision

1998 年，英国零售商协会制定了全球食品标准（Global Food Standard），要求每个零售商都要对食品供应商进行监督，促使食品制造商必须加大投入进行食品安全管理，否则产品将被下架。行业协会推动，经销商监督，充分体现了市场手段在食品质量安全生产监管中的重要作用。

在食品安全监管中，前置性预防较事后救济的成本低，却能更好地消除食品安全事故，减少对于消费者权益的侵害。对于企业而言，为了保证各自的市场地位、稳固消费者的忠心和让股东满意，其必然积极地使用 HACCP 和 BRC 标准以保证和完善食品质量和食品安全，从而形成一个良性循环。

（三）完善的农产品及食品市场销售链

Perfect agricultural and food marketing

英国是首个在食品安全监管中提出"可追溯性"的国家。

追溯制度的基础是食品生产经营的信息记录管理。英国建立了全国统一的食品信息数据库，要求食品供应链中的每一个参与者采集所用原材料上所标识的信息数据库。一旦发生重大食品安全事故，监管部门可立即调查并确定可能受事故影响的范围、对健康造成危害的程度，通知公众并紧急召回已流通的食品；同时将有关资料送交卫生部，以便在全国范围内统筹安排控制事态，最大限度地保护消费者利益。实行召回制度，增大了企业的违法成本，客观上起到了提高准入门槛的作用。

英国的农产品质量可追溯-召回体系相对健全，主要得益于三个方面的配合：一是自上而下建立了相关数据库，通过数据库可实现对生产到销售的每个环节进行追踪检查；二是通过协会将农产品生产和销售环节进行有效衔接，英国农业联合会与 4000 多家超级市场建立了销售可溯系统，实现了大多数农产品销售可追溯；三是市场监督管理机制完善、高效，消费者在市场上购买的农产品出现质量问题，监管人员可通过追溯系统查找来源并进行处理。

食品可追溯-召回制度实现了政府对于食品从生长到供应链终端全过程的有效控制，保证了食品的质量和食品安全，在发生食品安全事故时可在短时间内确定受影响的范围，制定食品安全危机解决方案，同时有助于界定食品供应链中不同参与者的责任。

二、英国食品安全存在的问题
Current food safety issues in UK

1. 食品安全立法的缺失
Lack of food safety legislation

英国属于英美法系国家，是以判例为主要法律渊源的国家。但是，就食品问题，英国是以成文的法律文本进行调整的。英国自 1012 年便开始进行食品法的立法活动（即《面包法》）。纵观英国食品安全法律体系，其立法特点为以一部一般法为统领，从全局性的角度笼统地规定食品管理问题，同时辅以其他以食品类型划分的特别法。

食品掺假自 19 世纪初就困扰着英国食品业界。自 1860 年起，英国相继出台法律法规以治理食品掺假问题，中央政府通过《地方反掺假食品和饮料法》授予地方打击掺假食品的权力。《1875 年食品与药品销售法》开启了英国强制性处罚掺假活动的历史，明确以"假设"、"处理"和"制裁"等模式强制行政相对人履行义务。

《1984 年食品法》调整的核心食品问题是食品掺假，虽然该法就食品卫生有所规定但其规定只涉及食品卫生法律法规的制定权和制定程序。未对突发性食品危机制定相关的例外立法程序，因而冗长费时的立法程序以及英国境内地区间的法令不统一，都使得英国政府在面对曾经的疯牛病危机中显得"反应迟钝"。

2. 英国食品安全监管机构散乱及欠缺独立性
British food safety regulatory agencies scattered and lacking independence

英国的食品安全监管经历了二战这一特殊时期，因此自 20 世纪中叶以来，食品政策就以满足食品需求为出发点，重视食品生产。在战争时期，对于食品只是单纯的数量需求，政府成立食品部向民众配给最低的满足生存所需的食物。战争结束后食品供给充足，对于食品的需求转向确保食品安全和追求食品营养。因而，英国将食品安全监管划归由农业部（MAFF）和卫生部共同负责。选派农业部（MAFF）负责食品安全问题，是因为农业部（MAFF）本身的职责范围横跨农业和食品制造业。鉴于这两个行业内涵盖众多食品，因而由渔农粮食署监管两个行业内的食品问题，如食品卫生标准和食品标签。

作为食品安全监管机关，农业部（MAFF）的职责是进行必要的市场规制以确保农产品和食品的质量，具体的监管内容为食品成分和食品质量、食品标签、食品技术、食品标准的执行情况以及食品中所含化学物质的安全性。另外，农业部（MAFF）专门负责食品添加剂、食品污染物、牛奶和肉制品的监管。与农业部（MAFF）不同的是，以公共健康为管理对象的卫生部负责食品卫生、微生物食品安全和食品营养问题。除了上述两个中央层面的食品安全监管机构外，在地方，各地还安排检查员负责食品安全监管。在疯牛病肆虐的年代，英国的食品安全监管并非由专门的机构负责，而是借助于农业部（MAFF）和卫生部的日常行政管理范围，将食品安全监管附加于他们的本职行政管理职能内。两个部门的非本职联合管理，使得英国的食品安全监管松散且不成体系。在农业部（MAFF）和卫生部共同负责食品安全监管时期，对于食品安全的管制和食品标准的管理始终处于混乱状态。疯牛病危机、沙门氏菌以及 20 世纪 90 年代爆发的大规模食品危机都是因为对于食物供应链缺乏有效的监管而造成的。1990 年卫生部的一份内部报告中将疯牛病界定为一场"会对英国社会带来严重影响的健康危机"。卫生部因此试图向农业部（MAFF）建议加强疯牛病管控措施，但是其以索思伍德报告为依据，认为疯牛病不会在人群中传播，拒绝了卫生部的要求。由于卫生部与农业部（MAFF）为同级别的政府部门，因而在此类意见分歧的情况下，只能任由农业部（MAFF）按照普通的食品安全事件处理。

3. 食品安全措施执行情况的监管不力
Regulatory implementation of food safety measures inadequate

20 世纪 80 年代，渔农粮食署奉行"食品生产主义"，主张食品的监管应由食品生产业者为主体，食品安全、食品质量管理更多地应依靠食品供应系统中所采用的各类食品安全标准，政府只起到一个辅助的监督作用。由于保守党政府"废除食品安全法规"制度的推行，因而各项食品安全标准锐减。而农业部（MAFF）始终秉持自身的附随监管职能，未积极监管各项食品安全措施的执行。

4. 刻意隐瞒疯牛病信息，侵害公众知情权
Deliberately concealed information of BSE, against the public's right to know

20 世纪 80 年代到 90 年代期间，由于在英国发生了几场食品危机，英国公众对于食品安全逐渐失去信心。而疯牛病事件中，英国政府的不当处理更使得公众对食品安全的信心跌至谷底。

第二节　食品法规与主要标准
Food regulations and major standards

健全的法律体系是食品安全监管顺利推行的基础。从 13 世纪到 21 世纪，经过数百年的发展，英国形成了现行的食品安全法律制度。英国成为欧盟成员国后，食品安全监管的法规主要采用欧盟法律法规和技术标准，英国的食品安全法律体系由国际条约和国内法两部分构成。在坚持欧盟基本原则的基础上，英国根据国情通过国内法律和专门规定对一些具体问题做出了具体规定。

英国完善的法律体系对制定监管政策、检测标准以及质量认证提供了有力的依据，同时也为食品安全监管提供了严密的法律支撑。

一、英国早期食品安全法律制度 (13 世纪开始)
Early food safety legal system in UK

（一）食品卫生改革运动时期
During the food sanitation reform movement

1.《面包法》
The bread law

《面包法》诞生于 1202 年，是英国历史上第一部规范食品行业的法律，规范了面包行业的销售价格、面包品质和重量。该法成为当时处理食品安全相关问题的主要法律法规。尽管法律对出售问题面包等行为有明确的处罚标准，但因为监管力度不强，生产者和执法者玩着猫和老鼠的游戏。更重要的是，这一部食品规范法规的局限性也影响了保护食品卫生的发展，它仅仅是调整面包和麦酒等个别行业的价格和质量等问题，并没有进一步扩展调整范围。

2. 《食品与饮料掺假法》

Food & beverage adulteration law

19世纪后，资本主义在英国飞速发展和膨胀，资本家为谋取利润的最大化，开始在食品中添加人工添加剂。英国政府对于市场经济采取任其发展的不干预态度，因此在当时的英国，一直不断出现因食品卫生问题致人损害的事件。英国在1860年颁布了第一部食品安全法《食品与饮料掺假法》。该法令规定，蓄意销售含有有害物质的食品或掺假食品是一种犯罪行为，并由此创立了打击这种行为的地方食品当局。地方食品当局具有任命以分析食物样品为主要职责的公共分析师的权利。1860年法令是一部非约束性法律，由此决定了地方当局没有打击食品掺假行为的法定责任，导致该法令基本上没有得到有效实施。可见，当时的英国政府并没有实行有效的食品安全监管。尽管如此，1860年法令的通过，表明英国政府已经承担起维护食品安全的重任，为建立食品立法的有效体制走出了第一步。

3. 《食品与药品销售法》

Food and drug marketing act

1875年出台的《食品与药品销售法》是英国历史上第一部强制性法律规范，也是英国第一部得以有效实施的食品安全法。它经历了数次修正案修改，直至1955年都仍是英国调整食品安全问题的基本法，法规实施后英国的食品掺假程度大大降低。后来，这一法令被1899年的《食品与药品销售法》所强化。1899年法令是第一部具有强制性的食品安全法，由此确立了以地方政府事务部为主导的食品安全机制，在英伦三岛实施了较为有效的食品安全监管。

《食品与药品销售法》的重要意义在于，它是一部真正意义上以取缔具有危害性、欺诈性的违法食品加工行为来保护消费者食品安全权利的法律，是一部广泛适用于所有食品的基本法，体现出英国食品安全法案中，中央政府角色由放任市场发展和毫不干涉，到出台选择性法规供地方政府选择适用，再到颁布强制性法规干预市场经济的转变过程，规范了食品卫生中的实体和程序上的正义，构建了基本的食品卫生行业的责任和义务体系。

（二）两次世界大战时期

During the two world wars

1. 《食品与药品法》

Food and Drug Act

1938年颁布的《食品与药品法》（Food and Drug Act 1938）是英国食品安全法发展的一个转折点，它首次把食品卫生立法与现有的食品掺假法有机地融合为一体，结束了卫生部顾此失彼的时代。该部法律涵盖了诸如质量、成分、标识和安全等问题，并对现有的立法作了修正，是一部名副其实的食品安全法。

英国食品安全法经历了战争时期这样一个特殊的阶段，英国食品面临的最大安全问题是食品短缺，食品部应运而生。二战时期英国食品立法，即1938年法令不但继续生效，而且还被1943年《国防（食品销售）条例》所巩固，食品部根据战时需要，在维持食品相对数量的同时，又加强了食品安全的监管。

2. 《食品法》

Food act

1984年，英国政府制定了《1984年食品法》。

《1984年食品法》调整的核心食品问题是食品掺假，虽然该法就食品卫生有所规定，但其规定只涉及食品卫生法律法规的制定权和制定程序。《1984年食品法》赋予农业部

（MAFF）负责人制定有关食品卫生、食品成分、食品标签以及食品描述法规的权力。同时，下设食品标准部统一管理食品安全的立法工作（包括负责立法草案及法律法规修正案）。

在《1984年食品法》的规则下，食品业者对于食品立法有着压倒性的发言权。食品供应链的错综复杂，原材料供应商、食品制造商、大型零售商等各自有着不同的利益追求，质询评议机制是他们各方博弈的舞台。他们往往无法轻易达成共识而需要更长时间的辩论，其结果就是每一项食品法律法规的制定和颁行极为耗时。同时，任何在英格兰以及威尔士地区的食品法律法令并不直接适用于苏格兰和北爱尔兰地区，后两者可以自行设定本地区的食品安全规制，或者需要经过繁复的审批程序才能适用英格兰地区的食品法令。

《1984年食品法》仅仅是巩固了过去30年适用于英格兰和威尔士的立法，主要继承了1955年法令的内容，没有显著的进步。此法律未对突发性食品危机制定相关的例外立法程序，在处理疯牛病危机等食品安全问题时存在着明显的缺陷。

二、英国现行食品安全法律制度 (1990年至今)
Current food safety legal system (from 1990 to present) in UK

（一）《食品安全法》
Food safety act 1990

根据1989年英国政府发布的《食品安全：保护消费者》（Food Safety：Protecting the Consumer）白皮书，英国国会于1990年出台《食品安全法》，取代《1984年食品法》，并以此作为英国现代食品安全法律框架的基础。《食品安全法》是一部内容翔实的重要法律，它建立在以往食品安全和消费者保护的法律基础之上，并对它们进行再次修订。同时，该法本身还具有诸多特色，是英国食品安全方面的一部重要法律。它最新一次修订是在2004年。

1990年《食品安全法》是英国首部以"食品安全"命名的食品法律。它对于食品制造、加工、存储、物流和销售（包含进出口、食品贴标）各环节进行全面规定，处罚其中侵害公众健康和消费者利益的违法行为，旨在"确保食品质量，即在食品中没有任何伤害食用者健康的物质"。该法主要目的是确保所有食品满足消费者在性质、物质、质量上的期望，并不受误导；提供有关公众健康和消费者利益的法律权利并规定违法行为；使英国在欧盟履行其成员国职责。该法为英国所有的食品法律、法规提供了一个灵活的框架，而没有陷入诸如食品化学物或微生物安全性、食品质量或食品标识及广告具体细则等一类的细节。该法专注于基本原则，涵盖了与食品相关的商业活动、食品来源和食品的接触材料等，覆盖了从初级生产到配送、零售和餐饮的整个食品链，关系到每个社会成员，特别是食品生产、加工、贮藏、配送和销售相关人员（种植养殖者、进口商），但又不包括具体的技术规则，而是给予政府权力制定相关规定，将细节问题留给补充法规。

1990年《食品安全法》将食品法律法规的实际执行工作分为中央和地方两个级别。

第一，中央级别：农业部（MAFF）和卫生署是中央层级中负责食品问题的机构，他们负责制定与食品相关的法律法规。该法令特意在农业部（MAFF）内设置"食品安全理事会"，由它专门承担食品安全的监管职责，从而将农业部（MAFF）推广促进英国食品业和保障食品安全的职责隔离开来，分属不同部门管辖。第二，地方级别：负责贸易标准和环境卫生。贸易标准官员的职责是核查食品标签以保证其正确可信，并在必要时将中央发布的食品警告和食品召回并告知当地食品商和消费者。环境卫生官员主管食品卫生、食品微生物污染等一切不安全食品。在英格兰拥有两层地方政府的地区，设有郡议会食品机构履行贸易标准官的职责，同时将审查食品卫生的权限下放到各区议会。此外，英格兰其他地区以及威尔士、苏格兰均由环境卫生官员统一负责贸易标准和食品卫生问题。由于行政机构设置的多样化，因而在地方上，食品安全监管的实际执行仍然面临着散乱的难题。

（二）《食品标准法》

Food standards act 1999

1999 年，英国政府颁布《食品标准法》的导火索是 1996 年英国疯牛病事件。疯牛病事件引发了英国社会各界对于食品安全监管机构所存在的各种不足的深思。1999 年《食品标准法》是英国食品安全监管的另一部重要法律，其主要目的是建立食品标准署。2000 年，一个半官方的食品安全机构——食品标准署（Food Standards Agency，简称 FSA）应运而生，并明确食品标准署的职能和权力。同时该法还修订了关于食品安全和涉及食品的其他消费者利益的法律，制定了关于食源性疾病检测通报以及动物饲料的条款等。可以说，该法围绕食品标准局的工作职能对其建立、目标、组织安排工作、监督工作开展等作了全方位的规定。

《食品标准法》赋予了作为英国食品安全守护者的食品标准署的主要权力和责任，它的主要内容有：

（1）规定食品标准署的性质、组成及主管人员责任。本法明确规定，食品标准署是一个由政府设立的机构，其成员由主任、副主任各一名，并由不少于 8 人不多于 12 人的其他人员组成。所有成员都是因维护公众利益而设立，并非为了代表部门或政府利益。同时，对组成成员中威尔士、苏格兰、北爱尔兰人员的人数做了明确规定，并由该管理组织任命执行主管，由执行主管负责确保食品标准署的各项活动积极有效的进行。每个财政年度食品标准署都应向国民议会汇报工作，并对议会负责。建立咨询委员会，为各部门制定相关食品安全政策等提供咨询服务。此外，本法还规定，将监管食品安全和制订食品标准的权力下放给各地区的食品标准署，即威尔士食品标准署执行局（FSA in Wales）、苏格兰食品标准署执行局（FSA in Scotland）、北爱尔兰食品标准署执行局（FSA in Northern Ireland），以便他们根据各自行政区域内的食品安全状况和特点来监管该地区的食品安全事务。

（2）规定食品标准署的职能，主要包括：食品政策法律法规的制定，即制定食品政策或协助立法机关提供食品法规的制定建议；信息的提供，即向消费者、业内人士发布与食品相关的信息；检查，即派专员对食品生产和流通各环节进行检查以获取食品信息并保证食品食用安全；监督复查，以保证食品安全监管的各项措施、执法活动的有序进行和严格遵守。在欧盟体制下，食品标准管理局代表英国政府处理食品安全和食品标准相关事宜，协助欧盟建立欧洲食品法律框架。

食品标准署跳脱行政机构体系的束缚，是典型的非内阁部委。不同于内阁部门所采用的首长负责制，食品标准署不设部长，而是由委员会领导，直接对英国议会负责，以期减少利益冲突和政治干扰。食品标准署的建议、措施均由委员会在委员会会议中讨论决定。所有会议在召开之前，都会对外公布会议时间、地点和议程，接受公众旁听。委员会需对所有提出的建议、采纳的措施及其执行情况负责。

食品标准署设有独立的科学顾问委员会，聚集了英国全国的专业生物、医药、化学等理科科学家，他们掌握第一手案例资料，进行科学研究，为食品标准署的各项决议提供最新的科学依据，以确保各项决议的准确性和时效性。此外，食品标准署还另外聘请一批社会学家。社会学家们开展社会调研，评估、解释并预测人文价值取向和公众社会行为的变化，以协助委员会制定更为人性化、更具前瞻性的政策建议。

（三）欧盟第 178/2002 号《通用食品法》
EU regulation 178/2002 "General Food Law"

欧盟第 178/2002 号《通用食品法》于 2005 年 1 月 1 日起生效。

欧盟第 178/2002 号《通用食品法》的颁布体现了该法对于英国食品安全法律制度发展的重要性。究其原因，主要有以下两个：其一是因为《通用食品法》是一部规范欧盟整个地区食品安全法原则性的规范性文件，对于欧盟和英国食品安全体系的构建有着重要的作用；其二是因为《通用食品法》被英国食品标准局列为英国需要遵循的主要食品安全法律规范之一，其后英国数项法律法规都源于《通用食品法》，赋予《通用食品法》在英国本土的执行力。

《通用食品法》的主要内容包括以下几个方面。

（1）要求组建欧洲食品安全局（EFSA）。不同于英国食品标准署的是，欧洲食品安全局不是一个决策机构，而仅是一个咨询机构，为欧盟和各成员国的食品安全事务提供科学有效的咨询建议。欧洲食品安全局与英国食品标准署之间并无指导关系，与英国食品标准署相比，它更为独立，但两机构在日常工作事务中经常沟通交流，交换食品安全信息等。

（2）明确界定与食品和食品安全相关的二十多个相关概念。清晰地界定食品相关概念可以帮助主管机构更好地制订食品安全相关政策法规，也可以帮助消费者更加透彻地了解食品安全信息。

（3）规定食品法规的各项原则和要求，要求更进一步落实"从农田到餐桌"的食品追溯制度，完善快速预警系统、风险评测等。这些不但是欧盟食品安全体系的原则和具体制度，更成为英国食品安全法律制度的原则和具体制度中不可或缺的一部分。

（四）《一般食品规范》
General food norms

2004 年由英国卫生部签发的《一般食品规范》是欧盟《通用食品法》在英国适用的具体体现，通过修改 1990 年的《食品安全法》和重申条款内容来确认《通用食品法》的各项定义、原则和要求在英国的法律效力，如《一般食品安全规范》第 3 条、第 4 条、第 5 条等，明确指出欧盟《通用食品法》部分条款的有效性及违法处罚等内容。

（五）《食品卫生条例》
Food hygiene regulations

2006 年《食品卫生条例》的基础是欧盟法规 825/2004，于 2007 年进行了修订。欧盟 825/2004 法规制定了对所有食品企业运营者的基本卫生要求，明确规定了食品企业安全生产食品的职责。《食品卫生条例》撤销并取代了英国当时已有的大多数食品卫生国家法律，如 1995 年《食品安全（总体食品卫生）条例》、1995 年《食品安全（温度控制）条例》。尽管如此，事实上，《食品卫生条例》的大多数内容与清洁、食品储藏室结构、设备设施条款、温度控制等相关的要求仍保持了一致。

《食品卫生条例》着眼于制定基本的卫生原则，重点在于如何确定并控制食品制备和销售的各个环节中的食品安全风险。虽然条例提出了食品生产经营场所的一些基本要求，但并不是简单地列举一系列的规则，而是请执行者评估食品安全风险，之后针对自身情况采取措施。条例很多地方就明确提出可根据适当的情况或在必要的情况下做出决定或采取措施。尽管许多要求是对食品企业的基本的最低要求，但如何运用取决于具体情况。例如，食品企业应保持清洁，但如何保持清洁、频率如何等则根据不同的企业而有所不同。

该条例对所有食品企业，包括餐饮、零售、生产商、分销商、初级生产者（如农户）都会产生影响，而具体影响则取决于食品企业的规模和类型。条例适用于所有类型的食品、饮料及其成分。但一些企业，通常是动物源性产品的生产商，如乳制品、水产品批发商等遵循其产品的特定规定。

三、其他专门性法规
Other specialized legislation

1. 进口食品规定
Imported Food Regulations

作为欧盟成员国之一的英国，其进口一直大于出口，每年有大量食品、饮料、饲料来自欧盟及欧盟以外的地区。因此，英国对于进口产品质量安全十分关注。在英国，如果欧盟法律还未完全统一，进口产品必须满足英国现有法律规定。

除 1990 年《食品安全法》这部一般性法律外，其他适用于进口食品的法律、法规可以分为以下两类。

① 不含有动物成分的食品，如水果、蔬菜、谷物、药草、调味品、果汁等，包括在《进口食品规定》（IFRs）中。

② 含有动物成分的食品，如肉、肉饼、意大利腊肠、肉饼比萨、家禽、鱼、鸡蛋、牛奶、奶制品等，包括在 1996 年《动物源产品（进出口）规定》、1996 年《鲜肉（进口条件）规定》、1984 年《进口食品规定》、1980 年《动物产品及家禽产品进口规定》、1997 年《特定风险原料规定》等法律法规中。

2. 肉制品规定
Meat products regulations

畜牧业在英国农业结构中占据主导地位。因此，英国对于肉制品的监管非常重视。2003 年《英格兰肉制品条例》是一部重要的专门性法规，该条例后于 2008 年进行了修订。

2001 年 11 月，欧盟批准了委员会 2001/101 号指令，为了实现有效标识，在欧盟范围内引入新的"肉"的定义。新定义比英国 1984 年《肉制品及涂抹鱼肉产品条例》所提供的定义范围窄，被认为更贴合于消费者对"肉"这一概念的理解。欧盟食品标识法的变化使得英国有必要对相关法规进行修订。

3. 农药管理规定
Pesticide management regulations

对于食品安全监管所关注的另一大问题——农药残留，英国也作出了一系列规定。英国于 1952 年制订的《农药管理法规》，到现在已经经过多次修改，内容也日趋完善。在英国，农药的储存、供应、广告宣传、销售和使用必须依照 1985 年《食品与环境保护法》、1986 年《农药管理条例》（修正案）和《农药最大残留量条例》来进行管理。现行的《农药管理法规》（修正案）根据欧盟的相关法规进行了补充和修改。

4. 食品添加剂规定
Food additive regulations

在英国《食品添加剂规定》出台之前，英国政府在 1984 年《食品法》中对于食品添加剂作了规定。相较于当时的其他欧洲国家，英国对于食品添加剂的管理异常宽松——英国允许使用的食品添加剂数量最多，且许多被其他欧洲国家明确严禁使用的添加剂都可以在英国获批使用。并且，根据欧洲经济共同体委员会的记载，英国还曾试图劝说其他欧洲经济体

（EEC）成员国使用英国版本的食品添加剂标准。

在 20 世纪 90 年代开始的食品安全立法改革中，英国出台了《食品添加剂规定》，改变了以往对于食品添加剂的放任态度，采用欧盟统一的食品添加剂名单，大大减少了允许添加的食品添加剂数量。同时，从消费者的安全出发，要求法定许可使用的食品添加剂在使用前，需要先经过安全测试，并且需要在产品成分中对所使用的食品添加剂进行明确标识。

第三节　食品管理
Food management

食品安全关系到一个国家和民族的生存与持续发展，是世界各国共同面临的全球性课题。英国作为发达资本主义国家，在食品质量安全管理方面积累了丰富的经验，其以完善的法律法规和严格的标准作为基础和依据，建立了成熟完备的食品质量安全管理体系。

一、明确的权力主体
Clarify the power subject

两大权力主体分别为监管主体和执行主体。监管主体是指中央政府层面上设置的对食品安全事务进行宏观监督和管理、收集食品安全信息，并根据实际情况制定食品安全法律法规、方针政策的权力机构；执行主体是指将食品安全法律法规贯彻实施，对违法行为享有强制执行权的权力主体。监管主体和执行主体在绝大多数情况下都是分立的，但在一些国家或地区的食品安全事务中可以是同一个，如威尔士地区在营养成分的监管和执行事务都由威尔士政府负责。

（一）监管主体
Regulatory body/subject

1. 主体机构性质及组成
The nature and composition

1960 年，英国食品部与农业和渔业部合并，组成农业、渔业和食品部（Ministry of Agriculture，Fisheries and Food，简称 MAFF），以保障食品卫生安全和消费者的利益为主要目标，制定主要食品政策。直至 1996 年，MAFF 仍是英国主管食品卫生安全的主要监管机构。1996 年，英国政府首次承认食用疯牛肉可能导致一种脑衰竭的绝症，也正是这一年迎来了疯牛病的发病高峰期。更有人质疑 MAFF 的权威性，并指出，疯牛病在英国大肆传播主要是因为 MAFF 监管力度不够，未能及时有效地制定决策所导致。

2000 年，英国政府正式设立食品标准署（Food Standards Agency，简称 FSA），由其正式接管 MAFF 的所有职责，成为英国最主要的食品安全监管部门。该机构对全英境内的绝大多数食品安全和食品卫生负责，通过和其他中央政府相关部门（如英国卫生部 Department of Health，简称 DOH）、环境、食品和农村事务部（Department for Environment，Food and Rural Affairs，简称 DEFRA）、地方政府等多个监管主体和地方有权机构的合作来确保食品安全法规的实施，即威尔士食品标准署执行局（FSA in Wales）、苏格兰食品标准署执行局（FSA in Scotland）、北爱尔兰食品标准署执行局（FSA in Northern Ireland），以便他们根据各自行政区域内的食品安全状况和特点来监管该地区食品安全事务，详细情况参见表 5-1。在设立的过程中经历了许多结构上的修改，最终形成突破了政府部门制约的责任体系，直接对国民议会负责。

表 5-1　英国食品安全事务与监管主体

与食品相关的具体事务	监督主体			
	英格兰地区	威尔士地区	苏格兰地区	北爱尔兰地区
食品安全与卫生	英国食品标准署			
标签（安全和过敏）	英国食品标准署			
营养成分	DOH	威尔士政府	苏格兰食品标准署执行局	北爱尔兰食品标准署执行局
标签（营养成分）	DOH	威尔士食品标准署执行局	苏格兰食品标准署执行局	北爱尔兰食品标准署执行局
标签（其他）	DEFRA	威尔士食品标准署执行局	苏格兰食品标准署执行局	北爱尔兰食品标准署执行局
动物福利	Defra			

2. 食品标准署主要职能

The main functions of the food standards agency

具体可分为以下三个方面。

（1）食品标准署的监督管理职能　食品标准署的执行权力十分有限，根据本法规定只享有监督执法行动，要求获取执法行为相关信息等方面的权力，并赋予监督执法行为的人员准许进入相关执法地点的权力。

（2）食品标准署所具备的一般职能　可制定有关食品发展的法律法规和方针政策，为其他公共机关制定有利于食品安全发展的法律法规和政策提供咨询服务；为公众和其他人员提供食品相关信息、咨询业务和协助；采集和审查与食品安全有关的信息；在与食品相关的动物饲料方面所具有的一般职能。

（3）食品标准署的其他职能　主要包括在特殊情况下制订紧急命令、指导控制食源性疾病、公开及发布食源性疾病测试的相关信息等相关权力。

（二）执行主体

Executive bodies

1. 主体机构性质及权利

The nature and rights

英国食品标准署和其中央政府职能部门所享有的食品安全违法执行权力很有限，需要地方政府中享有食品安全执行权力的机关配合才行，而广泛享有执行权的机关主要是指遍布在英国各个角落的环境健康专员（Environmental Health Officer）和贸易标准官员（Trading Standards Officer）。执行机构有抽样、检验等事前预防的权力，对于问题食品和存疑食品享有扣押、销毁等紧急救助权。英国食品安全法的执行主体以行政区域划分责权，主要涉及两个专门的职能机构，有些地区只有一个，区域内几乎所有的食品安全事务都集中在一个或两个执行机构管理执行，从而有效地减少了执法困难、权责不明、投诉难等问题。

在其相应的行政区域内，环境健康专员负责处理食品质量、食品卫生和食品安全的各种事务，而贸易标准官员解决的是来自食品标签、食品成分、重量和尺寸等方面的食品问题。在苏格兰和北爱尔兰地区，环境健康专员负责所有区域内的食品安全法相关执行问题，不再设立贸易标准官员。

2. 主体机构具体职能

Specific functions

以英国设菲尔德地区的环境健康专员为例，地方政府设立的环境健康专员名为环境健康执业员（Environmental Health Practitioners）。而地方政府设立的主管食品安全执行事务的机构是健康保护服务机构（The Health Protection Service），该机构对设菲尔德地区促进、执行食品安全健康和食品安全标准的所有事务负责。该机构享有七大执行措施，可以根据具体情况自由裁量，选择适当的执行措施加以执行。英国食品安全执行主体对于食品安全事务所享有的具体行政措施规定得更为具体和清晰，根据具体情况的轻重缓急，适用的具体行政措施有所区别，为确保食品安全法的贯彻落实，执行主体更是具有起诉的职能。这八大执行措施分别是：普通通知（No Further Action）、非正式通知（Informal Action）、食品卫生整改通知/健康安全整改通知（Food Hygiene Improvement Notice/Health and Safety Improvement Notice）、健康安全禁止通知（Health and Safety Prohibition Notice）、食品卫生禁止通知（Food Hygiene Prohibition Notice）、食品卫生紧急禁止通知（Food Hygiene Emergency Prohibition Notice）、起诉（Prosecution）和正式警告（Formal Caution）。执行措施所适用的具体情况见表5-2。

表 5-2　设菲尔德地区健康保护服务机构执行措施

具体执行措施	适用的执行情况
普通通知	适用于满足某食品要求或标准时
非正式通知	适用于出台新的食品要求或标准时或者轻微食品问题出现时
正式警告	适用于替代初犯且情节相对较轻、被告承诺承担责任的情况下
健康安全禁止通知	适用于工作活动或工作过程中存在严重造成人身损害的风险时
食品卫生禁止通知	适用于对消费者健康存在损害风险的重大食品问题时
起诉	适用于行为人无视各项食品建议或警告或不遵守法律公告而严重触犯法律时
食品卫生整改通知/健康安全整改通知	适用于以下两种情况单独或一并出现时：重大食品问题、多次不满足非正式通知书整改要求

二、完善的标准保障制度
Improve the standard security system

完善的法律体系对制定监管政策、检测标准以及质量认证提供了有力的依据，同时也为食品安全监管提供了严密的法律支撑。注重实际、讲究效用的英国人，用他们的经验理性主义传统，经过百余年的不断研究和经验沉淀，丰富和充实了食品安全立法。目前，英国现行的食品安全立法体系和食品安全法律制度都发展得相当成熟。高效合理的食品安全立法体系，纵贯从"农田到餐桌"的整个食物链，横跨所有食品部门，为确保欧盟的食品安全做出了突出贡献。

（一）英国现行的主要食品安全法律法规
The main existing food safety laws and regulations in Britain

英国现行的调整食品领域的法律规范主要包括1990年《食品安全法》、1999年《食品标准法》、欧盟第178/2002号《通用食品法》和部门法、行政法规等规范性法律文件，具体见表5-3，涉及食品污染物、农药残留、动物用药残留、饲料卫生、食品添加剂、饲料添加剂及商标规范等各个方面。

表 5-3　英国食品安全主要规范性文件

现行主要规范性文件名称	作用及效力
《食品安全法》1990 (The Food Safety Act 1990)	为英国食品安全领域内的立法和实践建立框架
《食品标准法》1999 (The Food Standards Act 1999)	为 1997 年设立的食品标准署设立权力和责任，规定其具备的职能
欧盟第 178/2002 号《通用食品法》 (The General Food Law Regulation (EC) No. 178/2002)	欧盟制订的对其成员国食品安全的一般要求和原则
《一般食品规范》2004 (The General Food Regulations 2004)	为欧盟第 178/2002 号法规在英国的适用提供强制执行依据，并对 1990 年《食品安全法》进行必要的修改
《食品卫生条例》2006 (Food Hygiene (England) Regulations 2006)	制定了对所有食品企业运营者的基本卫生要求，明确设置了食品企业安全生产食品的职责

（二）其他保障制度

Other security system

英国除了有严格的国家标准外，政府为保障食品标准与质量的安全也做出了多方面的努力和规范，其中包括市场准入许可制度、食品卫生等级制度、食品标签要求、食品温度控制、食品添加剂、食品过敏信息、食源性疾病监测和防疫、食品包装规范等，帮助规范食品市场的秩序和卫生，保障食品安全。下面主要介绍市场准入许可制度及食品标签要求，因为这些保障制度跟消费者生活有密切联系，直接决定消费者能获得什么样的食品安全保障，足见它们在食品安全标准保障各项制度中的重要程度。

1. 市场准入许可制度

Market access license system

英国对于食品行业的生产、加工、经营流程和环节都有适用的登记或准入制度：必须对与食品生产、销售有关的处所进行登记，对于法律规定不允许从事相关食品行业的处所不予以登记；对于新开设或新接管的餐饮企业，必须至少在开业前 28 天前往当地环境健康机构登记相关的食品处所。对于处所的要求不只是包括对于所涉及的地址，还要求该处所内有相应的设施，保障食品能在该处所内安全卫生的生产或销售，如必要的生产设备、清洁设备、清理设备等，并要求生产、销售环境要符合法律标准和要求。

而对于涉及以下销售内容的餐饮企业则需要到当地的环境卫生服务机构办理有关许可证之后才能许可经营：销售或提供各类酒品；在夜间 11 点至早上 5 点贩卖热的食物和饮料的；餐饮经营场所提供娱乐项目的，如剧院、电影院或带有现场音乐的；在街边摆摊或者在卡车里兜售食品的。

英国的市场准入许可制度根据相关主体所从事的食品行业的特殊性设置各种准入制度，授权机关是当地政府下设的食品卫生主管机构，这样的机构设置能更好地帮助地方政府全面掌握食品卫生信息和数据、防控食品安全事故的发生、简化办理准入的时间和成本，同时能为消费者和企业提供更为快捷、有效的咨询服务。

2. 食品标签要求

Food labeling requirements

1996 年出台的《食品标签规定》严格要求生产、销售的食品必须附着的标签或标示应列明的内容，确保消费者了解购买的食品的基本信息，避免食品欺诈。而根据 2011 年最新的关于食品标签的法律规定，在附着的标签或标志上还应列明食品的营养信息和致敏成分信息，更进一步地保障消费者的知情权，预防食品事故的发生。除此以外，对于与食品接触的包装材料也有严格的规定，包装材料须经由食品标准署批准后才可投入到食品生产活动中使用。

三、先进的风险分析及危机处理机制
Advanced risk analysis and crisis management mechanism

英国食品安全管理体系中的风险分析机制依据 FAO 和 WHO 召开联合专家会议中确认的食品安全风险分析方案，包括风险评估、风险管理和风险交流三部分，即通过对食品、食品添加剂中生物性、化学性和物理性危害对人体健康可能造成的不良影响所进行的科学评估，并积极做出相关政策上的调整，有效控制食品风险。

2001 年，英国食品标准署总结疯牛病自发现以来的政府处置情况，制定了系统的食物危机管理框架，分为危机识别、危机评估、措施制定、措施执行、复查措施执行情况五个环节。

1. 英国食品安全风险分析机制
Food safety risk analysis mechanism in UK

英国的食品标准署既是食品安全风险评估机构，也是风险管理机构，其目的是为了保障食品标准署对于完整的食品供应链的控制以及能为政府其他部门在食品安全各个方面提供专业的咨询意见。"预防"是食品标准管理局坚守的原则，一旦它获得的证据表明公众健康有遭受威胁的可能，随即发布预警公告。

负责食品安全风险评测的组织为该局下设的各研究委员会，现有 14 个科学研究委员会，并由其研究领域内的专家组成，不与政府共用同一批食品和微生物专家，其专家组成员挑选的标准是其学术和科研能力，而不是依靠其政府背景。这些研究委员会都由食品标准署资助，但独立于食品标准署内的其他组织和机构，对于各领域内的食品安全风险进行检测并给出专业的意见建议。英国食品安全风险管理机构就是食品标准署本身，根据上述的科学研究委员会提供的信息和建议，制定符合食品安全保障的政策和决策，并对评估过程进行监督。

英国的食品安全风险评估者与管理者之间关系十分密切，且十分重视食品安全风险的研究与结果以及这些成果在各部门之间的实际运用。大多数科学研究委员会每年都会公开召开 3～6 次学术研讨会议，任何有兴趣的组织或个人都可以参与了解其工作目标和工作进展。同时，以其获取的科学结论为依据，为食品标准署建言献策，并负责为公众传达科学的食品安全意见。更多的风险交流是通过食品标准署定期召开的食品安全交流会议、新闻发布、政策修订来实现的。

英国食品标准署的风险分析制度是将科学恰当地运用到制订食品安全的政策中，集风险评估与风险管理职责于一身，同时构建一个透明、公开、独立、廉洁的专业咨询机构。这样的机制帮助英国在食品标准署成立后的短时间内，通过所提供的科学建议，识别不确定的食品风险，制订合适的方针政策，发展成一个有组织、有目标同时有益于社会发展的政府职能部门。

2. 英国食品安全认证机制
Food safety certification mechanism in UK

英国食品加工企业为保证食品的安全与卫生，当下主要采用的认证体系是 HACCP 体系。为了保证与欧盟市场的一致性，在 1993 年之后，英国政府以欧盟第 93/94 EEC 号法案为基础，通过立法开始正式推行 HACCP 体系在食品加工行业的应用。并通过欧盟第 852/2004 号法案、第 853/2004 号法案等，全面确立以 HACCP 标准体系为基础的认证系统，对

于涉及肉类、鱼类和家禽类的食品加工企业要求落实 HACCP 体系在企业生产过程中的应用，对于外卖、咖啡厅、不生产肉类等其他食品加工企业要求设立危害分析制度，满足它对生产环境、生产卫生、人员培训等方面的各种要求。

英国的大型食品加工企业按照 HACCP 质量体系的要求，严格检测和记录每一批次加工制造食品过程中关键点的相关数据，可以使企业有效避免食品安全事故的发生，能更准确地识别潜在的和已存在的危害，有效提高企业的风险管理。

3. 英国食品安全危机处理机制
Food safety crisis management mechanism in UK

食品标准署制定危机管理措施，最为重要的依据就是危机评估中所得出的评估报告。英国在食品安全管制上秉持的理念是消费者的自由选择权，因而食品标准署在制定管制措施时，要公开全部的调查报告和实验资料，以便公众详细了解食品的真实情况。

一旦某种食物或其生产制造环节中存在对人体造成损害的因素，食品标准署的咨询委员会将利用科学手段对其进行危机评估，以查明损害产生的原因，损害可能导致的结果以及哪类人群更易受到其影响。如果在目前的科技条件下尚无法明确了解食品的危害，即便是在缺乏足够科学证据支持的情况下，食品标准署仍会根据预测的危机等制定相应的措施，而不再效仿此前的不了解即不管理的消极态度。对于一些危害微小的食品安全问题，委员会只是发布公众建议，由消费者自行选择是否继续食用或购买特定食品。而对于其他较为严重的食品安全危机，委员会会制定细则明确的强制措施，并且向议会和首相建议制定相关法规以保证措施的执行。

此外，食品警告及介入措施执行阶段也是处理食品危机的措施。食品标准署对消费者和地方卫生食品监管机关发布两类食品警告，其一是食品信息警告，即公布被食品厂商召回的产品名称、生产批次等相关食品信息；其二是食品管控警告，该警告列明对健康产生迫切危险的食品，要求地方卫生食品监管部门采取紧急行动召回、收缴所有列明的产品。介入措施执行阶段是指通过不定期的复查、食品调查、食品卫生检查等抽查食品安全措施的执行情况。

第四节　食品监管
Food supervision

任何一个国家食品质量安全的保障，除了需要建立健全一整套管理体制以外，还需要建立监管体系。英国作为发达资本主义国家，在食品质量安全管理方面积累了丰富的经验，同时英国也是近代以来最早制定食品安全立法、开展食品安全监管的国家之一，以其完善的法律法规和严格的标准作为基础和依据，在政府、协会、生产者、科研机构、市场、认证机构、媒体和消费者等多方共同努力下，确保了食品质量安全水平居世界领先地位。

一、英国食品安全监管体系的完善演化历程
Evolution of food safety supervision system in UK

在工业革命的推动下，英国食品贸易也不断扩大，其食品安全监管从 19 世纪中期开始萌芽，并以第二次世界大战的结束为转折点，经历了早期以反掺假为中心的食品安全监管和现代以风险为中心的食品安全监管两个阶段。这两个不同的阶段，分别以 1860 年、1875 年法令的颁布和"疯牛病事件"的爆发为标志，对推动英国食品安全监管的发展具有举足轻重的意义。

（一）以反掺假为中心的早期英国食品安全监管
Early British anti-fraud centered food safety supervision

食品企业的制假售假行为都早已不是什么新鲜事。在巨额利润的驱使下，早在 19 世纪中期，掺假已经成为英国当时主要的食品安全问题。19 世纪后期，反掺假活动家约翰·波斯特盖特发起了以直接要求英国政府制定食品安全法令、强化食品安全为目标的食品改革运动，推动以伯明翰为中心，联合其他城市要求中央政府制定食品安全监管法令。

受到反掺假运动的推动，英国的食品安全法令最初正是产生于反掺假领域，如 1860 年《食品掺假法》和 1875 年《食品与药品销售法》等。在英国食品安全立法之初，虽然食品安全监管的权力掌握在政府手中，但政策制定与政策执行的职能已经实现分离——政策制定由中央政府负责，政策执行归地方政府实施，并且由地方政府事务委员会来干预地方政府落实政策。

在社会各界的努力之下，至 19 世纪后期，英国政府通过一系列的食品安全法令，逐步将食品安全监管纳入政府的管理职能中，尽量使英国消费者得到更加充分的法律保护，遏制食品掺假。政府制定和实施食品安全法的出发点是为了维护公共利益。

（二）以风险为中心的现代英国食品安全监管
Modern British risk-based food safety supervision

第二次世界大战后，由于科技的发展和社会模式的改变，食品安全事故的发生更加频繁，消费者面临着越来越大的食品安全风险。

英国相继在 1916 年和 1960 年设立了食品部（Food Ministry）和农业、渔业和食品部（Ministry of Agriculture，Fisheries and Food，简称 MAFF）。战后组建的 MAFF 从中央政府手中获得了政策制定的大权，但政策的具体执行仍依靠地方政府来实施。在当前风险社会的背景下，由于"科学政治化"的影响不断扩大，风险评估的独立性也不可避免地受到来自政府决策的干扰。英国亟须建立一个新的独立的食品安全监管机构。为此，英国政府于 1999 年制定了《食品标准法》，并根据此法于 2000 年 4 月创建了新的食品安全机构——食品标准署（Food Standards Agency，简称 FSA），它行使政策制定、服务、检查和监督四项主要职能。食品标准署本着保护与食品有关的公众健康和消费者利益的宗旨，遵循消费者至上、开放性和参与性、独立性三个指导性原则来进行工作，是英国现代意义上第一个独立的食品安全监管机构。这意味着英国正式组建了一个以食品安全为首要使命的机构，至少在该机构内部，食品安全是唯一重要的目标，不再需要兼顾甚至是让位于其他使命，如产业发展等。

从机构本身的属性来看，食品标准署（FSA）是由董事会而不是某一部门领导，全权代表英国女王履行食品安全执法监管职能，通过卫生大臣直接对议会负责。FSA 不需要向某一个具体的部门汇报，能够自由发布政策和建议。在董事会成员组成上，与美式监管的抗辩性的利益妥协机构不同，FSA 的董事会把自己看作是公共利益的代表，而不是某一个具体部门或行业的利益。因此，董事会的成员组成上更强调的是利益无关，所有可能影响判断的个人和商业利益都需要进行申报，不能够参加任何对董事会提供建议的科学咨询委员会，以免影响其中立性。与美式的集决策、执行与裁决于一身的监管机构不同的是，FSA 在监管理念上明确以风险为基础，其决定和建议应基于可得到的最佳证据，包括委员会的研究和从独立咨询委员会中获得的建议。FSA 下设有八个独立的科学顾问委员会，并且同消费者参与咨询委员会和消费者顾问小组进行密切合作。其中，科学顾问委员会由 120 位公开选拔的专业的化学、生物、医学等领域的科学家组成，为食品标准署的各项决策提供最新的科学依据。

二、英国食品安全监管的有效措施
Effective measures for food safety supervision in UK

（一）清晰明确的食品安全责任主体
Clearly defined food safety liability subject

在英国，食品生产企业对食品安全负主要责任。企业应根据食品安全法律法规的要求生产经营食品，确保其生产经营的食品符合安全标准。责任主体违法，不仅要承担对受害者的民事赔偿责任，还要根据违法程度和具体情况受到相应的处罚，因销毁不合格食品产生的费用由食品生产经营者承担。政府在食品安全监管中的主要职责，就是通过对食品生产者、加工者、销售者的监督管理，最大限度地减少食品安全风险。由于法律责任规定明确，衔接紧密，处罚严厉，对企业有很强的威慑作用。在监管中除了定期例行检查外，也不定期实施突击检查。检查发现问题后的处理方式大体分为两类：一类是较轻微的问题，监管部门可以要求企业整改，口头整改通知可以由食品安全检查员直接下达，书面整改通知可以当时下达，但要经法院确认才能生效；另一类是较严重的问题，如对食品企业实施处罚，监管部门需准备起诉材料，要有充分的证据材料，上诉至当地法院，由法院传唤被告企业，并经审判做出判决。英国法律对食品安全犯罪判以重刑，一般的违法将被处以 5000 英镑的罚款和两年监禁，严重违法可以处以无上限的罚款和终身监禁，具有强大的威慑力。

另外，英国农产品及食品的销售渠道主要有两类：一是超级市场，二是中小型超市以及餐馆等食品服务行业。目前，英国几家大型连锁超市，如 TESCO、ASDA、Sainsbury's、M&S 等几乎垄断了直接面向消费者的食品销售。这些企业在受到政府部门严格监管的同时，也非常珍惜自己的品牌和声誉，不但对原料生产的环节非常重视，而且对加工、仓储、运输等环节也有严格的要求。

（二）严格的追溯召回制度
Strict traceability and recall system

英国在食品安全监管方面，一个重要特征是严格执行食品追溯和召回制度。英国是首个在食品安全监管中提出"可追溯性"的国家。

英国从 2000 年开始建立农产品及食品信息可追踪系统，建立了统一的数据库，研发产品地理信息系统、原产地食品特征识别技术以及严格的标签标示制度，详细记载被监控对象移动的轨迹。相关部门如发现食品存在问题，可以通过数据库很快查到食品的来源。一旦发生重大食品安全事故，监管部门可立即调查并确定可能受事故影响的范围、对健康造成危害的程度，通知公众并紧急收回已流通的食品。同时将有关资料送交卫生部，以便在全国范围内统筹安排控制事态，最大限度地保护消费者利益。英国食品公司和法人一旦出现食品安全等不法行为，其信息将立即进入信用体系，由于信用不良所造成的影响和损失远大于行政处罚和经济处罚。英国法律规定，对于信用有问题的个人将不得从事食品制造，同时对其从事其他工作也会有巨大影响。实行召回制度，增大了企业的违法成本。一些企业因为"问题产品"召回的成本较高而关门破产，客观上起到了提高准入门槛的作用。

（三） 可靠的行业协会作用
Reliable industry association

英国在各行各业都有着组织机构健全、实力强大的行业组织，这些行业组织对行业的发展、企业的指导和政府政策的制定等方面都有强大的影响力。

（1）食品行业协会的会员单位是食品生产、加工、销售企业。因此，对食品生产加工工艺、操作工艺、技术规范、技术参数、管理方法等规定更为专业和细致，制定的标准更符合食品企业真实情况，操作性更强。1998年，英国零售商协会制定的全球食品标准（Global Food Standard，BRC标准），要求每个零售商都要对食品供应商进行监督，促使食品制造商必须加大投入进行食品安全管理，否则产品将被下架。行业协会推动，经销商监督，充分体现了市场手段在食品质量安全监管中的重要作用。

（2）行业协会由于掌握了行业内的一系列信息，甚至潜规则，对问题的发生有一定的预见性和及时性，提高了行业自律性。如帝亚吉欧（Diageo）公司等酒类企业，应协会和经销商要求，在酒类产品标签上标注"限量饮酒"提示，充分反映出企业的社会责任和自律意识。

（3）英国的行业协会还把对会员单位的培训常规化，承担法律法规、技术创新、新品研发、企业维权、工艺技术、管理体系、操作细则、品牌打造、员工素质等全方位的培训、辅导、咨询工作。例如，英国粮食仓储物流协会（1911年成立）就深以其保持运行百年的公司机制为骄傲，特别强调会员企业在其协助下所取得的自律和自助效果。由此可见，英国可靠的行业协会作用一方面能够使行业内形成自我管理、自我约束、互相监督、共同发展的行业自律机制；另一方面，行业协会能够为企业在技术研发、推广、质量认证等方面提供形式多样的优质服务。

（四） 拥有高素质的监管队伍
Highly competent supervision team

英国对食品安全监管人员有严格要求。检查员要经过大学四年的正规学习，其中一年为检查实习期。学生毕业时要经过认证机构的考核认证。检查员上岗后，每年还要参加不少于30小时的再培训。

但是，受到财力和人力的局限，英国的监管部门对企业的监督检查、抽样分析等工作的频次是有限的。在餐饮监管中，一般来说，监管部门对风险低的企业，三年检查一次；对历史上投诉多或新开办企业等被认为是高风险的企业，政府才会加大检查频次。检查员不需要对通过检查企业的行为负责。食品检查员的判断要基于抽样分析等证据，而且检查结果直接影响企业利益，因此检查员受到的工作压力比较大，英国仍需强化对检查员的支持机制。

三、英国食品安全监管的特色
Characteristics of the food safety supervision in UK

疯牛病事件拷问了英国20世纪80年代食品安全监管体系的不足——食品安全立法的缺失、食品安全监管机构的零散及内部利益冲突凸显、食品安全措施执行不力以及刻意隐瞒食品信息。但也正是由于疯牛病事件促使英国食品安全监管体系发生了彻底的变化。经过30年来在食品安全立法、食品安全监管机构、制度和理念上的调整，英国逐步摆脱了20世纪80年代保守党政府"废除食品安全规制"政策对食品安全监管所带来的不利影响。如今，英国已经形成了食品"从农田到餐桌"的有效监管体系，主要体现为以下三个特色。

（一）强制性自我监管
Mandatory self-regulation

"强制性自我监管"的引入，是全球范围内的监管改革浪潮中不可或缺的一部分，它主要是为了弥补传统的"命令控制手段"的不足，是由监管者向企业施加要求，让企业去确定和实施他们的内部规则和程序，从而实现监管者的政策目标。在 20 世纪后半叶，英国见证了现代"监管国家"的兴起，一方面，传统的自我监管日益衰落；另一方面，"惩罚性"监管则与日俱增。近年来，强制性自我监管这一手段的使用频率越来越高，尤其是在对中小企业的食品安全监管中得到了广泛应用。食品标准署采用教育和磋商手段，以合作性的态度提高强制性自我监管的有效性。在教育手段中，食品标准署的角色类似于顾问，以免费或者低廉的价格向被监管对象提供政策相关的建议和培训服务，如举办食品安全培训、法律要求研讨会和提供咨询访问等，为他们预防风险提供帮助，使他们更好地理解监管的要求，将规则内化并应用到自己的企业中去，从而使监管得到更好的落实。

除了依靠政府监管者实施强制性的食品安全标准以外，加强企业和公众的自律行为也同样重要，公民和消费者宪章的推行和"好的行为"这一自愿规则的推广便是典型的例子。为此，英国建立了大量的私人农场保险计划，这些计划包含了或者至少涉及了官方的实施规则，并要求他们的成员去了解和实施这些规则，通过这种形式的强制性自我监管，能够促进从供应链到消费者之间的信息交流，有助于食品企业和消费者共同努力实施政府的监管标准，为实现合作监管起到了非常重要的作用。

（二）对消费者参与的重视
Focus on consumer participation

一旦食品安全事件发生，在信息不对称的前提下，毋庸置疑，消费者往往是第一受害人。面临急剧攀升的食品安全事件，合作监管的主体除了被监管对象以外，消费者也同样重要，他们有权利也有必要参与到食品安全监管中来。直到 1990 年的《食品安全法》将保护消费者的思想写入法律，消费者利益终于得到了法律保障。1998 年，英国发布的《食品标准署——改变的动力》白皮书中指出，单纯通过食品安全监管机构的改革是远远不够的，在政策制定过程中应该加强公众参与的程度，让消费者能够获得更多更可靠的信息，从而实现对消费者利益的保护。因此，新成立的食品标准署，作为一个消费者导向型的食品安全监管机构，同消费者参与咨询委员会和消费者顾问小组之间拥有密切的合作关系，以期为提高消费者参与获得专业的建议。2002 年，食品标准署更专门设立了消费者委员会（Consumer Committee），从英国主要的消费者组织中选取六名代表常驻食品标准署，为各项政策提供建议和咨询，并协助消费者与食品标准署进行沟通。

值得一提的是，顺应网络时代的要求，食品标准署以其官方网站作为信息发布平台，除了发布科学调研报告、提供疫情应对方案、解释政策工具等食品安全信息以外，还专门提供委员会决策会议的网络直播，向公众提供询问，从而为消费者参与提供了便利。针对视力残障人士，网站还提供语音播放功能，确保他们拥有同等参与的权利。

（三）对中小企业的扶持
Support for medium-sized and small enterprises

英国人相信，大量的小企业家能够不受政治和大型垄断企业的干预而自由地竞争才是自由市场的本质，因此，在英国的监管工作中，一直注重对中小企业的发展和保护。但是，中小企业不同于大企业，对监管法律和国家监管体系的了解往往很少。因此，政府对中小企业的扶持就是以放松监管为主题，减轻受国家监管的中小企业的负担。

1997 年，"减少政府干预工作组"更名为"良好监管工作组"，工作重点从减少监管转向良好监管，并且更加关注中小企业。1998 年 11 月，英国政府有关部门在网上开通了名为"企业直通政府"的主页，在网上提供企业监管指导与各种报表，指导企业行为，使绝大多数的中小企业可以通过该网页更加迅捷地办理完成政府要求的相关审批监管手续，大大提高了效率。2001 年，英国提出"小企业优先考虑"原则。此原则要求，政府的各个部门在采取措施和实施监管时，必须对小企业给予特殊考虑。这些举措在鼓励中小企业自身发展以及充分发挥中小企业带动地方经济发展等方面起着积极的推动作用。

第五节 实验室检测
Laboratory testing

英国法律授权其监管机关依照《食品安全法》《健康与安全法》对农产品的生产、加工和销售场所进行检查，并规定检查人员有权检查、复制和扣押有关记录，取样分析。英国完善的食品安全检测体系为监督检查提供了强大的技术支持，遍布全国的权威检测机构和实验室拥有先进的检测设备和专业的检测人员，可以对种类繁多的农产品及食品提供专业检测检验服务。这些检测机构和实验室主要为政府服务，经费由地方政府提供，不接受私人委托。

一、主要检测机构
Major testing agencies and institutions

（一）英国中央实验室
Central science laboratory（CSL）

英国中央实验室（Central Science Laboratory，简称 CSL）隶属于英国政府环境、食品和乡村事务部（DEFRA），拥有 500 多位科研工作者，科研技术基础广泛，包括分析化学、生态/野生动植物、管理、昆虫学、微生物分子生物学等，食品领域的工作范围包括微生物食品污染、病毒与毒素、食品添加剂、农兽药残留、环境（生物与非生物）污染和食品包装加工污染等。CSL 在全球提供四种主要的能力验证服务：FAPAS（食品化学分析）、FEPAS（食品微生物检测）、GEMMA（转基因生物分析）和 LEAP（水/环境分析检测），CSL 提供的检测服务在食品分析领域位列全球第一。

（二）英国政府化学家实验室
Laboratory of the Government Chemist（LGC）

英国政府化学家实验室（Laboratory of the Government Chemist，简称 LGC）成立于 1842 年，1996 年开始私有化，是化学和生物计量、法医、诊断科学服务及标准物质方面的市场领导者。在英国，计量分为生物计量、化学计量、物理计量、工程计量等，LGC 承担了生物和化学计量，职能如同中国计量科学研究院。LGC 在全球范围开展的业务包括刑侦法医、生命和食品科学、LGC 标准品研发和生产。自 1843 年 LGC 开始涉足食品方面的检测，目前在英国设有 8 个分支机构，12 个实验室，全球有 26 处实验室，每年检测的样品数可达数百万个。2004 年，作为 LGC 的重要分支 LGC 标准品公司，其生产要求通过了 ISO 34 的最高要求，并获得了证书（编号 0001），成为全球第一个获此证书的标准品生产商，提供标准物质分销、组织实验室能力验证和分析能力培训、药物杂质生产及特殊合成服务等业务。LGC 标准品公司在法国、意大利、波兰、瑞典等国设有办事处，在印度设有工厂和实验室，在美国、保加利亚、土耳其、罗马尼亚等国设有执行代表。2009 年 LGC 在中国设立了办事处，进一步开拓了亚洲市场的业务。LGC 标准品公司不仅是英国的测试机构，还是欧盟的比对试验参考实验室。LGC 生产的标准品和开展的能力验证计划目前在国际上都被认可。在中国，部分实验室对 LGC 的标准品和能力验证计划也有了初步的认识，并积极参与其中，通过国际公认的能力验证计划已成为检测机构检测结果获得认可的重要条件。

二、检测流程与结果质量分析
Testing procedure and quality analysis of results

（一）检测流程
Testing procedure

需要检测的单位统一将质控样本（目标物含量已知，可用于仪器等的校准）和测试样本（目标物含量未知）发放给检测机构，在规定时间内收回对未知样本的检测结果，然后进行统计分析，判断不同单位对特定项目的检测能力，并以报告的形式告知待检测单位。

（二）结果分析
Analysis of results

FAPAS 或是 LGC 的测试结果都是根据离群值（Z）来判断的。Z 值是目前国际上认可的能力验证绩效评价指标。每个参加测评的实验室都拥有自己唯一的实验室编号、密码及标识符，根据离群（Z）值的大小，测试结果分为 Z 的绝对值小于 2（满意），大于 2 小于 3（有问题待察），大于 3（不满意或离群）等 3 个级别。测评结束后，能力验证提供者将书面报告和电子版反馈给参评单位，报告内容包括各参评单位结果、不同分析方法比较、趋势走向和技术反馈等信息。

（三）质量保障
Quality assurance

实验原料是保证有效开展能力验证的关键。作为检测机构，需要拥有完善和规范的质量保证体系，确保每一个测试样品在测试期间分发到各部门的稳定性和均匀性。例如，在保持测试先进性方面，FAPAS 经常与能力验证测试满意度较高的部门进行沟通，了解其分析方法并与自身方法进行比较总结，同时严格遵循以下三个标准，保障了客户的最大权益：①国际通行的实验室检测报告/证书有效性评价；②实验室资质认定有效性和保持状态的后续监督检查；③对专业实验室能力状况和管理状况进行客观考核。

三、主要特点
Main characteristics

无论是 FAPAS 或是 LGC 都拥有经验丰富的世界顶尖水平的检测队伍，每年投入大量的资金和力量研究全球食品安全及检测方法。目前英国已建立了一套完整的能力验证提供者的评价制度和用户权益保障制度，该体系在全世界各国的食品分析实验室迅速普及，主要有以下几方面特点。

（一）测试材料广泛，测试项目全面
Extensive testing materials，comprehensive testing items

FAPAS 测试材料包括猪牛肉、鱼肉、鸡肉（蛋）、蜂蜜、动物肝脏、虾、玉米、大豆、饲料、辣椒、婴儿食品、油品、蔬菜、花生等干果、牛奶（奶粉）、酒精产品、糖、果酱、果汁及各种饮料等；可开展的测试项目包括理化检测、微生物检测、转基因检测以及水检测，分析内容涉及营养成分、食品配料成分、天然食品污染物、有机和无机污染物、杀虫剂、兽药残留、食品添加剂、食品包装迁移成分、致敏原及真实性分析。LGC 在食品、饮料、水、环境方面都有检测，包括农残、微生物、转基因、过敏原等项目。

（二）测试次数多，周期短
High testing frequency，short cycle

LGC 每年都组织多次能力验证，帮助用户杜绝检测不稳定现象的产生，用户可以参加每年 12 个月的所有测试，LGC 可以出具评价 12 个月表现的报告，也可给予阶段性的评价。FAPAS 每年都会根据全世界食品安全事件发生的风险，由风险评估专家编制全年的能力验证测试计划，并通过网站（www.fapas.com）、邮件、传真等形式公开。

（三）测试灵活性高，服务针对性强
High test flexibility with service personalized and targeted

任何实验室都可以参加 FAPAS 或 LGC 组织的能力验证测试，可以自愿选择参加测试项目，自行选择分析方法。能力验证提供者运用统计学的方法对结果、方法进行评估，并向参加测评的实验室提供评价报告，针对参评单位提供建议和个性化的服务。

第六节　信息、教育、交流和培训
Information，education，communication and training

一、英国食品安全的信息可追溯系统建设及信息公开制度
The establishment of the food safety traceability system and the information Transparency system in UK

（一）农产品及食品信息可追溯系统及召回制度的建设
The establishment of traceability tracking information system and recall system for the agricultural products

英国从 2000 年开始建立农产品信息可追溯系统并建立了统一的数据库，包括识别系统、代码系统，详细记载生产链中被监控对象移动的轨迹。该系统可以从生产到销售的每个环节追踪检查产品，具有溯源功能。英国充分发挥行业协会和农民组织的作用，农业联合会和 4000 多家超级市场密切合作，建立可溯性追踪信息系统，强化农产品质量安全管理，规定不加入协会的生产商的产品不准进入这些超市。消费者在市场上购买的任何农产品，如蔬菜、水果、肉类、奶制品等，如发现有问题进行投诉后，监督人员可以很快通过电脑记录找到这些农产品的来源。

在某种意义上，英国的大型超市集团对食品安全的影响和作用非常巨大。英国消费者对

超市集团的信任度很高，他们一般都到超市购物而不会选择路边摊贩的便宜食品，他们相信超市集团会代表消费者采购安全且价格合理的食品。连锁超市集团占据了英国食品 80％ 的消费份额，可以对供应链上游企业形成有效制约。有专家指出，在英国，政府监管措施还有制定和实施的时滞，而超市集团的商业决策则会在第二天就在英国全境实施。从这个意义来说，超市集团的食品安全标准对食品生产企业的影响力更为强大。

农产品召回制度是指农产品的生产商、进口商或者经销商在获悉其生产、进口或经销的农产品存在可能危害消费者健康、安全的缺陷时，依法向政府部门报告，及时通知消费者，并从市场和消费者手中收回问题产品，或者予以更换，或者进行赔偿，或者采取其他积极有效的补救措施，以消除缺陷产品的危害风险。根据该制度的规定，当发生重大农产品安全事故时，食品危害警报系统便开始运作。由地方主管部门调查并确定可能受事故影响的范围，对健康造成危害的程度，通知公众并紧急收回已流通的农产品，同时将有关资料送交国家卫生部，以便考虑在全国层面上采取适当的统筹工作，以尽早控制事态，最大程度地保护消费者权益。

通过食品安全追溯体系及召回制度的建立，进一步明确并强化了食品生产经营企业的责任，即食品生产者对其产品负有确保食品安全的责任，并且易于监控和查找风险源头，从而有针对性地制定防控措施。

（二）食品质量安全信息发布及公开制度

The agricultural product quality safety information release and publicizing system

英国实行食品质量安全信息发布制度，确保公众的知情权。《食品安全法》规定，食品标准署对检测所得的任何信息，除依法不得公开外，其余都可向公众公布；同时，涉及食品质量安全方面的消费者利益问题时，应及时向公众提供建议。这种制度可降低违法者商誉，使劣质产品无法在市场销售，有效地保护了公众的利益。另外，高度透明的政策措施和监管信息，为英国企业诚信守法的环境奠定了基础。首先，英国监管政策的透明度高，易于被公众理解和接受；其次，食品企业和从业者信息的高度透明。以餐饮监管为例。英国对餐饮企业实施分级管理制度，分为 0、1、2、3、4、5 共 6 级。其中，5 级是最高级，表示企业食品安全状况非常好，0 级表示该企业需要停业整顿。这个制度出台后，虽然大多数地区并不要求各企业强制张贴自己的食品安全卫生分级信息（威尔士政府要求自 2014 年起餐饮企业必须在橱窗公开张贴这些信息），但是监管部门把结果信息发布在官网上，供公众查询，效果明显。FSA 的网站上详细列出了各类餐馆的检查信息、食品安全评定等级、违法处罚等信息，公众和消费者都可随时查询。这些公开信息足以使因食品安全状况和违法信息被曝光的企业丧失信誉、失去客户或订单、遭受经济损失，甚至最终倒闭。

二、英国食品安全教育现状

Current status of food safety education in UK

（一）对中小企业的教育及扶持

Education and support for medium-sized and small enterprises

2006 年 1 月 1 日，随着欧盟新的食品卫生监管的实施，生产安全食品的责任更加明确地由食品企业经营者来承担，所有的食品企业经营者被要求拥有控制手段来证明他们有责任管理其企业内部的食品安全问题。但是，对于中小企业的管理者而言，他们在实际如何运作的问题上存在困难，并且他们也缺乏主动性去实施自我评估和控制；而对于企业员工而言，只有那些被详细解释并指出应该要做什么的改进措施，他们才愿意去执行，否则他们情愿选择视而不见。

为了弥补这一缺陷，英国食品标准署采用教育和磋商手段，以合作性的态度提高强制性自我监管的有效性。在教育手段中，食品标准署的角色类似于顾问，以免费或者低廉的价格向被监管对象提供政策相关的建议和培训服务，如举办食品安全培训、法律要求研讨会和提供咨询访问等，为他们预防风险提供帮助，从而建立与被监管对象的友好关系。这一举措对于管理不善、体系缺失的中小企业而言尤为重要。受客观环境的制约，他们通常对自我监管理念和地方政府的强制行动都理解不足，因此监管机构能够借此帮助他们去更好地理解监管的要求，将规则内化并应用到自己的企业中去，从而使监管得到更好的落实。

（二）食品监管人员的学历教育
Qualifications and education of personnel for food supervision

食品安全监管者的良好素质和执法能力至关重要。全英有六所大学可以培养食品安全检查员，威尔士卡迪夫城市大学是其中一所，大学负责制定完备的培养计划，学生毕业时要经过认证机构的考核认证。在社会上，食品安全检查员是深受尊重的职业。除此之外，大学及科研机构除了进行学历教育外，还有其他一些服务。以威尔士卡迪夫城市大学食品行业中心为例，该中心由威尔士地方政府财政全额支付，于1995年成立。该中心主要任务是加强与行业组织的联系，为企业提供员工培训、新产品研发、产品检测、第三方认证、包装技术咨询等多方面的服务。

三、高度重视食品安全的宣传和培训
High attention to food safety publicity and training

英国政府并未将食品安全的职责全部包揽下来，而是更多地发挥了类似"教练"功能的引导者的作用，推动社会各方面都参与并重视食品安全问题。

（一）对从业人员的培训教育
The training and education for food practitioners

英国政府特别重视对食品行业的培训教育。监管部门就食品从业人员的教育培训制定法律法规、提出培训要求，但具体的培训教育由食品生产企业根据自身的需求进行内部培训或通过行业协会等专业培训机构来开展。监管部门要求企业要做好培训记录，以备核查。监管部门在安全知识宣传、为企业开业提供指导服务等方面下工夫，在网站上公开大量的有用信息，提供给社会公用。可以从FSA的网站上查阅到针对不同文化传统，运用不同语言起草的、简洁明了的各类食品安全指南，可以用于企业培训，提高企业食品安全保障水平；可以用于科普宣传，提高公众食品安全科学知识。有图文并茂的洗手指南，指导从业人员如何洗手保持卫生；最让人惊讶的是，还能查阅到中文起草的、通俗易懂的、指导中餐馆开展食品安全风险关键点控制的"煮食安全手册"。

（二）为中小企业提供咨询培训服务
The consulting and training service for small and medium-sized enterprises

中小企业对监管法律和国家监管体系的了解甚少，而且这些企业往往没有加入贸易或商业协会，无法得到关于食品安全和卫生事务的新知识，他们也雇佣不起咨询师，因此更依赖国家监管体系来进行教育和建议。

　　2000 年专门成立"中小企业服务部"，该组织的任务在于为小企业在政府里反映他们的意见和态度，使得政府对小企业的支持更加简单化并提高支持的水平和支持的一致性；指导小企业如何应对政府监管并确保小企业的利益在尽可能早的时候得到适当的考虑。同年，英国的工资表系统改革因疑增加中小企业负担，受到诸多非议，英国政府迅速反应，对该系统进行审查，并将其作为政府下一阶段工作的重点，表明了英国政府对中小企业的重视程度。

第六章 日本食品安全管理体系
Chapter 6 Food safety management system in Japan

第一节 日本的食品安全现状分析
Current situation analysis of food safety in Japan

日本在二战以后经济迅速崛起，现已发展成为当今世界的发达国家之一。围绕其食品安全问题，日本制定了一系列的法律法规，现已在食品原料生产、加工、流通、进口等领域形成了一套相对科学、合理、完善的食品安全管理体系，确保国计民生安康，是中国等发展中国家在食品安全监督管理领域学习和借鉴的主要对象之一。然而，在日本工业化进程中，尤其是在 20 世纪 50~60 年代，日本也经历过食品安全事故频发、消费者信心动摇的困难时期。对其食品安全相关事件进行剖析可为我国建立和完善食品安全监管体系提供宝贵的借鉴经验。

一、日本"食品安全大国"背后的教训
Lessons behind food safety empire of Japan

（一）日本食品安全事故
Japan's food safety incidents

虽然日本历来自称"食品安全大国"，也是目前世界上公认的食品安全法律最完备、监管措施最完善的国家之一。但是日本也曾发生过食品安全问题。特别是在日本经济不景气、市场竞争越演越烈的时期，食品从业者为了降低成本、获得利润，制造了多起食品安全丑闻。

1953 年至 1956 年，日本爆发了轰动世界的"水俣病"事件。由于氮肥厂将未经处理的含汞废水直接排放至水俣湾，经食物链蓄积，导致鱼体内的甲基汞含量比水中的浓度高出了万倍，当人们食用水产品时出现食品中毒。据 20 世纪 80 年代统计，日本确认水俣病患者约 3 万人，死亡超过 1000 人。1955 年在日本富山县由于矿业公司排放含高浓度的镉废水而污染了农作物和饮用水，当地居民因镉摄入过量而导致全身关节疼痛，这就是著名的"痛痛病"事件。

不仅因环境污染问题，人为造假和食品从业人员安全意识淡薄也在日本导致了严重的食品安全事故。1955 年，日本森永公司为降低成本，在奶粉生产过程中使用了混入过量砷的劣质稳定剂，截至 2007 年，导致毒奶粉受害者达到 13426 人，仅在事故发生一年内就有 130 名婴儿不幸死亡。2000 年，由于日本雪印乳制食品公司的北海道工厂加热生产线停电三个小时，导致其生产的脱脂乳感染了金黄色葡萄球菌，中毒受害人数达 1.4 万人。

因致敏微生物污染问题也曾导致日本爆发多起食品安全事故。在 1990 年，日本浦和市

的一家幼儿园因井水被大肠杆菌 O157 感染，导致 319 人患病，2 名幼儿死亡。2011 年，日本富山县、福井县和神奈川县的烤肉连锁店发生了因食用生拌牛肉而感染出血性大肠杆菌 O111 和 O157 的食品安全事件，导致 94 人出现中毒症状，4 人死亡。

日本也曾经历过油脂安全问题的惨痛教训。1968 年，总部设在北九州市的一家食用油厂在生产米糠油时，为了降低成本、追求利润，在脱臭工艺工程中使用多氯联苯（PBCs）作为热载体，因脱臭管损伤而使多氯联苯混入米糠油中，造成了食用油的污染，酿成了 1.3 万多人中毒的严重食品安全事故。

2007 年，日本顶级糕点企业"不二家"被爆出使用过期牛奶原料生产淡奶油，同时发现他们还存在使用过期菠萝以及篡改布丁保质期等违法行为，公司随即被停止生产和营业。

2008 年，日本毒大米事件被曝光。一家米粉加工企业将含有高致癌性黄曲霉毒素和杀虫剂甲胺磷等有害物质的、仅限于工业用途的大米伪装成食用米卖给酒厂、学校等 390 家单位，涉及日本 26 个都府县，危害波及全国，直接导致当时的日本农林水产大臣引咎辞职。

2013 年，日本爆出"马肉丑闻"。日本一家马肉加工企业将原本应该加热后再食用的马肉，伪造成可以生食的马肉销售，导致日本石川县 5 人出现呕吐等食物中毒症状，4 人体内检测出肠出血性大肠杆菌。

（二）日本食品安全事故原因及分析
Causes and analysis for Japan's food safety incidents

随着食品贸易国际化以及食品生产新技术、新原料、新工艺的应用，食品安全问题呈现多样化、复杂化的特点。日本这样一个重视食品安全的国家仍在历史上发生过许多重大食品安全事故，其食品安全事故原因主要有以下几点。

1. 环境污染
Environmental pollution

食品行业的原材料直接来源于农牧渔业，农牧渔产品的质量状况很大程度上决定了最终食品质量的水平。缺少符合要求的原材料不可能生产出优质、安全的食品。环境污染是影响日本食品原料质量的主要因素之一。环境污染包括大气、水、土壤等的污染，工业三废、城市废弃物的大量排放，造成许多有毒、有害物质渗入到环境中，动植物在被污染的环境中生长会富集环境中的污染物，最终通过食物链进入人体，给消费者带来极大的影响。因此，20 世纪 70 年代以后，如何解决环境污染等引发的食品安全隐患成为日本政府和普通百姓关注的中心问题。

2. 企业盲目追求经济利益
Enterprises blindly pursing economic profits

食品行业属于道德度极高的行业。食品企业不仅是生产者和服务提供者，更是促进行业发展、维持社会稳定的重要力量。如果企业为追求自身利益而忽视食品安全，缺乏社会责任感，对产品质量把关不严就必定会产生食品安全问题。一些不法食品加工企业在利益的驱使下，罔顾消费者身体健康，生产经营"问题食品"。森永公司正是因为盲目追求经济利益，时至今日，每年都要赔付十亿日元以上的巨额资金给当年毒奶粉的受害者。

3. 食品从业人员安全意识淡薄
Poor safety awareness of food practitioners

由于食品生产企业及从业人员的卫生安全意识淡薄、操作不规范而引起的食品安全问题极为严重和普遍。部分食品行业从业人员缺乏卫生知识和食品安全风险意识，对不明原料及添加剂的危害认识不清晰，容易在利益驱动下进行违法作业。部分企业质量管理人员缺乏对食品生产中不安全因素的认识，对食品质量做不到有效监管，使食品在生产加工或贮藏中受到污染。日本雪印毒牛奶事件就是因工人的安全意识薄弱而导致雪印牛奶辛苦 70 余载积累的信誉就此烟消云散。

4. 消费者的不良饮食习惯
Poor dietary habits of consumers

消费者食物中毒等事件的发生，部分是由于消费者饮食习惯不良，自身缺乏基本的食品安全知识导致的。日本民族一向有着好生食的饮食习俗，虽然日本非常重视生食卫生，但并未完全杜绝生食中毒事件的发生。日本多起大规模食物中毒事件都是因生食被致病性微生物污染的食物而发生的。大部分致病性微生物在加热条件下基本丧失活性，而生食这一为日本人喜爱的饮食方式让有害微生物有了可趁之机，从而带来了很大安全隐患。

5. 政府食品安全监督管理体系不完善
Defective food safety supervision management system of Japan government

2002 年，日本就疯牛病问题的调查报告认为，日本现行的食品安全管理缺乏危机意识，危机管理体系不健全；主管部门忽视对消费者的保护，而以生产者为先；行政机构决策过程不透明；农林水产省和厚生劳动省缺乏协调；信息公开不彻底，消费者难以理解；食品安全相关法律的威慑作用没有展现出来，惩罚措施太轻，抑制犯罪的效果不佳。

二、当代日本食品安全管理体系概况
Overviews of the current situation of food safety management system in Japan

面对食品安全事故频发的巨大压力，尤其在 2000 年前后，日本政府痛下决心，将生产者优先的惯性思维调整到保护消费者合法权益的思路上来，着手建立更加科学、系统的食品安全管理体系。

(一) 建立完整的食品安全法律、法规和标准体系
Creating complete food safety law, regulations and standards

日本最早以食品为对象的法律是《关于取缔饮食物以及其他物品的法律》，其后又制定了一系列食品卫生法规法令。不过，早期法令的最大特点是事后处置而不是事前预防。1947 年，日本颁布《食品卫生法》，开始注重从源头、销售等各方面对食品安全的监管。20 世纪 50～60 年代的森永砒霜奶中毒事件、水俣病事件和米糠油等事件促使日本政府迅速出台了相关的法律和政策，并对《食品安全法》进行了多次修订。1968 年，日本政府制定了《消费者保护基本法》，明确从重视生产者改变为保护消费者的合法权益。2001 年疯牛病爆发后，日本政府又对其食品安全管理法规体系进行了一系列重要的改革，并于 2003 年 5 月出台了《食品安全基本法》，确立了确保食品安全与维护国民身体健康的宗旨，使之成为日本现行的食品安全基本法律之一。由表 6-1 可知，日本政府逐步建立了一套从食品卫生到食品安全的、以消费者信赖为基础的法律法规制度，并且依据 2003 年《食品卫生法》修正案，日本于 2006 年 5 月 29 日施行《食品残留农业化学品肯定列表制度》（简称"肯定列表制度"），对食品中农业化学品残留限量的要求更加全面、系统和严格。

表 6-1　日本食品安全与消费信赖保证体系的一揽子法律法规

总括性法律	《食品安全基本法》(2003 年出台)
主要法规	《食品卫生法》(1947 年出台)
	《农药取缔法》(1948 年出台)

续表

总括性法律	《食品安全基本法》(2003 年出台)
主要法规	《农林物资规格化和质量标识标准法规》(简称 JAS 法,1970 年出台)
	《制造品责任法》(简称 PL 法,1994 年出台)
	《HACCP 支援法》(1998 年出台)
	可追溯法《牛肉可追溯法》2004 年出台、《大米可追溯法》2010 年出台

日本食品安全法律法规的特点表现为:

(1) 数量多、涉及范围广。迄今为止,日本共颁布了与食品安全相关的法律法规共 300 多项,其内容涵盖了"从农田到餐桌"的整个食物链。

(2) 法律法规条文具体、细致、操作性强。如日本对食品和添加剂的卫生管理有严格要求,在《食品卫生法》中明文规定"用于销售的食品或添加剂,必须在清洁卫生的状态下进行采集、生产、加工、使用、烹调、贮藏、搬运、陈列及交接。"此项法律条文具体、细致、目的明确,因而可操作性强,执行过程中很少因法律的模棱两可而引起争议。

(3) 根据不同社会时期出现的新问题,日本政府及时增补和修订相关法律法规。法律的补充是用以弥补现行法律缺项的重要手段,日本有权立法的机构部门注意分析现存的食品安全法律哪些可以继续适用,哪些需要修订,哪些需要补充,哪些需要废止,一旦发现某些条款与现实不想适应,即以省令和告示等形式对该条款加以修订。如 2015 年 7 月 29 日,日本厚生劳动省发布食安法 0729 第 2 号公告,修订食品卫生法实施规则、食品及添加剂规范标准,主要修订内容包括:①鉴于经过杀菌已杀灭了原材料中存在或可能经过繁殖后存在的微生物,效果与低于 10℃储存温度的效果相当,因此修订对矿泉水类、冷冻水果饮料及原料用果汁以外的清凉饮料的储存温度要求;②修订非加热肉类产品、特定加热食肉制品及加热肉类产品中沙门氏菌标准和硫化氢的使用标准;③根据《食品卫生法》第 11 条第 1 项规定,修订食品中葡萄糖酸锌及酸钙的使用标准,并修改硅酸钙及二氧化硅的使用标准。

目前,日本食品安全相关的标准数量很多,形成了比较完善的标准体系。日本农产品标准主要分为两类:一类是质量标准;另一类是安全卫生标准,包括动植物疫病、有毒有害物质残留等。日本在生鲜食品、加工食品、有机食品、转基因食品等方面制定了详细的标准和标识制度,并以法律形式固定下来。食品安全标准涉及食品的生产、加工、销售、包装、运输、储存、标签、品质等级、食品添加剂和污染物,最大农兽药残留允许含量要求,还包括食品进出口检验和认证制度、食品取样和分析方法等方面的标准规定。以日本食品安全规制中对农药残留标准的相关规定为例,1991 年以前只对 26 种农药、53 种农产品制定了残留标准指数。1992 年以后,不断扩大农产品残留农药标准的范围,到 2001 年 3 月,已对 214 种农药、约 130 种农产品按每品种制定了 8000 个以上的标准指数。

(二) 增设食品安全管理机构,完善监管体系和制度

Building more food safety management organizations to improve the supervision system and regulations

日本食品的安全管理涉及农业、卫生、环境和商业等多个部门,过去主要由农林水产省和厚生劳动省共同承担食品安全的具体管理工作。两个省根据相关法规进行分工合作,农林水产省负责食物的生产和质量保证,厚生劳动省负责稳定的食物分配和食品安全。为了打破各部门条块分割状况以及消除消费者对食品的不信任感,日本政府在 2003 年制定《食品安全基本法》的同时,于同年 7 月在内阁府设置了食品安全委员会,对食品安全实行一元化管

理。伴随着食品安全委员会的诞生，日本政府有关食品安全管理的分工格局也因此发生了重大变化。食品安全委员会是独立的组织，由内阁直接领导，负责对食品的安全性进行鉴定评估，有权对农林水产省和厚生劳动省直接管理机构的食品安全的执法治理状况进行评价和监督。随着食品安全委员会的成立，厚生劳动省有关食品安全风险评估的职能被剥离。目前在食品安全管理方面的职能主要是实施风险管理；农林水产省负责制定和监督执行农产品类食品的标准，保障食品安全，促进消费者和生产者的信息交流。农林水产省还新设立了食品安全危机管理小组，负责应对重大食品安全问题。

2009 年 9 月 1 日，日本政府为了应对不断发生的伪造食品产地等损害消费者利益的行为，正式成立了消费者厅，基于"尊重消费者的权利"和"支援消费者的自立"的基本理念，通过维护和确保消费者的合法权益，实现让消费者感到安心、安全、丰富的消费生活。具体而言，消费者厅将以前由各相关省厅分头管辖的有关消费者权益保护的各种行政事务纳入统一管理，其中包括接管了原来由厚生劳动省主管的"食品标识"和"特定保健食品"的全部职能。

（三）丰富而有效的食品安全监管模式
Efficient and effective food safety supervision patterns

1. 食品可追溯系统
Food traceability system

2003 年 6 月，日本政府发表《食品安全、安心政策大纲》，将引入和推进可追溯系统作为重要内容之一，要求在食品生产、加工、包装、运输的各个环节中，采用识别条形码等技术，对食品从货源到销售等全过程的信息记录具有回溯能力。2004 年 3 月，日本农林水产省为了让消费者和生产者建立"从农田到餐桌能见面"的关系，出台了《构筑食品可追溯系统的构想》的文件，要求各地农户必须记录农产品的生产者、农田所在地、使用的农药和肥料、使用次数、收货和出售日期等信息。在该系统监控下的所有产品，从选种、种植、采摘、加工、包装、仓储到运输的每一个环节都被记录在案，并编入条形码。消费者可在零售店的查询系统输入任何一件商品的追溯码，页面上会立即显示该商品的生产和流通信息。

2. 食品召回制度
Food recall system

日本的食品召回制度依据《食品卫生法》的相关规定执行。当产品涉及品质有关问题、涉嫌敲诈或其他需要时可召回产品。日本的食品生产企业非常珍惜自己的声誉，当发现食品可能存在潜在危害消费者健康的问题时会在第一时间从市场和消费者手中收回不合格产品，予以更换、赔偿。相反，企业如果忽视这一责任，一旦问题曝光，立刻身败名裂，甚至面临企业破产倒闭的命运。日本的食品安全监管部门很重视企业的召回责任，经常在日本消费者厅的网页或报刊上公告主动召回食品的信息和广告。

3. 日本版 HACCP 体系认证——综合卫生管理制造过程认可制度
Japanese HACCP——synthetic sanitation management processing procedures validation system

1995 年，日本通过修改《食品卫生法》，在引入 HACCP 体系认证基本要素的基础上，创立了"综合卫生管理制造过程认可制度"。自 1998 年 7 月起，日本开始实施《强化食品制造过程管理的临时措施法》，该法规通过融资和税收优惠等方法促进日本中小食品企业实施 HACCP。实践证明，HACCP 体系认证对规范日本食品企业的生产行为、提高管理能力和产品质量、增强市场竞争力，起到了积极有效的推动作用。

4. 媒体充分发挥食品安全社会监督作用

Social media fully playing social supervision for food safety

日本媒体在揭露食品违法事件中发挥着主要作用，很多食品丑闻往往是由媒体最先曝光、跟踪挖掘、彻底揭露，令违规企业信誉扫地，在社会上无立足之地，如日本不二家的食品安全事件便是由媒体持续报道一个月之久，产生了广泛的社会影响，导致公司领导层最后集体辞职。日本媒体对一些重点案例集中、大量、深层次的报道具有极强的杀伤力，对意欲违法者形成了强烈震慑，对形成良好的社会氛围、建立和巩固社会道德规范发挥了很好的作用。当然，媒体的报道甚至炒作也存在着不客观不公正的问题。日本多次发生媒体因夸大宣传、以偏概全、混淆事实而遭到企业起诉并败诉的案例。

第二节　日本的食品法规和主要标准

Food regulations and major standards in Japan

一、日本的食品法规体系

Food regulation system in Japan

日本的食品安全法规体系主要分为法律（法）、政令（施行令）、省令（施行规则）、省发出的告示等，相当于中国法规体系中的法律（法）、法规（条例）、部门规章（实施规则）和规范性文件（方法）。

日本食品安全管理体系，所运用的法律法规种类繁多。其中最主要的是《食品卫生法》和《食品安全基本法》，此外还有《健康增进法》《农林物资规格化和质量标识标准法规》《强化食品制造过程管理的临时措施法》《粮食、农业、农村基本法》等十多部法律法规。这些法律法规绝大多数都出台了配套的施行令和施行规则，根据法律规定的管辖范围，主要分别由厚生劳动省和农林水产省制定和实施，运用于食品安全不同领域的管理中。

（一）《食品卫生法》

Food sanitation law in Japan

《食品卫生法》是日本食品安全管理体系的基本法，自 1947 年 12 月 24 日作为 233 号法律正式制定实施以来，开启了日本食品安全法制的新篇章。根据日本国内和国际食品卫生的实际情况和客观需要，《食品卫生法》历经多次修订，最近一次原则性修订是在 2006 年，目前内容包括 11 章 79 条和附则。

《食品卫生法》及其施行令和施行规则一起，详细、全面地规定了食品卫生管理中涉及食品和食品添加剂、食品容器和包装材料、食品标签和广告、食品卫生监督检验、食品安全管理的费用和处罚等多方面内容

《食品卫生法》规定了实施该法的主体是厚生劳动省。厚生劳动省负责食品卫生的管理，有权以省令和省告示的形式制定并颁布食品卫生管理的相关法规、规定和要求，并有权指定和指导执法机关从事食品卫生执法管理活动。

日本《食品卫生法》虽经过多次修订，内容有较大改变，但至今仍然生效，许多内容值得我们学习和借鉴。

（二）《食品安全基本法》

Food safety basic law

由于日本先后出现了牛乳食物中毒事件、疯牛病问题、未许可添加剂的滥用问题和原产地标识伪造问题等事件，使食品的质量安全受到了严重冲击，因此，日本政府于 2003 年 7 月开始实施《食品安全基本法》。该法明确了在食品安全监管方面，国家、地方公共团体、食品相关经营者以及消费者的责任和义务，是日本现行的食品安全管理基本法律之一。

1. 食品安全规制的基本理念

The basic concept of food safety regulations

日本《食品安全基本法》以法律条文的形式确立了进行食品安全规制的基本理念，即国民健康至上理念、过程化规制理念及科学与民意并举理念。这三个基本理念是指导日本食品安全规则制度的设计和运行的理论基础，是每个食品安全行政机关及其人员在执法中必须遵循的最高价值准则。

（1）国民健康至上理念

《食品安全基本法》明确规定，"保护国民健康至关重要。要在这一基本认识下，采取必要的措施确保食品安全。"这一基本理念可以从两组关系中去理解。其一，消费者与食品关联企业的二者关系。食品关联企业应当将消费者的健康放在首位，采取必要的措施确保食品安全。这一理念在一定程度上确立了"消费者主权"的观念，在法律层面上基本已由《消费者基本法》具体落实。其二，国家、消费者、食品关联企业的三方关系。食品安全法制的目的自然是确保食品的安全，但现实中其实并不存在绝对安全的食品，风险为零的可能性几乎不存在。食品的安全虽然可以说是一个科学性的要求，但在某种程度上也是一个政策性的要求。从科技发达的程度来看，食品的安全度并不是一个确定的点，而可能是一个范围，究竟选取怎样的规制标准或规格，一方面要考虑危害人身健康的可能性，另一方面也要考虑对企业的影响，考虑采取措施的社会成本。不同的规格标准对企业来说可能意味着成本和效益的巨大不同，但可能都处于消费者可以承受、忍耐的安全幅度之内。这时，食品安全规制的目标就需要在两者之间作出适当的权衡。但在企业利益与国民健康之间发生冲突时，根据这一理念，就应首先保护国民的健康。

（2）过程化规制理念

《食品安全基本法》明确规定，"鉴于从生产农林水产品到销售食品等一系列国内外食品供给过程中的一切要素均可影响到食品的安全，应当在食品供给过程的各个阶段适当地采取必要措施，以确保食品的安全。"这就是"从农田到餐桌"的过程化规制理念。

日本根据上述理念以及要求，制订以下具体的过程化管理措施。

第一，设立安全阀，实现对每个食品的每个供给环节进行规制。所谓安全阀，就是在食品供给的各个环节设计一些保障食品安全的控制点。日本在修改《食品卫生法》时，引入了HACCP制度。通过该制度可以确保食品在生产、加工、贮藏、运输和食用等过程中的安全。该系统在危害识别、评价和控制方面具有极高的科学性、合理性和系统性，通过识别食品生产过程中可能发生危害的每一个环节，采取适当而及时的控制措施来预防危害的发生。

第二，明确食品过程化规制中各方主体的职能和责任，实现各方主体的通力合作。食品安全规制需要政府、企业、科研机构、消费者的共同参与，在"从农田到餐桌"的全过程中，国家、地方公共团体、食品相关企业和消费者的职能和责任一定要明确。

第三，详细记录饲料、食品成分以及食品在各个供给环节的详细情况，确保食品具有可追溯性。可追溯性是指通过输入食品的基本信息，如追溯码、生产批号等，可以查询到食品的种植作业环节、原料运输环节、基地加工环节、成品运输环节的所有信息。通过实现自下而上的信息追溯，使食品生产流通的每个环节的责任主体得以确定。

（3）科学与民意并举理念

日本《食品安全基本法》第5条规定："要确保食品的安全，应充分考虑食品安全的国际动向和国民意见，根据科学认知采取必要措施，防止因摄取食品对国民健康构成不良影响。"根据"科学认知"，考虑"国际动向"和"国民意见"，这说明无论是在风险评估阶段还是在风险管理阶段，确保食品的安全性都必须倚重科学和尊重民意。首先，食品安全规制要尊重科学。食品安全规制的最终目的在于将可能对国民健康造成不良影响的安全隐患消灭于萌芽状态，这就要求食品安全规制措施必须建立在科学的基础之上，同时，在对公共健康和食品安全状况进行客观如实的评估之后，独立于其他社会经济和政治压力之外而做出评判；其次，食品安全规制也要尊重民意。日本政府积极拓宽民意诉求的渠道，通过座谈会、咨询会、听证会、消费者代表提案、问卷调查等方式让最真实的民意得以充分表达。在理顺民意诉求渠道的同时，特别关注网络舆论。面对各种各样的民意，政府应该科学地进行分析，从中去粗取精、去伪存真、由表及里地获取"最为真实的民意"；再次，把握好科学与民意之间的尺度，过于尊重民意往往会忽视科学；最后，确实做好科学与民意的并用。

2. 《食品安全基本法》的基本原则

The fundamental principles of the food safety basic law

日本《食品安全基本法》的基本原则是对整个日本食品安全规制或重要领域具有拘束性、指导性的基本准则。食品安全法的基本原则不仅有一些与行政法等共通的基本原则，也有一些自己独特的原则。

（1）法治原则

又被称为依法行政原则，在明治时代引入日本。它要求行政服从法律，确保行政的民主正当性。这里的"法律"指的是国会通过的法律，也包括在地方自治体、议会通过的条例。法律体现的是代议制机构的意志，行政对法律的服从是权力分立的要求，是对代议制机构意志的执行。日本的食品安全规制是在以《食品安全基本法》和《食品卫生法》为核心的各项法律法规的基础上进行的，自始至终无不体现着法治原则的基本精神，具体体现在以下两个方面。

第一，针对在以往的食品安全规制过程中常出现的行政机关权限不明的情况，依法设立食品安全管理机关，明确其职能和权限，从而避免再次出现行政机关以规定不详细为借口而滥用职权。

第二，依法实行食品安全规制职权。首先，食品安全行政机关在进行规制行为时，确保其行为具有合法性，也就是说，无论是行政机关在行使本部门的立法权，还是在进行具体的规制行为时，都必须以自身的法定职权为限，其超越权限而行使的任何行为都可视之为违法行为，并由此承担相应的法律后果。其次，各项食品安全规制行为不仅要遵守实体法的规定，同时还必须恪守程序法的要求。也就是说，其行为还必须具有程序上的合法性，这一点在当代社会行政权力的行使中显得尤为重要。因为，在行使职权时，行政机关往往不会轻易超越其法定的职权而进行行政行为，但却容易忽视程序上的规定，使本来合法的行政行为因为程序上的违法而导致最终的不合法，并由此给国民的合法权益造成损害。最后，任何食品安全规制行为都必须符合法律法规的基本理念和原则。

（2）各负其责原则

保障食品的安全性是一个系统工程，需要各方主体各负其责、通力协作。①《食品安全基本法》首先明确规定了国家和地方公共团体的责任，并且清楚界定了二者责任的不同。日本《食品安全基本法》中也首次明确规定了消费者在确保食品安全方面的作用，"消费者应当努力深刻理解食品安全知识，同时对食品安全政策表达自己的意见，发挥其确保食品安全的积极作用。"国家应根据《食品安全基本法》的规定，对综合制定、实施食品安全政策承担责任。而地方公共团体则根据该法的规定，并在与国家食品安全职责进行合理分工的基础上，负有制定、实施与其区域诸多自然、经济、社会条件相适应的政策的责任。②其次规定了食品相关企业者的责任。根据日本相关法律的规定，其食品相关企业者主要承担以下三项责任：第一，食品相关企业者在从事肥料、农药、饲料、饲料添加剂、动物用药以及其他影响食品安全的农林渔业生产资料、食品、添加剂、器具或容器包装的生产、运输、销售以及其他企业活动时，应当根据基本原则的要求，认识到确保食品安全是其第一责任，并在食品生产供给的全过程中采取必要而有效的规制措施，确保食品的安全；第二，食品相关企业者在从事企业活动时，应努力提供与食品安全等有关的正确而适当的信息；第三，食品相关企业者应协助国家、地方公共团体实施与其企业活动相关的食品安全规制措施。但是，这里需要强调的是食品相关企业者与国家、地方公共团体的责任性质有着根本的区别。食品相关企业者只承担提供必要信息和协助食品安全规制措施实施的责任，从性质上讲属于自愿性责任，带有相当程度的任意性。另外，食品相关企业者也要承担其社会使命（Corporate Social Responsibility，简称 CSR），促进它在社会发展中发挥作用。所谓企业的社会使命是指企业在创造利润，完成对股东负责的同时，还应承担起对劳动者、消费者、环境、社区等利益相关方的责任。这要求企业不能只追求经济利益，必须承担应有的社会使命，才能保证具有长久不息的生命力。③最后规定了消费者的责任。2002 年，日本厚生劳动省发出通知指出，"消费者在得到特定保健用食品的正确信息的基础上，要充分了解其含义，并做出正确的选择。"可见，消费者主动了解食品的安全知识也是其首要的责任。

（3）公开与参与原则

日本《食品安全基本法》规定，"为了将国民的意见反映于制定的政策中，并确保其制定过程的公正性和透明性，在制定食品安全政策时，应采取必要措施促进提供与政策相关的信息，提供机会陈述对政策的意见，促进相关单位、人员之间交换信息和意见。"这要求国家在制定食品安全政策或调查食品安全事故时，应秉承公开与参与原则，广泛征求和听取国民意见和建议。日本食品安全体制已经由企业优先向消费者优先转变，相应地就要摆正消费者在食品安全规制方面的地位，树立新的消费者形象。公开原则是食品安全化的重要保障，是对食品安全行政提出的基本要求。这既是风险沟通的需要，也是克服信息不对称的需要，还是实现消费者在食品安全行政领域参与权的需要。公开、透明、参与原则实际上是对消费者自主自立形象的落实。

（4）预防原则

这是一项行动原则，是指将来很可能发生损害健康，或者以现有的科学证据尚不足以充分证明因果关系的成立，为了预防损害的发生而在当前时段采取暂时性的具体措施。它将食品安全规制的重点由事故后的应对转向预防事故发生，改变了以往没有问题便万事大吉的传统思维，是食品安全规制在理念上的重要转变。严格地说，预防原则只是食品安全行政中风险管理的原则。当然，这一原则具有十分重要的地位，而且也能对风险沟通产生影响，故而将其列于基本原则之中。

预防性原则的应用范围十分广泛，它不仅包括对环境、动物、植物的保护，还涉及人身健康保护。预防原则的最大优势体现为：当存在威胁人类健康和生命安全的危险时，食品安全管理机构可以事前采取保护措施防止食品危害的发生，而不是在食品危害现状和严重性完全明朗化之后，才制定并实施弥补措施。在执行预防原则时必须具备两个前提条件：一是确认由于某个现象、产品或一个加工而产生的潜在性的副作用；二是由于缺乏数据或危险本身的不确定性或不精确性而导致该危险无法得到充分评估。预防性原则适用于当危险管理者确定了危及健康的合理依据，但是支持的信息及数据不足以做出全面危险评估的时候，需要决策者或者危险管理者基于预防原则寻找更多更详细的专业及相关数据，以采取措施或行动来保证消费者的健康安全。预防原则与风险管理是相对应的，它针对的是风险，而不是损害。风险是将来发生损害的可能性，一旦这种可能性成为现实，那就成为了实际的损害。预防原则的目的不是将风险降为零。因为，即使根据预防原则采取安全措施，也不可能将未来可能发生风险的根源在当前消除为零。在可能的情况下，应用预防原则时，应尽可能完整地进行一次风险评估，收集和评价所有中肯的、现存的科学知识和能得到的信息。风险管理者必须充分意识到数据的不确定性、不充分性及其本身的不确定性和是否存在有科学家的意见分歧。基于不完整的风险评估之上的预防性措施的合法性，主要在于尽可能地建立透明化的程序。

目前世界上有些国家仍然对在食品安全方面使用预防原则存在异议，主要是担心预防原则会被滥用为一种非关税贸易壁垒。另外，根据预防原则采取的措施，应在一定时期内进行科学评估，根据评估的结果判断其是否仍然具有存在的必要。

3. 《食品安全基本法》的基本框架
The basic framework of the food safety basic law

日本《食品安全基本法》的最大特色是引入了风险分析（Risk Analysis），即"食品中含有危害、摄取后有可能对人身健康造成不良影响时，为了防止其发生或者降低其风险的观点。它由风险评估、风险管理和风险交流三要素构成，三要素相互作用，可以获得较好的结果。"风险分析这三个因素的展开奠定了整个《食品安全基本法》的基本框架。

（1）风险评估

根据《食品安全基本法》的规定，制定食品安全政策时，原则上应当对各项政策进行风险评估（食品影响健康评估）。实际的风险评估由设置在内阁府的食品安全委员会进行，它可以根据厚生劳动省、农林水产省等相关各省的咨询进行评估，也可以自己发动评估程序。评估主要是对食品本身含有或加入到食品中的影响人身健康的生物的、化学的、物理的因素和状态进行评价，判断其对人身健康的影响。相关各省厅应当考虑国民饮食生活状况等因素，根据食品影响健康评价的结果制定政策，进行风险管理。

（2）风险管理

依据日本食品安全委员会的定义，风险管理是指根据风险评估的结果，与所有相关者达成协议，考虑技术实行的可能性、成本效益分析、国民情感等各种事情，为降低风险决定并采取适当的政策和措施（设定规格和标准等）。风险管理的决定因素有三个，其一是风险评估的科学因素，其二是成本效益分析的经济因素，其三是国民情感的心理因素。为了寻求这些因素之间的连接，相关人员之间要在风险交流中达成协议，进而"决定可能接受的风险水平"。

（3）风险交流

风险交流是指"在风险分析的整个过程中，风险管理机关、风险评估机关、消费者、生产者、企业、流通、零售等相关主体从各自不同的立场相互交换信息和意见。风险交流可以加深对应予讨论的风险特性及其影响的相关知识，使风险管理和风险评估有效地发挥功能。"《食品安全基本法》明确规定应充分听取国民意见，采取必要措施，确保食品安全。该法还规定了诸多制定规格、标准、命令需要听取食品安全委员会意见的情形。《食品卫生法》在

2003 年修改后也要求厚生劳动大臣、都道府县知事等在制定食品的规格标准、监督指导计划时，应当将其目的、内容等公诸于众，广泛听取国民或居民的意见。在设定标准之外，要定期公布食品卫生政策的实施状况，广泛听取国民或居民的意见。为了防止发生食品卫生上的危害，厚生劳动大臣和都道府县知事可公布违法者或违反依法所作处理者的名称等。

日本食品安全管理体系中，风险分析三要素及各种政府机关之间的分工合作如图 6-1 所示。

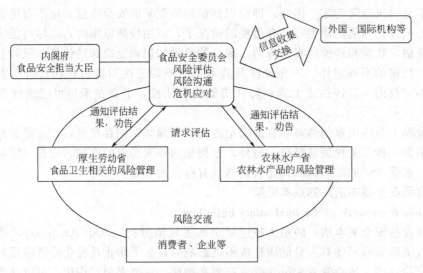

图 6-1   日本《食品安全基本法》中的风险分析管理框架

（三）《强化食品制造过程管理的临时措施法》

Fortified food manufacturing process management temporary measures act

《强化食品制造过程管理的临时措施法》分别由厚生劳动省和农林水产省在各自法规规定的管辖范围内执行。该法规鼓励在食品制造过程中应用高新技术，防止卫生危害的发生，确保食品的品质，促进管理的先进化。该法规规定，对应用 HACCP 体系进行生产管理的企业，政府给予长期低息贷款和税收的优惠。农林水产省还根据该法规制定了《强化食品制造过程管理的临时措施法基本方针》。

（四）《农林物资规格化和质量标识标准法规》

Act on standardization and proper quality labeling of agricultural and forestry products

《农林物资规格化和质量标识标准法规》，简称《JAS 法》，机构执行者是农林水产省。《JAS 法》于 1950 年制定，最近一次原则性修订于 2006 年 3 月 1 日起实施。《JAS 法》的核心内容是对农林产品建立和应用《品质标识标准》并鼓励对农林产品使用《JAS 标准》，推行农林产品的等级和标识制度，以提高农林产品生产效率和产品质量，促进农林产品贸易的便捷和公平，帮助消费者根据农林产品品质的正确标识选择合适的产品，从而达到改善国民福利、提高生活水平的目的。根据《JAS 法》，农林水产省制定了一系列农林产品《品质标识标准》（强制性标准）和《JAS 标准》（自愿性标准），涉及新鲜食品、加工食品、转基因食品和有机食品等各种类别的品，从而启动了农食产品等级和标识的身份认证制度。

（五）《健康增进法》

Health promotion law

《健康增进法》中与食品安全直接相关的内容为第六章，其中规定了对婴幼儿食品、孕产妇食品等特殊用途的食品的管理、食品营养成分的标识、食品功效的广告等方面，特别强调了不能在食品广告中出现对其保健功能的虚假宣传。根据《健康增进法》的规定，上述范围内的行政管理工作由厚生劳动省开展。

二、日本的食品标准体系

Food standard system in Japan

（一）日本的标准化法律体系

Japan's standardized legal system

日本的标准化法律体系，主要包括 1949 年制定的《工业标准法》（以下简称 JIS 法）和 1950 年制定的《JAS 法》。

《JIS 法》的目的是通过制定和普及适当且合理的工业标准来促进工业标准化，以期改善工矿产品的品质，提高生产效率及促进其他产品生产的合理化，交易的简化和公正，以及产品使用和消费的合理化，并以此增加公共福利。日本的工业标准按其性质分类，可以分为基本标准、方法标准和产品标准三类。截至 2012 年 3 月，日本已有 10289 项 JIS 标准。

日本工业标准化法的主要内容由两部分构成：一部分是"日本工业规格"（即 JIS），另一部分是 JIS 的合格评定制度。根据《JIS 法》制定的 JIS 标准就是日本的国家标准。JIS 的合格评定制度又包括两部分。

1. JIS 标志的标识制度

JIS mark labeling system

JIS 标志的标识制度是由主管大臣从制定的 JIS 标准中挑选出对保护普通消费者利益、保证安全卫生、防止公害和灾害发生有明显效果的产品标准或者加工技术，指定其作为 JIS 标志标识制度的对象。当这些产品经过一定程序，被认为符合 JIS 规定的各个要件，作为一种证明，可以在其产品或包装上使用"JIS 标志"进行标识，在经认定证明其产品符合 JIS 标准的同时，对其产品质量也是一种保证。截至 2004 年 3 月末，日本 JIS 标志标识制度中指定的产品，达到 532 个品种，其中包括 10 种加工技术。与这些指定品种或种类有关的 JIS 达到 1079 个。在日本经认定获得 JIS 标志的工厂，日本国内为 12449 个，海外为 474 个。2016 年 3 月份，日本工业标准调查会制定了 52 个新标准，并对 94 个标准进行了修订。

2. 试验事业者认定制 JNLAS

Japan national laboratory accreditation system

其对象是对于 JIS 标志标识制度对象以外的工矿产品，当这些产品的生产和经营者想要标识自己的产品符合 JIS 标准时，为了提高这些企业，特别是中小企业、海外企业，这种"自认符合 JIS 标准"的可信性，可以由能按照 JIS 规定的试验方法、具有一定能力的"试验事业者"来认定。JNLAS 由日本经济产业大臣来认定，经认定的试验事业者在经认定的试验方法范围内，可以发行带有特别标志的试验成绩表，即证明书。

（二）日本标准化管理体制

Japan's standardized management system

根据日本现行行政管理体制，经济产业省负责全面的产业标准化法规制定、修改、颁布及有关的行政管理工作，具体工作由日本工业标准调查会（JISC）执行，其他各个行政管理省厅负责本行业技术标准的制定。由于日本政府机构历经多次调整和精简以及职能变化，因此，在不同时期，主管标准化事务的政府机构名称及其管辖范围也不尽相同。根据日本《工业标准化法》第 69 条规定，对于不同领域的日本工业标准，分别由总务大臣、文部科学大臣、厚生劳动大臣、农林水产大臣、经济产业大臣、国土交通大臣和环境大臣等主管大臣管辖。在涉及职能交叉或重合时，相关主管大臣采取协商的方式进行处理。显然，在日本工业标准的制定中，JISC 发挥着非常关键的作用。JISC 是设在日本经济产业省下的一个机构。它除了对属于由法律赋予权限的事项进行调查审议外，还可对有关工业标准化的促进和相关大臣的咨询给予答复解释，或对相关大臣提供建议。

JISC 人员由 30 人以内的委员组成。这些委员由相关大臣从专家学者中推荐，由经济产业大臣任命，任期为两年。如需对特别事项进行调查审议，必要时可设临时委员。在 JISC 可设专门委员，专门委员接受会长的命令，调查专门事项，专门委员由会长提出申请，经济产业大臣任命。自 2001 年 1 月起，JISC 事务局的工作由经济产业省产业技术环境局基准认证科承担，其下设基准认证振兴室（负责强制法规中的技术标准与 JIS 的整合工作）；标准课（负责 JIS 标准的制定、普及以及 JIS 标准与强制法规的协调；国际标准的审议、制定等）；标准认证国际室（负责与国际标准化机构的联络协调以及 WTO、APEC 中有关国际标准化的国际谈判、国际合作事宜）；认证科（负责任意非强制性合格评定制度的计划制订和实施、政府间的认证互认协定的谈判、管理体系标准的制定和推广普及、JIS 标志制度有关事项的计划制订和运作与试验事业者认定 JNLA 相关的业务）及基准认证政策科、工业标准调查室、产业基础标准化推进室、环境生活标准化推进室、信息电气标准化推进室、管理体系标准化推进室、相互认证推进室总务、产品认证业务室等机构。

（三）日本主要的食品标准
Major food standards in Japan

日本的食品安全标准体系，内容十分庞杂，均依据日本食品安全法规体系中的各种有关规定制定。其中，有些直接以"××标准"的形式出现，如《食品、食品添加剂等的规范标准》《品质标识标准》和《JAS 标准》等；另外还有许多标准以部门规章和规范性文件的形式发布，如《乳及乳制品的成分规格》等各种特定食品类别的品质规格标准、《腌菜生产卫生规范》等各种特定食品类别的生产卫生规范、《生产过程 HACCP 的综合卫生管理》等食品生产管理规范。这些形式各样的标准，按照内容性质，可以分为产品标准和食品生产管理标准两类。

产品标准规定了涉及食品类商品品质和安全的相关内容，覆盖范围包括农产品、食品、食品添加剂、食品包装材料、食品容器和清洁剂等。产品标准中既有通用规定，也有针对具体食品类别的特殊规定。产品标准规定的内容，主要包括以下三方面：一是技术指标和检验方法，规定了产品必须达到的品质、性能和安全卫生要求及检验方法，其中技术指标又可以分为品质质量指标和安全卫生指标两类；二是加工与包装要求，规定了食品加工的原料成分、来源和处理、加工和消毒工艺、防湿、防虫等方面的要求；三是食品的保存条件。因此，产品标准按照技术指标的性质来分类，又可以分为安全卫生标准和品质质量标准。安全卫生标准直接与农食产品的安全性相关，其中与人类安全密切相关的标准主要由厚生劳动省设立，如有毒有害物质残留（例如农业化学品残留、重金属残留、微生物限量）等；与环境和农业生产安全相关的标准则一般由农林水产省设立，如动植物疫病名录等。品质质量标准主要由农林水产省颁布，根据《JAS 法》设立，称为《品质标识标准》。此外，农林水产省还建立了一套自愿性的《JAS标准》，也属于品质质量标准。

食品生产管理标准规定了食品类商品的生产、流通等过程的管理，包括对食品生产和流通过程中的设施、人员、质量控制等各方面的管理。长期以来，在日本食品安全管理的历史中，厚生劳动省及其前身厚生省出台了大量各种类别食品的生产卫生规范，均属于食品生产管理标准的范畴，例如《生豆酱类生产卫生规范》《带馅的日本点心生产卫生规范》《盒饭的生产卫生规范》《蛋制品生产卫生规范》《腌菜生产卫生规范》等。此外，根据《强化食品制造过程管理的临时措施法》，农林水产省出台的《生产过程HACCP的综合卫生管理》也是近年来重要的食品生产管理标准。

1.《食品、食品添加剂等的规范标准》

Specifications and standards for foods, food additives, etc

《食品、食品添加剂等的规范标准》是食品安全方面最主要、最重要的标准，由厚生劳动省颁布实施。该标准按照不同的章节，分别规定了食品、食品添加剂、食品容器、食品包装材料、玩具和清洁剂等各类商品的产品标准，同时在每一章节中对所规定的标准，给出了明确的标准检验方法。

第一部分为"食品"，其中A节规定了食品成分的一般标准，B节规定了食品生产、加工、处理的一般标准，C节规定了食品保存的一般标准，D节规定了特定食品类别的成分、生产、保存、销售等方面的标准，涉及的特定食品类别包括软饮料、饮料粉、碎冰、冷冻糖膏、肉和鲸肉、食用禽蛋、血制品、肉制品、鲸肉制品、鱼肉制品、蛙和鳕卵制品、熟章鱼、熟蟹、生食鱼类和贝类、生食牡蛎、琼脂、豆谷和蔬菜、需进一步加工的豆酱、豆腐、速食面、冷冻食品、经巴氏杀菌的罐装食品等共22类。

第二部分为食品添加剂、食品容器和食品包装材料的标准，包括一般标准、检验方法及其生产标准。

第三部分和第四部分分别是玩具和清洁剂的标准。

2.《品质标识标准》

Quality labeling standards

《品质标识标准》是对食品安全进行品质标识系统化管理的基础和依据，由农林水产省依据《JAS法》颁布实施，覆盖范围包括所有供普通消费的食品和饮料产品。

《品质标识标准》按照覆盖的产品类型不同，分为两大类型：一是大类食品品质标识标准；二是个别食品品质标识标准。其中，大类食品品质标识标准又可以分为三种类型：一是新鲜食品的品质标识标准，涉及农产品、禽畜产品和水产品；二是加工食品的品质标识标准，涉及罐/瓶装食品、饮料、乳制品、米面制品、农林产品、水产品、糖类、调味品、油脂等十类共58种产品；三是转基因食品的品质标识标准，涉及的转基因作物包括大豆、玉米、番茄、油菜籽和棉籽。此外，针对特定食品或饮料品质特征的品质标识标准还在不断地制定过程中。个别食品品质标识标准到目前为止已经颁布了57个。

日本为建立统一、协调的食品品质标识标准体系，由农林水产省下属的JAS研究委员会与厚生劳动省下属的药事和食品卫生委员会合作成立了"食品标识联合委员会"，以保证在建立和调整《品质标识标准》时能够充分考虑《JAS法》和《食品卫生法》等法规对食品品质标识的各种要求。因此，现行的《品质标识标准》，是日本食品安全标准体系中比较特殊的一类标准，是在农林水产省和厚生劳动省两个中央政府部门的协调工作下出台的。

3.《JAS标准》

JAS standards

《JAS标准》的全称是《日本农业标准》，由农林水产省颁布并实施。《JAS标准》对多种类型的农产品和林产品设立了标准，内容通常包括：①用途；②定义；③技术参数；④检验方法。到目前为止，已经针对 71 种不同的农林产品建立了 223 个 JAS 标准。《JAS 标准》每五年修订一次。

《JAS 标准》不是强制性的标准，与本文介绍的其他标准不同。《JAS 标准》的实施是通过 JAS 认证机构对特定农林产品的认证和 JAS 标志的使用实现的。JAS 认证机构必须获得农林水产省的资格认可。《JAS 标准》的实质是根据标准中列出的详细规定，对特定农林产品进行等级划分。具体的规定分为三类：一类是对如果汁饮料、酱油等产品的质量水平、成分、性质等方面的规定；另一类是对如熟制火腿、土鸡、有机农产品、牛肉等产品的生产方法的规定；还有一类是销售方式的规定。符合《JAS 标准》的产品，可以使用 JAS 标志，从而为日本国内消费者提供关于产品质量等级的统一、明确的信息。

第三节　日本的食品安全管理
Food safety management in Japan

日本食品安全管理机构根据食品安全法规和标准的规定，从日本食品安全管理的状况和实际需要出发，制定和实施各种食品安全管理的具体政策措施，从而构建了立体的、各个环节彼此交织的食品安全管理体系。这些根据不同法规和标准制定并实施的具体政策措施，往往围绕某一食品安全问题或特定的食品安全领域，彼此之间存在内在的相互联系，形成了相对固定的、就食品安全某一方面来进行管理的制度，如"从农田到餐桌"的食品安全全程管理和溯源制度、农业化学品残留管理的"肯定列表制度"、食品生产过程的 HACCP 体系、农产品品质等级的"身份证制度"和进口食品的查验制度等。

一、日本食品安全的管理机构
Food safety regulatory agencies in Japan

政府方面，内阁府目前下设农林水产省、厚生劳动省、消费者厅、消费者委员会、食品安全委员会等五个中央部门，其中，农林水产省和厚生劳动省分别设立了都、道、府、县（省级）和市、町、村级的农产品安全监视指导部门，形成三级监视指导体系。

（一）农林水产省
Ministry of agriculture，forestry and fisheries of Japan

负责农产品生产环节的安全，全面负责农产品的生产和质量控制，制定农林水产品的规格、管理政策和振兴农林水产品的生产，促进农产品质量的提高，保证粮食供应，促进国际合作和农产品出口，通过振兴农业促进国民经济的发展，其下辖消费安全局直接负责农产品安全管理。包括国内生鲜农产品生产环节的质量安全管理；农药、兽药、化肥、饲料等农业投入品生产、销售与使用环节的监督管理；进口农产品动植物检疫；国产和进口粮食的安全性检查；国内农产品品质、认证和标识的监督管理；农产品加工中 HACCP 方法的推广；流通环节中批发市场、屠宰场的设施建设；农产品质量安全信息（包括消费者反映）的搜集、沟通等。

（二）厚生劳动省
Ministry of health，labour and welfare

厚生劳动省是拥有社会保障、养老保险、医疗卫生、就业、青少年管理、食品卫生等管理职能的一个庞大机构。它设有医药食品局食品安全部负责食品生产企业、流通环节、餐饮业的卫生监督，制定年度食品卫生监督指导计划，定期公布监督检查结果，负责进口食品安全、食品标准的制定、食品安全知识普及等。根据《厚生劳动省设置法》第6条规定，内阁发布政令，于2001年4月1日设置了药事·食品卫生审议会，设两个分会：药事分会和食品卫生分会，其中食品卫生分会是具体负责食品卫生事务的主体。日本《肯定列表制度》是日本厚生劳动省自2006年5月29日正式实施的，规范农药、饲料添加剂及动物用药。该制度将农业化学品危及食品安全的所有因素置于控制之下，保护人身健康，免受来自食品中农兽药残留的毒害，从根本上改变了日本对食品中农业化学品残留管理的空白点，健全了管理体制，为日本对食品中农业化学品残留限量的管理构建了完备的体系框架。

（三）消费者厅
Consumer affairs agency

消费者厅主要负责消费环节，是日本政府在2009年新设立的机构，为应对不断发生的伪造食品产地等损害消费者利益的事件，确保更好地保护好消费者的合法权益，负责统一承担原先由各相关省厅分别管辖的有关消费者权益保护的各种行政事务，包括产品事故的原因调查以及防止同样问题再次发生等。这个机构旨在进一步提高对消费者的保护，提高对生产、加工环节的监督和指导效力，指导监督农林水产省和厚生劳动省工作。例如，消费者厅食品表示处执行《食品表示法》，监视农产品（食品）产地信息、生产信息、营养价值、添加剂、赏味期等表示信息。

（四）食品安全委员会
Food safety commission of Japan

食品安全委员会是2003年依据《食品安全基本法》设立的，日本政府有关食品安全的职能分工格局由此发生重大变化。

1. 成立背景
Background

（1）食品安全问题成为日本国民极为关注的敏感课题。近年来日本频繁发生食品安全危机，特别是2001年日本发生疯牛病后，又由此发现全国农业协会等恶意欺骗消费者，使用虚假标识，以进口肉类假充国产肉事件，使日本食品的"安全神话"被打破，国民对来自食品的多种可能传染给人的疾病产生恐慌。

（2）日本国民对政府原有食品安全监管体制丧失信任。要求改变以往只强调生产者利益的做法，转而重视消费者权益。打破各部门条块分割，将安全风险评估与风险管理职能分开，设立单独的上层监督机构统一负责风险评估。

2. 主要职责
Main responsibilities

（1）实施食品安全风险评估。这是应运而生的食品安全委员会的最主要职能。它负责自行组织或接受农水省、厚生省等负责对食品安全风险进行具体管理部门（下称风险管理部门）的咨询，通过科学分析手法，对食品安全实施检查和风险评估。

（2）对风险管理部门进行政策指导与监督。根据风险评估结果，要求风险管理部门采取应对措施，并监督其实施情况。

（3）风险信息沟通与公开。以委员会为核心，建立由相关政府机构、消费者、生产者等广泛参与的风险信息沟通机制，并对风险信息沟通实行综合管理。

3. 组织机构与人员配置

Organizational structure & staffing

（1）由 7 名委员组成最高决策机构。委员全部为民间专家，经国会批准，由首相任命，任期 3 年。

（2）由专门调查会负责专项案件的检查评估。由共计 200 名专门委员（含兼任）构成，全部为民间专家，任期 3 年。专门调查会分为三个评估专家组：一是化学物质评估组，负责评估食品添加剂、农药、动物用医药品、器具及容器包装、化学物质、污染物质等；二是生物评估组，负责评估微生物、病毒、霉菌及自然毒素等；三是新食品评估组，负责对转基因食品、饲料、肥料、新开发食品等的风险实施检查评估。

（3）设事务局负责日常工作。

4. 农林水产省、厚生劳动省相应进行机构调整

Corresponding restructuring of MAFF and MHLW

随着风险评估职能的剥离，农林水产省、厚生劳动省在食品安全方面的职能变为实施风险管理。与之相适应，两省对内部机构进行大幅调整，监管能力进一步加强。

（1）农林水产省新组建消费安全局。将原隶属生产局的食品安全管理职能分离，单独成立消费安全局，下设消费安全政策、农产安全管理、卫生管理、植物防疫、标识规格、总务 6 个课以及 1 名消费者信息官。

（2）厚生省将医药局改组为医药食品局，下属的食品保健部改组为食品安全部。除增设食品药品健康影响对策官、食品风险信息官等职位外，为加强进口食品安全管理，还增设进口食品安全对策室。

消费者委员会是与消费者厅平行的官方机构，设在内阁府内，负责独立调查审议与消费者权益保护有关的各种事务，有权对首相和相关大臣提出建议。人员由医学部教授、生物学教授和医生等民间人士组成。主要负责对消费者厅工作的监督和促进。负责对农林水产省和厚生劳动省的监督，制定国家层面的食品安全规划。例如，审议转基因产品、快餐如汉堡包等加工食品的原料原产地、食品添加剂、包装运输等是否需要扩大范围、食品的科学性方向咨询。

日本的民间食品安全监督组织很多，比较有代表性的有农协、第三方检验机构和生协。它们是日本食品安全体系的独立参与者，以法律为准则，按照自身规则开展相关工作，不受政府任何干预。

农协全称"农业协同组合"。它是依据日本 1947 年颁布实施的《农业协同组合法》建立起来的，既是具有特殊性质的企业，又是具有较强的农村社区性质的农民非盈利性组织。全面统筹农民生产资料采购、种养技术、销售，对保障农民利益、初级产品质量起到多重保障作用。日本农协具有中央、地方管理层次，能开展技术指导、保险、医疗、农业救灾等广泛的业务范围。

第三方检测机构能够独立开展政府和民间组织委托的检验任务，出具的检验报告具备法律效力，对构建日本政府的检测体系起到了重要作用。比如，位于东京都的日本食品分析中心是中立、公正的第三方分析试验机构，主要进行食品、饲料、药品、医疗仪器、家庭用品等日常生活用品的分析。

生协全称"生活俱乐部合作社"，是开展产品采购、运输、配发、研发等功能的民间团体，追求安全、健康、环保原则，特别注重产品品质，是要求高于国家食品安全标准要求的、完全自主的、以消费为目标的民间团体。日本生协具有全国性的管理网络和管理制度，能自主开发产品，制定检验标准，它是日本高端农产品需求的体现，体现了更高的农产品质

量安全保障。

二、日本食品管理体系中各要素之间的关系
Relationships among the critical factors of Japanese food management system

2003 年颁布实施的《食品安全基本法》对于现行日本食品管理体系的形成具有重要意义。之前的食品安全管理体系中，厚生劳动省和农林水产省在各自负责的食品安全和品质质量、食品产品和生产加工过程等多方面的行政管理职能及活动中彼此间缺乏统一、协调和沟通，食品管理体系表现为一种刚性的、割裂的、整体性和连续性差的系统。2003 年出台的《食品安全基本法》，重建并形成了现行的日本食品管理体系，其最大特点就是在厚生劳动省和农林水产省这两个最主要的、具体进行食品安全管理的政府部门之上，提供了评估、沟通、协调的机制，使现行食品安全管理体系成为一种弹性的、整体的、连续的系统。根据《食品安全基本法》，涉及食品安全的多项法规和标准被重新考虑并修订，特别是《食品卫生法》和《JAS 法》的修订，为现行的多项食品安全管理制度的建立提供了立法依据。在《食品安全基本法》下，食品安全管理体系中的机构设置及其职能范围也进行了调整，明确了各政府部门在实施食品安全相关法规时的职能范围，特别是对可能涉及多个政府部门的管理行为进行了明确的界定。

三、"从农田到餐桌"的食品安全全程管理和溯源制度
Food safety management and traceability system covering the whole "from farm to table" process

HACCP、GAP、ISO 9000、ISO 22000 等制度在日本得到广泛推广，在食品的生产、加工、销售等各个环节都建立了一套完整的管理体系。

食品溯源制度也是日本政府目前正在大力推广的一项食品安全管理新制度，目的是利用当今发达的信息技术，对每一件产品建立生产、加工、流通所有环节的"履历"，将其产地、农药使用情况、生产者、加工者、销售者等通过电子信息进行记录，一旦出现问题，通过记录就能够迅速找到原因，从而避免鱼目混珠、无从查找的现象出现。例如，为保证销售日本和牛的品质，商场出售的和牛都会有一个电子标签，一经扫描，所有履历一目了然。以黑毛日本牛为例，首先是就外观以及每百克肉所含不饱和脂肪酸、氨基酸等营养成分的含量与荷斯坦因牛进行对比，具体到各家农场生产的黑毛日本牛，信息不仅包括生产者的姓名、地址、照片，还包括牛饲养过程中使用的饲料、药品、用药目的、宰杀牛和加工牛肉的屠宰场和肉类加工厂的名称、地址、电话等，附加文件则包括牛的血统证明书、饲养证明书和检疫证明书。

四、肯定列表制度
Positive list system

"食品中残留农业化学品肯定列表制度"简称"肯定列表制度"（Positive List System），是指日本为加强食品（包括可食用农产品）中的农业化学品（包括农药、兽药和饲料添加剂）残留的管理而制定的一项新的安全标准认证制度。它涉及的农业化学品残留限量包括"沿用原限量标准而未重新制定暂定限量标准"、"暂定标准"、"禁用物质"、"豁免物质"和"一律标准"五大类。其中，"沿用原限量标准而未重新制定暂定限量标准"涉及农业化学品63 种，农产品、食品 175 种，残留限量标准 2470 条；"暂定标准"涉及农业化学品 734 种、农产品、食品 264 种，暂定限量标准 51392 条；"禁用物质"为 15 种；"豁免物质"共 68

种；"一律标准"是对未涵盖在上述标准中的所有其他的农业化学品制定一个统一限量标准：0.01ppm，即食品中的农业化学品的最大残留限量不得超过 0.01mg/kg。

日本是食品和农产品的进口大国。近年来，由于其进口的农产品频繁出现农业化学品超标事件，同时国内也发现了违法使用未登记农药问题，从而引发了消费者对食品安全的信任危机。2006 年之前，日本只是对当时世界上使用的 700 余种农业化学品中的 350 种进行登记或制定了限量标准，而对于其进口农产品中可能含有的其余 400 多种农业化学品，则无明确的认证标准，从而造成了监管上的漏洞，进而威胁到本国的食品安全。正是在上述背景下，日本在 2003 年修改《食品卫生法》时设定了"肯定列表制度"，并于 2004 年 11 月厚生劳动省正式公布了 715 种农药的暂定标准，同时公布了统一标准为 0.01ppm。

从食品和农产品的角度看，"肯定列表制度"的实施在最大程度上将农业化学品中危及食品安全的所有不确定因素置于可控制的范围之内，最大限度地保护了国民的身心健康，使其免受来自食品中农药残留物质的毒害，而这一点在现代工业社会中显得尤为重要。此外，通过世贸组织关于农药及残留管理措施的通报来看，其成员国对农药的使用和残留限量额的要求也日趋严格，日本"肯定列表制度"的实施无疑也是遵循贸易国际化的要求。从食品安全规制的角度看，"肯定列表制度"的实施，既能确保本国食品和农产品生产环节的安全标准的科学性、准确性和严格性，又能保证其进出口食品和农产品的安全，从而能充分发挥食品安全标准在确保食品安全方面的支柱性作用。从进出口贸易的角度看，"肯定列表制度"制定的限量标准不仅多而且严格，能最大程度上确保进出口农产品和食品的安全，但同时也导致外国企业生产成本的增加，从而使其丧失原有的价格优势，进而导致其经营风险的加大，甚至迫使一些企业从此退出日本市场。然而，"肯定列表制度"中的一些标准过于苛刻，其科学性和合理性也有待商榷。尤其是"肯定列表制度"中的"一律标准"，很容易为贸易保护主义者所利用，成为潜在的贸易壁垒。近年来因为此制度而引发的国际贸易争端就是明证，这一点也引起了日本政府的高度重视，成为"肯定列表制度"下一步改革的重点所在。

五、日本的食品标签标识管理
Food labeling management in Japan

从 2000 年到 2005 年，日本对食品的质量标签或标识标准做了大面积的修订，涉及农产品和加工食品的方面非常广泛，如蔬菜、肉类、饮料、调味品、水果汁、冷冻牛肉、日本米酒、番茄制品、日式干面条、植物油、香肠、熏肉、火腿、方便面等等都在修订的范围内。

日本对标签的要求非常严格。根据规定，在日本市场上销售的各类蔬菜水果、肉类、水产类等食品必须加贴标签，提供产品名称、产地、生产日期、保质期等多方面的信息。一般来讲，在日本食品市场上销售的食品，其标签应包含如下信息。

（一）消费指导信息
Information on consumption guidance

在日本市场，鱼类等水产品和蔬菜等生鲜食品必须标明产地和品牌等信息。其中鱼类等水产品的信息提供，根据日本农林水产省厅的"水产品内容提示指导方针"规定，应在上市过程中加贴标签。除商品种类和产地外，消费者一般还关心该产品是否属于养殖品、天然品、解冻品等具体细节，其中进口产品还要求标明原产国和具体产地名。对蔬菜等生鲜食品的要求是，进口产品必须标明产品名称、原产国等内容。尽管日本官方尚未要求所有进口蔬菜标注上述内容，但是市场发展趋势是各蔬菜商店对所有进口蔬菜都主动注明上述内容，以此来招揽顾客。实践证明，在进口蔬菜上是否标注上述内容对销售量大有影响。

（二）食品安全保障信息
Information on food safety assurance

追求消费安全是日本市场食品消费的大趋势。根据规定，新鲜食品和加工食品均需标注使用的添加剂。对于有外包装的加工食品，使用的添加剂无论是天然的或合成的均需详细注明。日本要求对鸡蛋、牛奶、小麦、荞麦、花生等食品需注明所含的过敏性物质，即使对加工工艺中使用过、成品前已消失的过敏性物质也需注明。另外，日本消费者对肉食产品安全信息的提供极为重视，特别要求在进口的肉食产品上要提供产地、有无污染、保质期、安全处理等信息。

（三）营养含量信息
Information on nutrient contents

在日本，除要求食品标签能提供食品的营养成分含量外，还要求注明是否属于天然食品、有机食品、转基因食品等。对果汁成分等标注要清楚，如使用浓缩果汁加水再还原而成的果汁要注明"浓缩还原"的字样；直接用果汁加工而成的饮料则注上"纯果汁"字样；加入糖分的果汁则要注明"加糖"字样。对橘汁、苹果汁、柠檬汁、柚子汁、葡萄汁和菠萝汁等8种果汁饮料禁止使用"天然果汁"的字样，并要求上述饮料必须在外包装上标明"浓缩还原"和"直接饮用"字样。

（四）原产地信息
Information on country-of-origin

根据规定，日本市场上新鲜食品和加工食品均须标识国家原产地。酸梅、腌菜、烧烤鲤鱼、袋装冷冻蔬菜和蔬菜罐头等产品包装上均需注明原料的原产地。对于进口畜产品屠宰加工复出口的，在屠宰加工国家需停留满一定时间后，方可认定屠宰国家为原产地，时间规定为牛3个月、猪2个月、其他家畜1个月。水产品方面，鱼群活动经由的国家为原产地，但金枪鱼等活动海域较大的鱼类，可不标识国家，但须标识捕获水域名称。

2015年，日本整合《食品卫生法》《JAS法》和《健康增进法》中有关食品标识的内容，将实施新的统一的食品标识法。3月2日，日本消费者厅在东京举行说明会，就新食品标识基准和机能性食品标识制度进行解释，同时明确2015年4月1日起开始实施新食品标识法。新食品标识法中的营养成分标识从自愿变为强制，要标识的营养成分有能量、蛋白质、脂肪、碳水化合物和钠，其中钠用相当量的食盐标识。新食品标识法实施之后，对于根据新制度进行标识将设定过渡期，生鲜食品的过渡期为1年6个月，加工食品和添加剂的过渡期为5年。

六、农食产品品质等级的"身份证制度"
"Identity card system" for grading of agricultural and food products

根据《JAS法》，农林水产省最早于1950年开始建立JAS系统。目前的JAS系统包括两个组成部分：品质标识系统和JAS标准系统，分别采用《品质标识标准》和《JAS标准》为依据。其中JAS标准系统根据《JAS标准》，由农林水产省认可的认证机构认证食品生产经营企业、获得认证的企业对食品进行分级并进行JAS标志标识以及对加贴JAS标志的食品进行检验的整套认证系统，涉及的认证企业包括食品生产商、加工商、批发商、日本国内的进口商、国外的出口商等。JAS标准系统的实质是建立优良农食产品认证制度，对在生产和销售过程中能够正确进行"身份"管理的优良农副产品给予认证，并授予认证标志。申请"身份"认证的农副产品，必须正确地标明该产品的生产者、产地、收获和上市的日期，以及使用农药和化肥的名称、数量和日期等，以便消费者能够更加容易地判断农副产品安全性。

民间设立有专门从事农副产品"身份"认证的机构，负责接受农副产品生产者和流通企业的认证申请，授予认证标志。如果通过弄虚作假等非法手段取得认证证书，或取得证书后没能完全履行规定的义务，有关单位和人员的名单将被公布，并被处以最高 1 亿日元的罚款。

七、日本食品中放射性物质的安全管理
Safety measures for radioactive materials in foods in Japan

2011 年 3 月，东日本地区发生里氏 9 级的特大地震，并引发海啸和福岛第一核电站核泄漏事故，部分食品农产品出现放射性物质超标，引发日本民众及世界各国的巨大担忧。2011 年 3 月 18 日，日本政府设立了食品中含放射性物质暂定标准，除水、牛奶以外的一般食品检出标准为 500 Bq/kg。

2012 年 4 月，日本又进一步制订了正式标准，将食品细分为一般食品、饮用水、牛奶及婴幼儿食品四类，其中新设婴幼儿食品、牛奶的放射性物质检出标准为 50Bq/kg；蔬菜、谷物、肉类等一般食品标准由 500Bq/kg 修订为 100Bq/kg；饮用水标准由 200Bq/kg 修订为 10Bq/kg。为避免市场混乱，正式标准还对大米、牛肉、大豆等部分产品设立了一定的宽限期。其中，大米、牛肉放射性物质正式标准将延期至 2012 年 10 月 1 日，大豆的标准将延期至 2013 年 1 月 1 日开始实施。茶叶、香菇等烘干食品的放射性物质含量检测需在泡水至食用状态后进行。

日本厚生劳动省、农林水产省和消费者厅将国内各都、道、府、县所检测食品中的放射性物质检查结果及其销售限制情况及时并详细地公布在官方网站上，供相关机构和市民查询。各都道府县的网站也分别发布了本地区的数据。为消除消费者对于核辐射问题的疑虑和不安，消费者厅还制作并向民众发放了《食品放射能问答手册》。为满足并支持消费者自主测定食物中放射性物质含量的意愿，日本消费者厅与国民生活中心一起向各自治体借出放射性物质检查仪器，为当地市民免费提供食品检测服务。消费者厅还与相关机构联合举行放射能信息交流会，旨在分享交流食品中放射能物质信息，进一步加强核辐射食品安全风险沟通。

八、日本食品安全事件惩戒措施
Disciplinary measures for food safety incidents in Japan

日本一旦发生食品中毒事件，地方保健所应当确保能够迅速了解和调查有关情况，并向当地政府报告。如果患者人数超过 50 人，地方政府应当立即向厚生劳动省报告。如果患者人数超过 500 人，或者患者大范围出现，厚生劳动省应要求地方政府进一步展开调查。日本对食品安全的违法行为，以行政、经济和刑罚等多种手段相结合的方式严厉制裁，使不法分子不敢铤而走险。如《食品卫生法》规定：对违规的主要责任人最高可判处 3 年有期徒刑及 300 万日元罚款，对企业法人最高可处以 1 亿日元罚款。其具体做法有：

（一）建立事故隐患实时监控检查制度
Establishing a real-time monitoring system for potential accidents

在日本，确定食品是否合格的基本程序有两种：一为监控检查，二为命令检查。只要经

过卫生许可的企业生产的食品可以允许先上市，最终通过监控检查和命令检查来把握其食品安全。监控检查对食品的抽检率为 10%。如果监控检查发现违反食品卫生法事例，则监控检查的抽检率将提高至 30%，检测费用由国家承担。如再次发现违规事例，则产品进入命令检查程序，接受批批检测，检测费用由企业承担。

（二）建立健全舆论监督机制
Establish and improve the mechanisms for the supervision of public opinion

在日本，如果在食品上弄虚作假，企业将会为之付出极为高昂的代价。偶有企业为之，一旦被媒体披露，除了要遭到行政和司法部门的制裁外，还会遭到社会舆论及消费者的强烈批评和抵制，很可能导致企业破产。

可以说，无论是日本的法律体系、社会道德体系，还是政府主管部门，都对故意违法的食品企业予以相当严厉的惩罚，这不仅挤掉了不守诚信者的生存空间，维护了消费者的合法权益，而且还让造假者付出高昂的代价，以致倾家荡产、无处容身。

第四节　日本的进口食品安全监管
Imported food safety supervision in Japan

日本对进口食品设有专门机构进行严格监管，但却没有机构和制度对出口食品负责。换言之，日本政府只对进口食品负责，不对出口食品负责，出口食品由企业自己来承担责任。日本国内生产的农食产品大约只占其农食产品消费总量的 40%，国内市场大约 60% 的食品、农食产品必须依靠进口。基于此，日本根据《食品卫生法》等法规制定了进口农食产品检验检疫制度，其目的是阻止那些存在安全隐患的食品、农食产品等进入日本。厚生劳动省和农林水产省是执行进口食品检验检疫制度的主要行政部门。原则上，厚生劳动省负责进口食品卫生检验，农林水产省负责动物疫病检疫及有害生物的检疫等。通常意义上所谓的检疫所由厚生劳动省管理，农林水产省管理植物检疫所和动物检疫所。但在实际检验检疫工作中，两个行政管理部门的业务是并行的，检疫内容也相互交叉。例如，动物的进出口申报制度就由两个部门交叉管理。

一、日本进口食品监管体制
Supervisory system for imported food safety in Japan

日本国内的食品卫生监控由厚生劳动省和各地方政府负责，进口食品安全主要由厚生劳动省下属的 31 个检疫所负责。

进口食品检查主要有两种形式：一为监控检查，二为命令检查。监控检查主要是针对违反《食品卫生法》概率较低的食品所采取的检查制度，通常根据年度计划实施检查。一般情况下，监控检查允许客户先办理通关手续，在少量抽查并确认货物无安全隐患的前提下，允许报检货物办理通关手续进入日本国内市场。货物进入日本市场后通过抽查发现问题，日本也有相应的措施进行召回。在货物上市后，从允许入境的货物中有计划地抽取一定数量的产品，分送到七个检疫所进行检疫。其间通过监控检查如发现违法货物，将采取措施退货或做废弃处理。具体做法是日本厚生劳动省通过与各地方政府，例如都、道、府、县联系进行召回。命令检查主要是针对违反《食品卫生法》概率较高的食品所采取的检查制度，检查内容及对象是通过行政命令进行规定，以命令形式指定有关检查机构进行检查。对确定为命令检查的产品进行批批检验。在检查结果出来前，货物被停留在港口不允许办理入关手续。

监视检查的频率为 5%～10%，强化检查的频率为 30%，同时对违法企业实行 100% 的检查。在强化检查期间，再次检查出同类食品某一残留农药超标后，厚生劳动省将连续提高检查频率，此时该食品这一农药残留的检查频率为 100%。监视检查强化日后经过 1 年或实施 60 次以上检查且无违法事例的情况下，恢复通常的监视体制。

二、日本进口食品监管计划及实施情况
Imported foods monitoring programme and implementation in Japan

每年 4 月，日本厚生劳动省都会制定《年度进口食品监管指导计划》，监控计划的年度为每年 4 月 1 日至下一年度的 3 月 31 日。例如：2015 年 4 月 1 日至 2016 年 3 月 31 日是日本 2015 年的进口食品监控计划的年度。每年 3 月底在厚生劳动省网址上公布该计划。通常日本根据上一年度的监控检查中期报告的内容，进口申请件数、进口重量、检查件数、违反食品卫生法的件数、各国食品卫生信息及进口动向或管理水平来调整监控计划，并结合上一年度的监控检查结果，对出口国家食品安全管理体制的调查情况等修改监控指导计划。2015年监控检查按照食品类别分为 10 大类，分别为畜产食品、畜产加工食品、水产食品、水产加工品、农产食品、农产加工品、其他食料、饮料、添加剂和强化检查食品等。

2015 年该计划规定，如发生下列情况将被列入命令检查对象。在出口国或日本国内发生健康危害的、被发现黄曲霉毒素和病原微生物的检测结果容易发生健康问题的或者被发现有违反食品卫生法案例的，对同一生产、加工者或同一出口国的同一食品立即被列为命令检查对象。同时，针对农药残留情况，同一生产、加工者等来自同一出口国家的同一个进口食品的监控检查结果如发现多次违法食品卫生法的案例的，考虑出口国的食品管理情况及安全管理体制状况以及该进口食品遵守法律的履历，该进口食品的全部或者一部分将被作为命令检查对象。当同一产品再次进口时，要求调查原因，确认是否已经改进，并且要求进口商就产品违法内容在出口国进行调查确认并报告改进结果。

如被厚生劳动省认可，违法食品被认可出口日本国没有违规情况时，将被解除命令检查，返回通常的监控检查。但解除命令检查的条件有：出口国家查明了违规原因，采取了新的管理对策，建立农药管理体制，强化检查，采取了再发防控对策。而且这些情况经过两国间磋商和实地考察，进口时确认其有效性时可解除命令检查程序。此外，农药残留命令检查的对象产品，从被通知实施命令检查的那天算起，两年间没出现新的违规案例，或者在一年内没有发生违规案例，而且检查件数在 300 件以上方可解除命令检查。解除命令检查后，日本仍然会维持相对高频次的监控检查，如发现违规会立即启动命令检查程序。可见解除命令检查条件的规定十分苛刻。

为更好地保护本国国民健康和生命安全，日本注重与输日食品生产国的交流互动、信息通报和技术合作，目的就是促使输日食品生产国进一步完善食品安全质量控制体系和措施。具体包括：

（1）通过网站及时公开食品安全卫生信息。厚生劳动省通过其官方网站提供违法案例、命令检查食品和强化监控检查食品的英文信息。

（2）通过信息通报、两国协议和实地考查等手段促进生产国改善加强管理。厚生劳动省在实施命令检查的同时，会针对违法可能性高的食品，要求出口国彻查违规原因。在此基础上派专家进行实地考察，要求两国协商，采取措施以防止再次违规。同时，要求出口国生产、制造加工阶段实施卫生管理，强化监视体制，实施出口前检查，完善食品安全政策。

三、日本食品进口程序与要求
Procedures and requirements for imported foods in Japan

（一）进口食品和相关产品必须申报
Mandatory declaration for imported food and related products

进入日本市场的进口食品和相关产品（包括食品添加剂、食品设备、食品容器或食品包装物）必须根据日本《食品卫生法》的规定，实行进口申报。日本《食品卫生法》规定："向日本进口用于销售或商业用的食品、食品添加剂、食品设备、食品容器或食品包装物，应通报日本厚生劳动省。"进入日本市场的食品必须递交进口申报，进口食品和相关产品若没有进口申报，均不得在日本市场进行销售。

厚生劳动省下属检疫所负责进口食品和相关产品的进口申报工作。进口食品和相关产品的进口申报表格应递交给厚生劳动省检疫所，检疫所的检查员对递交的文件进行审查，确定进口食品和相关产品是否符合《食品卫生法》。

通过邮寄方式进入日本市场进行销售的进口食品和相关产品，也必须按照《食品卫生法》的程序执行。并且，进口申报必须在海关通关程序结束前递交。

（二）日本进口食品和相关产品的进口申报程序
Import declaration procedures for imported food and related products in Japan

根据厚生劳动省官方网提供的进口申报要求，进口食品和相关产品的进口申报具体程序如下。

（1）填写进口食品和相关产品的"进口食品申报表"，提供申报程序要求的所有相关信息，包括进口食品的种类、出口国当地政府颁发的"卫生/健康证"。

（2）向检疫所提交信息完整的申报表。申报表可通过书面递交，也可通过网上在线递交。

（3）检疫所检查递交的进口申报表。申报递交后，检疫所的检查人员检查相关信息是否符合《食品卫生法》的相关规定。

在检查申报表时，检查人员根据申报表提供的出口国、进口食品种类、生产商、生产地、成分和原材料、生产方式和添加剂等信息，主要检查如下几项：①进口食品和相关产品，是否符合食品卫生法规定的生产标准；②食品添加剂的使用，是否符合相关标准；③是否含有有毒有害物质；④生产者或生产地是否在过去发生过卫生安全问题。

日本关于食品和食品添加剂的相关法规和标准主要有《日本食品卫生法的食品和食品添加剂技术规范和法规》《日本农产品和水产品进口技术法规手册》和《日本食品、器具、容器、包装、玩具、清洁剂的规范、标准和测试方法》。

（4）在检查申报文件过程中，若发现进口货物在过去存在很多违法记录，则确定货物需要检查，通过对货物检查来确定货物是否符合相关法律。如果发现货物符合规定，当初递交申报文件的检疫所将对进口商颁发检验合格证明；如果发现货物不符合规定，检疫所将通知进口商，货物将不得进口。

四、日本对违规进口食品的处理措施
Japan's measures to deal with illegal imported food

① 在口岸发现违法案例时，检疫所会做废弃或退货处理，通报违反内容、重量、批次、进口业者、生产商等内容。

② 食品在国内流通时被发现违反《食品卫生法》案例时，日本厚生劳动省及检疫所会

同都、道、府、县保健所实施召回，通报内容如上。

③ 指导业者采取再发防控对策，要求调查违法原因并报告。其次要求重开进口时要求报告改进结果，是否采取改进措施，有必要时进口业者需赴当地调查确认出口国家采取措施的有效性并报告。

④ 多次被发现违反食品卫生法案例，或者该食品的违规概率超过 5% 时，可能被列入停止或禁止出口对象。

⑤ 被举报进行虚假申报或者有不正当进口行为时，日方将及时通报。

⑥ 将在厚生劳动省网址公布违反食品卫生法的案例，包括业者名称、产品名称、违反原因、措施状况、批次和重量等。

五、日本对进口水产品的安全监管
Japan's food safety regulation on imported aquatic products

日本是世界上水产品消费大国，每年要从国外进口大量水产品，其进口额约占世界水产品交易额的 30%。日本对水产品的安全监管日趋严格，主要表现在以下几方面。

（一）日本对进口水产品的检验要求越来越严
Increasingly stringent inspection requirements for imported aquatic products in Japan

日本对进口水产品实施检验的主要依据是《食品卫生法》。根据规定，进口商在进口水产品时，必须事先将要进口的水产品品名及数量报告厚生劳动省，然后由政府的检验机构或厚生劳动省授权的 57 个实验室，对进口水产品实施包括微生物和农、兽药残留等方面近 30 个项目的检测。只有经检验合格的水产品方可通关。2002 年 4 月起，日本厚生省以指令对进入日本市场的鳗鱼产品实施逐批检测抗生素残留，规定这类产品的土霉素——一类四环素族抗生物质必须为未检出（检测限为 0.1mg/kg）。

（二）对水产品加工企业的要求越来越高
Increasingly strict requirements and demands for aquatic products processing enterprises

自 1991 年起，日本对进口水产品的国外厂商实施卫生注册制度，即对水产品的国外养殖加工企业加工工序和产品卫生质量进行审核认证。只有取得认证的企业，其加工的水产品方能进入日本市场。注册有效期为 3 年。日本要求国外水产养殖加工企业必须按照日本制定的要求进行生产，保证产品质量。另外，日本已开始研究，计划要求进口日本市场的水产品也必须按照 HACCP 管理体系组织生产。

（三）标签的作用越来越明显
The role of the label has become increasingly visible

根据《JAS 法》和《品质标识标准》，在市场上销售的各种水产品必须加贴品质标识，提供产品名称、产地、生产日期、保质期等多方面的信息。消费者一般还关心该产品是否属于养殖品、天然品、解冻品等具体细节。其中进口产品的产地要求标明原产国和具体产地名等信息。

（四）通关手续繁琐
Cumbersome customs clearance procedures

水产品作为食品的一种，在通关方面，日本规定很严，手续繁琐。第一步，在产品到达日本七天之前，进口商必须向厚生劳动省提交《进口说明书》；第二步，进口商在提交说明书后，日本检验检疫机构将在产品通关前首先按照说明书进行审查；第三步，产品在进入保税库后，日本官方的卫生监督人员根据规定对有关项目检验，包括内在品质、包装及标签情况，对不合格产品将责令进口商退回或监督销毁。

六、日本的进口动植物的检疫、防疫体系

Japan's inspection and quarantine system for imported animal and plant and epidemic prevention system

日本制定了一系列法律法规，对自海外进入其境内的动植物实行严格的检疫和卫生防疫制度。相关法律有《食品卫生法》《植物防疫法》《家畜传染病预防法》等。

（一）动物检疫

Animal quarantine

日本从外国进口动物以牛、马、猪、兔等家畜及各种家禽为主。日本动物检疫的指导原则是《家畜传染病预防法》，以及依据国际兽疫事务局（OIE）等有关国际机构发表的世界动物疫情通报制定该法的实施细则（即禁止进口的动物及其产地名录）。凡属该细则规定的动物及其制品，即使有出口国检疫证明也一概禁止入境。如牛、羊、猪等偶蹄动物，因易感染口蹄疫，日本对其进口十分警惕。日本认为，全世界仅有韩国、菲律宾、美国等32个国家/地区属于无口蹄疫的"清洁地区"，可以正常进口。另有包括中国在内的9个国家的猪、牛、羊肉及肉制品要经过指定设备加热进行消毒处理后才可进口。而来自其他国家的上述货物均被禁止入境。

日本进口商自海外进口动物及其产品，须提前向动物检疫所申报。一般牛、马、猪等需提前90～120天申报，鸡、鸭、狗等提前40～70天申报。动物进口时，由检疫人员登船检查确认，检查无问题后，检疫所发给进口商《进口检疫证明书》作为进口申报书的附件办理进口申报手续。

（二）植物检疫

Plant quarantine

日本进口植物防疫的指导原则是《植物防疫法》。与动物检疫类似，日本依据有关国际机构或学术界有关报告了解世界植物病虫害分布情况，制定《植物防疫法实施细则》（即禁止进口的植物及其产地名录）。凡属日本国内没有的病虫害，来自或经过其发生国家的有关植物和土壤均严禁进口。

货物经植物防疫所检查确认无病虫害后，颁发《植物检查合格证明书》。进口商进行进口申报时须将此证明作为进口申报书的附件。

禁止进口植物获得农林水产大臣特别许可也可以进口。获准进口时，日本进口商须将进口许可书寄送给出口商，令其粘贴在该商品上。入境时，与一般植物同样办理检疫。

对于某些仅凭进口时的检疫无法判断病虫害的植物，日本要求置于专门场所隔离栽培一定时间接受检查。

第五节　日本的食品安全检测体系

Japan's food safety inspection or testing system

日本对食品的检验检疫不但严格而且手续繁琐。日本对食品的检验检疫不仅要通过农林

水产省管辖的动物检疫所或植物检疫所的检疫，还要接受厚生劳动省管辖的食品检疫所的检查。

日本关于食品检测的法律法规依据有《食品卫生法》《植物保护法》《家畜传染病预防法》等。

一、日本食品检测的相关职能部门
Functional departments relevant to food testing in Japan

农林水产省和厚生劳动省都有专门机构负责食品的安全工作，而且从上而下自成体系。农林水产省由综合食料局主管食品安全政策的制定和产品质量标识，生产局负责动植物检疫、防疫和农业生产资料的管理。行政管理部门的主要职责是制定有关政策，起草有关法规，具体工作由独立行政法人和地方农业机构承担。

独立行政法人由农林水产消费技术服务中心承担主要工作，该中心设有七个分中心，全面负责全国 47 个都、道、府、县食品安全调查分析，受理消费者投诉和办理 JAS 认证及认证产品的监督管理。地方农业机构及其他农林水产省的地方机关也要与农林水产消费技术服务中心协作，进行情报收集和指导监督。

在植物病虫害防治方面，农林水产省设有植物防疫处，并在七个区域性农业局设有病虫害防治科，在县级设有 180 个防治所，负责指导农民合理、正确使用农药。

在动物防疫方面，农林水产省设有 1 个本所，6 个支所，17 个派出机构，170 个家畜保健卫生所，2000 多名兽医直接承担家畜传染病防治工作。

在食品安全检测方面，厚生劳动省在 13 个口岸设有检验所，负责对进口食品进行抽检；食品进入市场后，由厚生劳动省所属的市场卫生检查所进行执法抽检。

日本食品安全管理的重点是进口食品和国产最终农产品。对进口食品的抽检率达 3％～4％，且检测项目多、标准高，大米检测项目从 20 项增加到 120 项，生鲜蔬菜农药残留限量必检指标高达 217 项。而对出口产品没有规定检测项目，只是根据进口国的要求进行检测。对国内食品的生产环节，主要通过对农药等生产资料的登记和使用加强管理，从而把住源头。在日本登记一个新农药，其审查时间长达 2～3 年，对安全性评价试验要求很高。在农药使用方面，由省级植物防疫部门制定推荐性病虫害防治规程，各地农协（约 3000 个）制定详细指导手册并负责培训农民。此外，全国还有多名季节性防治员直接指导农民用药和了解病虫害发生情况，参与预测、预报工作。

此外，还有农林水产省的 JAS 认证产品符合性检查和生产者（农协）、销售者（批发市场）的自我检查，形成了"从农田到餐桌"、多层面的安全检测体系，并采取以教育、指导为主，与处罚相结合的方式，对食品质量和安全进行全程监管，多重把关。

二、日本食品检测的内容
Inspection or testing contents in Japan

日本食品检测的内容有农药残留、有毒有害物质、微生物污染、抗菌性物质、重金属污染、二氧化硫、真菌毒素、使用材料标准、容器包装、防腐烂、防变质、防霉措施、有无卫生证明书、保存标准等。

近年来，日本厚生劳动省经常通报扣留原因及内容，而且每年定期公布实施命令检查对象产品。日本厚生劳动省每月都在其官方网站定期公布国外进口食品扣留情况，其中的内容包括国名、生产厂家所在地区、名称、产品名称、违反内容、原因、处理办法、检查等级等。出口商应密切关注日本对进口商品的扣留情况，可以根据日本公布的产品扣留情况，调整产品标准。

三、日本食品检测的技术手段
Food testing technologies and techniques in Japan

（一）残留农药检测技术
Technologies and methodologies for detection of pesticide residues

2003 年，日本公布了残留农药食品卫生检测指南，介绍了 229 种农药的常规检测方法。常规方法中，定性定量分析推荐的是柱色谱法和高效液相法、气质联用色谱法（GC/MS）和液相色谱-质谱-质谱联用法（LC/MS/MS）。LC/MS/MS 法虽未被推荐，但是在特殊情况下尤其是多个样品同时分析时却被广泛采用。利用 LC/MS 可在短时间内同时分析 100 多种成分，许多不能用气相色谱（GS）分析的易挥发性物质可用 LC/MS 分析。但是，用 LC/MS 同时分析多种成分较为困难，而采用 LC/MS/MS 即可达到要求。日本沃特世公司提出了用 LC/MS/MS 同时分析残留农药的方案，包括一系列仪器、试剂与软件。采用气相色谱和高效液相分析残留农药，均需进行复杂的前处理，最近虽有人研究了简便的残留农药提取装置，但是样品多时往往不能满足检测要求，因此目前急需研究自动化前处理方法。

（二）残留兽药检测技术
Technologies and methodologies for detection of veterinary drug residues

2003 年，日本发布了兽药、饲料添加剂食品卫生检测指南，提出了有关微生物学及理化检测法。微生物学检测法检测残留兽药尤其是四环素较为适合，在德国和英国已成为检测磺胺类抗生素等残留兽药的常规方法。这种方法 3 小时内即可得出结果，不需用高级的检测仪器，且不需要前处理。同时检测多种抗生素时可采用高效液相法。目前，日本正在加紧研究简易、省时的残留兽药的检测方法。例如，日本 AZUMAX 公司目前正在销售检测残留兽药和激素的酶联免疫（ELISA）试剂和试剂盒。

（三）霉菌毒素检测技术
Technologies and methodologies for detection of Mycotoxins

近年来，在谷物中容易产生的脱氧瓜萎镰菌醇（DON）和果汁中常见的棒曲菌素（Patulin）在日本引起了广泛关注。DON 的检测方法有：（1）先用微型仪提取再用高效液相紫外检测器检测法；（2）液相色谱-质谱联用法；（3）气质联用法；（4）ELISA 法等。目前，在日本 AZUMAX 公司及和光纯药公司等专门公司均有检测 DON 等霉菌毒素的 ELISA 法的试剂与试剂盒销售，检测黄曲霉的试剂盒可在 5 分钟内用肉眼观察出结果。

（四）致敏源检测技术
Technologies and methodologies for detection of allergens

日本从 2002 年开始，要求对含奶、蛋、小麦、花生和荞麦 5 种可能致敏的食品作出标识，另外还打算将大豆、虾等 19 种食物预定为含致敏性物质的食品原料。为了对含有上述 5 种可能致敏物质的食物原料进行科学检测，日本于 2002 年公布了含致敏物质的食物检测法，规定用 ELISA 法和 PCR 法进行检测，并指定了两种检测试剂盒。用 ELISA 法定量检测，如 1g 食物样品中测定蛋白质含量超过 $10\mu g$，即认定可能含有该特定的蛋白质，需进行二次检测。二次检测时，蛋和奶用指定的抗体采用蛋白质免疫印记法定性分析；荞麦和花生则用指定特定的引物用 PCR 法进行定性分析。但是，用上述方法检测食品中特定蛋白质较为困难，而且对各种食品也不一定都适用。因此，该法规提出，需在积累经验的基础上，对检测方法进一步修订，还要对上述 19 种特定食品原料的检测进行研究。

（五）致病微生物检测技术
Technologies and methodologies for detection of pathogenic microorganisms

致病微生物的检测方法大体可分为法定检测法和简易快速检测法。法定检测法以培养基法为主，检测费时，需要熟练的操作，并要有必要的设备。因此，对于食品安全管理来讲，简易快速的微生物检测法更为急需。目前，日本对于细菌总数、大肠菌群等一般性微生物检验，主要采用平板培养基、滤膜培养基和干燥培养基，根据形成的菌落进行鉴定。日本还在现有的常规微生物检验法的基础上进行操作简化研究。这些方法虽然并不省时，但对检测设备及环境要求不是很高，主要用于厂家自主检测。简易快速的检测法主要有特异酶活性检验法、电学检验法、流式细胞仪、ATP 生物发光法、生物传感器、免疫色谱法、免疫磁珠法、PCR 法、免疫荧光法、生物芯片法等。例如，2004 年日本实施的自来水法规定用特异性酶活性法进行大肠菌检验。值得注意的是，近年来日本十分重视研发食品中致病微生物的简易快速检测方法。例如，九州大学生物科学与生物技术研究所最近研发出一种将免疫磁珠法与流式细胞仪综合起来的新方法，此法快捷、灵敏度高，不仅可检测食品中金黄葡萄球菌毒素，还可检测其他细菌毒素、环境污染物、农药、抗生素等物质。该研究室还研发利用晶体振子微平衡技术检测 PCR 产物的生物传感器，以达到快速检测沙门氏菌的目的。

（六）环境激素检测技术
Technologies and methodologies for detection of environmental hormone

日本目前检测环境激素的方法主要有仪器分析法和免疫分析法。这些方法需采用高效液相、LC/MS 等高灵敏度仪器或抗体等试剂，不仅费时，而且费用较高。因此，日本岐阜县生物产业技术研究所将检测水环境中环境激素的生物传感器作为 2004～2005 年度的重点研究课题。他们研究用受体蛋白作为检测环境激素的生物传感器的分子识别元件，以便从水环境中检测出可与受体蛋白结合的物质，即对机体有激素样作用的物质。目前，他们已成功构建出可与二噁英结合的烯丙基烃受体和可与类雌激素结合的受体，并计划以这些受体为分子识别元件，利用晶体振子微平衡技术，研发可快速检测环境激素的生物传感器。

（七）转基因食品检测技术
Technologies and methodologies for detection of genetically modified foods

在日本，要求对转基因食品从其致敏性、有害物质生成量、基因重组带来的影响等方面进行安全性审查。迄今，在日本获得安全性认可的转基因食品有 48 种，包括大豆、玉米、土豆、甜菜、油菜籽等。日本从 2001 年 4 月开始要求对使用转基因食品原料的食品作出标识，同时提出以 PCR 法作为转基因食品的常规检测方法。日本厚生劳动省提出，对于转基因食品，还应考虑其慢性毒性、诱发过敏、细菌耐药性等方面的问题，要加强对进口食品原料进行监管，以免尚未获日本认可的国外新转基因食品进入日本。目前，日本 AZUMAX 公司正在销售美国产检测转基因食品的 ELISA 成套装备，此装备操作简便，可在现场应用。

（八）重金属检测技术
Technologies and methodologies for detection of heavy metals

2003 年，日本对有关地域 2740 个点进行检查时发现，45 处稻米中含镉量超过 0.4ppm。

食品中重金属检测方法主要有原子吸收法、电感耦合分析法（ICP），所用仪器比较昂贵，且检测条件要求较高。日本有人利用电势差提溶和稳定电流提溶分析原理，研制出可定性定量检测重金属的装置，此装置体积较小，灵敏度高，且不需用排气系统，可广泛用于食品的重金属检测。

第六节　日本的食品安全教育
Food safety education in Japan

日本政府十分重视消费者教育。20 世纪 60 年代初，就设置了"国民生活中心"（即消费教育中心）专门负责消费教育，并将消费教育全面纳入正规的学校教育之中，不同阶段的学校消费教育中都有小部分涉及食品安全的内容。在对食品安全相关利益主体的教育培训中，日本早在 1948 年就成立了由食品制造商、生产者、加工者和销售商组成的食品卫生协会。该协会通过开展"食品安全月"活动，为成员及消费者举办食品安全情况通报会以及培训班，提供食品质量安全信息，以及为新开餐馆提供咨询意见等方式开展食品安全教育，以提高其成员对食品卫生的了解，加强他们对食品安全性的认识。

根据《食品卫生法》，负责日本食品卫生检验的各地方政府的健康中心同时还负责提供与食品卫生法相关的指导。在日本的食品安全教育与培训系统中，针对小规模生产者、加工及食品销售商的教育相对完善，在消费者中赢得了较好的口碑。

鉴于食品安全问题的危害性以及复杂性，日本学者新山阳子于 2004 年提出了构建食品安全社会保障体系的实践理论，即食品安全问题不仅仅包括政府监管问题，还包括农户、食品生产企业、消费者甚至新闻媒体等多样主体的社会问题，为此，上述利益相关方应共同努力才能全面解决好食品安全问题。

日本政府除在法律及管理学理论角度应对食品安全问题外，还积极加强对消费者食品质量安全的教育和培训，并于 2005 年公布了《食育基本法》。日本认为"食育"是德育、体育、智育的基础，为此建立了国民"食育"保障体制。

《食育基本法》在世界范围内首次以法律的形式规定饮食启蒙教育。《食育基本法》的前文中明确指出食育的对象是儿童，并指出法律所要达到的目的是提出培养国民有关"食"的思维方式，实现健全的饮食生活，构筑与"食"有关的消费者与生产者间的信赖关系，搞活地域社会，继承和发展丰富的食文化，推进与环境和谐共存的食品生产及消费，推动粮食自给率的提高。《食育基本法》以帮助日本国民认识"食"是生存之本，通过体验，获得"食"的知识和选"食"的能力，成为能够过健康"食"生活的人。

日本政府成立了"食育"推进会议，直属内阁府，内阁总理担任议长，有委员 25 人。同时，日本政府于 2006 年制定并实施了《食育推进基本计划》。该计划以健康的食品生活培育孩子们健康的身心和体魄为出发点，为了使人们享受正确的食品生活，需要对所有的日本国民进行食品安全教育。日本政府将每年 6 月定为"食育月"，每月 19 日为"食育日"。日本农协在第 24 次全国大会上决定实践食品安全教育活动，具体内容包括：①所有的农业合作协会都制定《JA 食农教育计划》；②依据《JA 食农教育计划》实施食与农的体验、教育以及交流；③促进本地区学校使用当地农产品。"食育"也成为学校教育内容之一，商品市场应运而生，以"食育"名义的食品演示会、展览会及"食育"食品、器材等在市场出现，人才市场迅速崛起，日本平均每 300 人就有一名营养师。"食育"提高了日本国民对食品安全的认知水平和健康膳食文化综合素养，对日本食品业的健康发展有着深远的意义。

第七章　新加坡食品安全管理体系
Chapter 7　Food safety management system in Singapore

第一节　食品安全现状与存在问题
Current status and issues of food safety

一、新加坡食品安全现状
Current status of food safety in Singapore

新加坡有 550 多万人口，土地面积却仅 700 多平方公里，人口密度很大。在食品问题上对进口的高度依赖，使得新加坡政府对食品安全问题常抓不懈。

"英国经济学人智库"发布《2015 年全球食品安全指数报告》。报告显示，在国家综合排名方面，109 个被评估国家平均分约为 49.3 分，其中，发达国家占据排名约四分之一。美国以 89.0 分位居全球第一，新加坡和爱尔兰以 88.2 分和 85.4 分分别位列二、三位。中国以 64.2 分排在 42 位，位居上游，排名在中国前后的国家分别为南非（64.5 分）和俄罗斯（63.8 分）。新加坡是首个进入前三甲的亚洲国家。

新加坡国小人少，资源匮乏，基本上没有农业，所需食品的 90% 均需从国外进口，但却做到了 99% 安全保障，这与其完善的法律体系和严格的食品鉴定标准是分不开的。农粮兽医局对进口食品的检验把关非常严格，随时抽检，只要发现抽检的食品有问题，整批货物将全部被销毁。

二、新加坡食品安全事件
Food safety issues in Singapore

由于新加坡的食品超过 90% 都是来源于进口，所以其食品质量也是在进口上出现过一定问题。近些年在新加坡，就发生了几起与食品进口和安全有关的严重事件。

1. 禽流感事件
The bird flu（avian influenza）outbreak

禽流感最严重的时期，新加坡全面停止从马来西亚进口一切鸡肉、活鸡、鸡蛋等，导致本地的鸡屠宰工厂、卖海南鸡饭的小贩以及糕点店都面临停业。面对严重的食品危机，新加坡政府采取的措施是发放救济金给停业的宰鸡场工人，鼓励小贩使用速冻鸡肉，以及从外国进口蛋浆、蛋粉供给需要大量用到鸡蛋的糕点店，同时还教育人民群众蛋浆的营养价值与鲜鸡蛋一样，冷冻鸡肉的味道与鲜鸡肉一样。但民众一餐所食鸡蛋并不多，对一打开就要全部用光的一升装蛋浆更是没有强烈的购买欲望，所以本地养鸡场出场的鸡蛋开始供不应求，各超市还要限量售卖。这件事之后，新加坡开始反思过去这种"把所有的鸡蛋放在一个篮子里"的做法，开始为所有的进口食品寻找多种来源，比如从巴西等多个国家进口速冻肉类，在印尼靠近新加坡的廖内群岛投资设立水产品生产基地等等。

2. 大米危机
The rice crisis

在前些年的粮食危机中，菲律宾、越南、泰国等东南亚主要稻米出口国纷纷限制出口并提高价格。吃惯了泰国香米的新加坡人又不愿意改吃其他米，结果超市只好执行限量购买措施。新加坡政府对此并无良策，因为市场上其他种类的大米价格并没有上涨，一味出高价专门购买泰国香米显然不符合经济利益，于是，只好拼命宣传泰国香米跟其他大米相比营养成分并没有什么不同（实际上因为泰国香米栽培期太短，某些营养元素的含量反而低于那些栽培期长的品种）。这次粮食危机最终随着越南新一季稻米大丰收而结束，否则它将引起更严重的食品问题和更深层的社会问题。

3. 三聚氰胺事件
The melamine contamination incident

新加坡是中国以外最先对三聚氰胺采取检验和取缔行动的国家，也是全世界第一个制定检疫标准的国家（三聚氰胺低于 5ppm 才能被认为是安全的；这个标准后来被很多国家采用或参考），还是全世界第一个全面检测所有含有奶制品的食物（而不仅仅是婴儿奶粉和牛奶）的国家。大白兔奶糖曾经是新加坡相当受欢迎的糖果，但自从新加坡农粮兽医局（Agri-Food & Veterinary Authority of Singapore，简称 AVA）从中检测出高含量三聚氰胺值后，很多公司将这些免费招待零食直接丢弃。

第二节　食品法规与主要标准
Food regulations and major standards

一、新加坡食品标准法规的发展概况
Overview on the development of food standards and regulations in Singapore

自 1965 年独立以来，新加坡在保留了英国食品安全法制理念的前提下，结合自身国情特点，博采众长，形成了周全、严密、细致的食品安全法律体系。新加坡的食品安全立法体系是由刑法典以及行政法共同规定的，包含的食品安全犯罪行为种类非常繁杂。其主要的食品安全行政法包括《食品销售法》、《饲料原料法》、《农食兽医管理局法》、《动物和鸟类法》、《植物管制法》、《渔业法》以及这些行政法附属的大量行政条例等。

20 世纪 60 年代初期，新加坡启动其工业化计划，同时也开始了新加坡的标准化计划。从 1965 年建国开始，新加坡政府就把标准化和质量管理放入同一框架内。然而早期的新加坡国家标准化计划只注重国内发展。在 1994 年世界贸易组织（WTO）的技术性贸易壁垒协议正式实施之前，国际上还没有积极地探讨过将国际标准的采用作为促进世界贸易的手段，因此新加坡的国家标准化注重于保证安全、健康和保护环境法规的制定工作，同时新加坡还制定了产品标准，促进公平贸易和公共采购。随着当今世界经济全球化以及高新技术的迅速发展，标准化的性质及其扮演的角色已经发生了巨大的变化，新加坡的标准化工作将面临全新的巨大的挑战。

新加坡标准化、生产力与创新局（Standards, Productivity and Innovation for Growth，简称 SPRING）是新加坡工商业部的下属机构，其前身为新加坡生产力和标准局，1996 年与国家生产力委员会和新加坡标准工业研究协会合并，2002 年 4 月改名为 SPRING。为了迎接在标准化领域中将要出现的新挑战，SPRING 在 2002 年 5 月至 7 月间发起了标准化战略活动，由新加坡主要的标准化利益相关方组成的八个特别工作组积极参与了这一活动。在各标准化利益相关方的支持和积极参与下，新加坡最终制定了《新加坡标准化战略》。新加坡标准化战略分别从国内和国际两个方面实施标准化，共涉及 11 个要素，它们为新加坡实现其标准化计划的目标和任务指明了方向并提供了指导原则，为新加坡的国际和国家标准目标提供支持。

SPRING 作为新加坡标准管理部门，一直在不断地进行调整以满足标准化的新需要。为应对标准化发展的新形势，SPRING 启动"促进生产力的标准实施计划"、制定新加坡标准和技术参考，采用国际标准，并在决策和技术层面积极参与 ISO 和国际电工委员会的工作。2011 年 6 月，SPRING 采用的新的项目"通过标准提高企业的质量计划"，取代了 SIP 项目。

二、新加坡标准化管理部门
Standardized management departments in Singapore

SPRING 作为国家标准和认证机构，制定和推广国际公认的标准和质量保证措施。在标准化方面，SPRING 的工作事务主要由标准理事会和各标准委员会负责。三个标准制定机构在指定标准委员会的范围进行制定、促进和实施新加坡标准和国际标准。此外，SPRING 还与新加坡资讯通信发展管理合作进行标准化工作。

SPRING 的任务是新加坡企业的发展及帮助。SPRING 作为企业发展机构，在融资、能力和管理开发、技术创新和市场准入方面帮助企业建立对产品和服务的信任，并鼓励企业通过使用标准提高他们的生产力和竞争力。此外，SPRING 还负责监督一般消费品在新加坡的安全。

（一）标准理事会
Singapore standards council

SPRING 指定标准理事会是新加坡国家标准化事务的最高授权机构。标准理事会成立于 1969 年，由各行业的私营和公共部门代表组成，以加强公共和私营部门的合作、鼓励利益相关者参与标准制定。标准理事会还负责向 SPRING 为国家标准化计划提供方向、政策、战略和优先发展项目的指导。

（二）标准委员会和技术委员会
Standards committee and technical committee

标准理事会下设 12 个标准委员会（Standards Committees，简称 SCs），负责各行业和职能领域标准的制定、审查和推广。每个标准委员会下设相应的技术委员会（Technical Committees，简称 TCs）和工作组（Working Groups，简称 WG），负责具体的标准制定、修订和废除工作。上述委员会均由来自各商业行业协会、专业机构、消费者组织、政府部门和院校机构的代表组成。12 个标准委员会（SCs）分别是生物医药标准委员会（BMSC）、建筑和工程标准委员会（BCSC）、化学标准委员会（CSC）、电气电子标准委员会（EESC）、能源标准委员会（ENSC）、环境标准委员会（EVSC）、食品标准委员会（FSC）、普通工程与安全标准委员会（GESSC）、信息技术标准委员会（ITSC）、管理体系标准委员会（MSSC）、制造业标准委员会（MSC）和银行业标准委员会（SISC）。

（三）标准制定机构

Standards development organizations

SPRING 授权三个标准制定机构（Standards development organizations，简称 SDO）在指定标准委员会的职权范围内管理、制定、推广和实施新加坡标准和国际标准。

这三个标准制定机构分别是新加坡工程师协会：管理建筑和工程标准委员会的标准化工作；新加坡化学工业理事会：管理化学标准委员会的标准化工作；新加坡制造业联合会：管理生物医药标准委员会、食品标准委员会、普通工程及安全标准委员会、制造业标准委员会的标准化工作。

三、新加坡的标准法规现状

Current status of food standards and regulations in Singapore

新加坡制定的国家标准共 880 多项，均属于推荐性标准，企业自愿采用，但如果涉及人身安全和动植物健康以及防欺诈、环境保护等方面的标准，则必须通过有关法律法规的规定，将标准确定为技术法规，以法律的形式强制性采用。例如根据新加坡消费者保护注册计划（Consumer Protection Registration Scheme，简称 CPS），被指定为管制产品的家用商品必须符合相应的安全标准。目前约有 200 项新加坡标准被法规引用，占国家标准总数的22%。新加坡非常注重本国标准与国际标准的接轨，约有 80% 的新加坡标准与国际标准是一致的，这在很大程度上提高了产品的竞争力，促进了产品的出口。

新加坡食品安全准则是必须符合国际食品法典委员会（CAC）或进口国的标准。新加坡认为严格的、完全按照技术要求来制定本地的食品标准不切实际，而应当恰当地采用CAC 规定的标准并参考其他国家有关标准，并应尽可能进行本地的饮食摄入量评估和风险分析，尤其在 CAC 没有设定有关标准的情况下。

新加坡国家标准分类及制定程序如下。

1. 标准分类

Classification for standards

新加坡的国家标准分为两类：新加坡标准（Singapore Standard，简称 SS）和技术参考（Technical Reference，简称 TR）。两者形式相同，都是关于材料、产品、程序或服务的要求规范。

SS 经历了完整的标准制定过程，包括正式发布前需要在政府公报征求 2 个月的公众意见。TR 则是临时制定的过渡性文件，通常是某一产品没有可供参考的标准或制定标准时很难达成统一意见的情况下制定的，文件使用期一般不超过两年，旨在通过试用，积累技术经验，当技术成熟便转化为新加坡国家标准。TR 不需要通过政府公报的形式来征求一致性意见。两年期满后，TR 被重新评估来决定是否升级为新加坡标准，或者继续作为 TR，或者因不适用而被废除。目前 TR 成功升级为标准的比例约为 25%。TR 作为国家技术文件，可为企业及时提供技术性指导，极大地提高了政府对产品质量管理的效能。

2. 制定程序

Rule making procedure

标准的制定程序为向新加坡标准委员会提出→标准委员会批准制定标准→技术委员会批准→征求公共意见→评议公共意见后→公告→印刷、销售和推广。

所有新加坡标准每五年必须进行一次复核，确定是否需要修改、修订或废除。新加坡标准的发布或废除，均由 SPRING 以公告的形式刊登在政府公报上。

四、新加坡标准化体系的特点
Features of Singapore's standardized system

（一）积极参与国际标准化活动
Active participation in international standardization activities

对于新加坡来说，其国家较小，没有必要制定或者采用太多的新加坡国家标准，更实用的做法是尽可能地采用国际标准。因此，积极参与国际标准化活动既能提升新加坡在国际和地区上的地位，又能有效维护新加坡的国家利益。新加坡积极参与国际和区域性的标准化活动和战略性领域的论坛，以获得在国际标准化领域的发言权，增加在国际上的地位，进一步参与各国际标准化组织的活动，与其他区域性组织和国家积极签订双边和区域性自由贸易协定和互认协定，加强新加坡在国际市场上的竞争力。

（二）注重 SPRING 在标准化中的作用
Highlighting the role of SPRING in standardization

SPRING 作为新加坡主要的标准机构，负责向政府提供有关标准和合格政策的建议，并监督整个新加坡标准和合格评定框架，从而采取更加完整和协调的方法实施促进贸易的标准化。传统的国家标准机构包括制定国家标准、与国际标准机构保持联系、促进标准的应用等。除此之外，为了适应世界形势的不断变化，履行向新加坡提供良好服务的职责，SPRING 超越了国家标准机构的传统角色并且积极帮助新加坡的工业和商业从标准化中获益，以满足未来竞争的需要。

（三）推动利益相关方参与标准化
Promotion of stakeholders' involvement into standardization

新加坡积极推动更多的利益相关方参与其标准化工作，相关措施包括：向关键行业的主导者灌输有关参与国际标准化活动的益处的信息，以提高其参与供给标准化活动的兴趣；与所有的利益相关方和公众开展标准化方面的交流和培训。

五、新加坡推出新食品安全认证标准
The release of new standard for food safety certification in Singapore

2014 年，新加坡农粮兽医局（AVA）完成了食品法规审议并提出了修订提案，且在同年，新加坡标准理事会推出了新的食品安全认证标准，使其食品安全管理体系更贴近国际顶级标准，从而提升食品安全的信誉并且加强了本地食品制造商的市场竞争力。这项名为"SS590：2013"的新认证标准是由新加坡标准理事会（Singapore Standards Council，简称SSC）属下的食品标准委员会制定，此新认证标准涵盖了食品生产链的各个环节，包括材料来源、处理、加工、制造、包装、储藏、运输、分销和售卖等。新标准是针对所有基于"危害分析和关键控制点"国际认证的食品安全管理系统，它将取代较为过时的新加坡认可理事会"HACCP 二号文件"。与"HACCP 二号文件"相比，SS590 参照的是更先进的 ISO 22000 国际食品安全标准。

随着新标准的推出，新加坡认可理事会要求所有获得 HACCP 认证的机构最迟必须在2016 年 1 月 10 日，从"HACCP 二号文件"提升至 SS590 认证标准。新加坡标准理事会表示，SS590 认证标准将能加强新加坡在食品安全方面的信誉，提高 800 多家本地食品制造公司在国内外的市场竞争力。此外，由于 SS590 认证标准紧跟 ISO 22000 国际食品安全标准，食品制造公司今后从 SS590 认证提升到 ISO 22000 认证将更加容易。对于资源有限的中小企业而言，SS590 也是一个有利的跳板，促使他们的食品安全管理系统与流程同国际标准接轨，最终迈向 ISO 22000 认证。新加坡检验检疫部门提醒相关生产企业及时调整产品要求，以符合出口要求。新加坡制造商总会鼓励食品制造商采纳 SS590 认证标准。通过落实这一标准，公司的食品在安全和生产力方面将获得提升，有利于打进国际出口市场。新加坡是一个小规模经济体，必须不断提升食品标准，才能在国际市场站稳脚跟。

第三节　食品管理
Food management

一、食品安全管理
Food safety management

新加坡对食品的检验检疫以及对食品销售市场的规范与管理，都采取了"从源头到尽头"的策略，落实好源头把关政策，确保食品原料安全，具体措施如下。

（一）从源头上杜绝和减少不合格食品的流入
Eliminate and reduce the inflow of substandard foods from the source

新加坡 90% 以上食品和食用农产品从境外输入，因此对输入型食品质量实施最严格的监管制度成为保障安全的关键。该国农粮兽医局负责食品进出口管理，采取一系列有针对性的措施管理食品进出口转运、检验检疫、召回、应急处置、标签及广告等事务。

首先是"最严谨的标准"。新加坡注重食品安全基础制度建设，实施严格的安全标准和认证制度。除极个别本地特色食品外，该国食品安全标准几乎完全与国际食品法典委员会接轨，从源头提高保障水平。自 2006 年起，新加坡开始实行 ISO 22000 食品安全管理系统认证体系，并成为东南亚国家中第一个采用该体系开展食品安全认证的国家。新的认证标准既可以增强消费者信心，也有助于提高食品行业在国内外贸易中的综合竞争力。

其次是"最严格的检查"。为减少不合格食品流入，农粮兽医局专门制定了一套完善的检验检疫程序。第一步是检查生产食品的农场或加工厂，确保生产地符合新加坡安全标准。在很多情况下，农粮兽医局在进口食品还没有"登机"或"装船"前，就已经开始了检验工作；第二步是资料审查，农粮兽医局规定所有食品进口商必须在该局注册，同时递交尽可能多的进口食品相关资料，包括食品来源地的证明和化验报告，以证明其安全性；第三步是在关卡检查进口食品，或者在实验室抽样化验。

再次是"最严厉的执法"。由于食品不符合安全标准等原因，新加坡每年要召回和销毁数千吨进口食品。同时，新加坡规定海鲜产品只能用冰块保鲜，不能使用防腐剂等化学药物。农粮兽医局的工作人员会定期去市场抽样检查，不合格的海鲜产品一经发现会立即销毁。对于那些存有"前科"的食品企业，检查人员会格外留意并加大检验频次。

新加坡绝大部分食品的检验检疫及相关执法工作由新加坡农粮兽医局（AVA）负责，国家环境局（NEA）有时也参与部分食品的安全把关。为杜绝和减少不合格食品的流入，新加坡 AVA 专门制定了一套完善而严格的检验程序。第一步就是检查外国生产食品的农场或加工厂，确保这些生产地符合新加坡的安全标准。除此之外，AVA 也会在关卡检查进口食品或在实验室进行相关的抽样化验。从 2003 年 1 月份开始，如不能亲自到国外检查，农粮兽医局还规定所有食品进口商必须在该局注册，同时递交尽可能多的有关进口食品的资料，包括食品来源地的证明和一些化验报告，以证明其安全性。其次，加强执法检查，严厉惩处违规商贩。新加坡十分重视对食品市场的监管，定期派出执法人员检查。按照食品的安全风险高低排序，侧重管理。AVA 对进口食品的检验把关非常严格，随时抽检。AVA 会依据风险而制订控制措施，对于高风险食品，进入市场前先进行评估，审核进口国鉴定的卫生证书和实验室检测报告，还要有 AVA 的检查和测试。如对高风险产品肉类的管理，要先认证购买来源，认证程序包括评估出口国家、企业和农场，以确保它们符合新加坡的食物、兽医及动物健康卫生水准。每批必须附有一个有效的兽医卫生证书，证明符合新加坡的动物健康和食品安全的要求，并提供出口国和场所/农场的细节，以确保可追溯性。供货商只能从国家公布的进口肉类境外生产企业名单中进口肉类，新进口的肉类品种连续三批抽样检查，三批都有良好检测报告，以后就是常规抽查。到了零售市场，规定所有肉贩安装冷冻、冷藏柜，新鲜肉和冷冻肉要区别摆放。

对于低风险食品，实行进入市场之后的监控。抽样检查频率依据产品是否符合标准规定的记录及来源和进口商的质量记录而定。

（二）实行 GMP、HACCP 管理确保加工食品安全

The implementation of GMP and HACCP management to ensure the safety of processed foods

对食品生产企业执行 GMP 管理，自愿执行品质保证程序 HACCP，HACCP 是一个保证食品安全的预防性管理体系，也是目前国际上公认为最有效的食品安全保证体系。由第三方进行审计鉴定，不要求企业设置检测实验室，产品可委托第三方检测机构检验。按照企业良好的作业方式及设备进行评估分级，监管按级别实行差异化管理，A 级工厂检查频率为每六个月一次，D 级每两月检查一次。维持 A 级的企业方能入选食品安全奖。

例如生产婴幼儿奶粉的雅培营养新加坡工厂是目前雅培公司在全球投资最大、最先进的工厂，符合 GMP 标准并获得 ISO 认证。雅培生产产品执行严苛的标准，从原料选择到奶源认证，再到包装出厂严格采取高度自动化全程封闭的生产线、通过 1500 项的质量检测，在每个关键环节设定重点检测项目，每个品种每年都要做稳定性测试，质量管理机构独立于其他部门，直接向总部负责。雅培营养新加坡工厂连续获得 AVA 食品安全奖。

（三）严惩食品检验不合格的商贩

Severe punishment inflicted on unqualified food vendors

按照新加坡的法律，对于贩卖或提供有毒海鲜产品者，最高可罚款 5 万新元（约合 3.3 万美元），并判处最高两年徒刑。新加坡超市里包装食品的配料表中，反式脂肪酸一项几乎全部为"0"，多数还会标明"天然着色素""无人工添加剂""少盐"等字样。人们对食品很放心。

新加坡对进口食品的检查也同样严格，向其食品提供国家派驻安全检查员。假若在畜产品中使用的农业化学制品、药物和抗生素含量很高，那么保证新加坡进口食品安全的任务就变得非常艰巨，因而新加坡农业产品及兽医局委托农场和食品加工公司对进口食品实施安全检查。据报道，为了确保进口食品的安全，新加坡农业食品及兽医局决定向其主要的食品提供国派驻官员，让他们在产品始发地对食品进行安全检查。目前向新加坡出口新鲜食品的国家有马来西亚、日本、澳大利亚、美国、新西兰及一些主要的欧洲国家。新加坡并不反对转基因食品，因为它正在寻求开发基因技术。基因技术可以大大提高食品的质量和营养价值，

为此，兽医局正与新加坡当地有关机构在动物和植物领域应用基因技术方面进行积极合作。

（四）严格的安全鉴定标准
Strict safety appraisal standards

在制定食品安全标准的相关法律法规上，新加坡的做法也值得称道。新加坡注重食品安全法律制度建设，实施严格的安全鉴定标准。自 2000 年起，新加坡开始实行 ISO 22000 食品安全鉴定标准，成为东南亚地区第一个采用 ISO 22000 食品安全管理系统鉴定标准的国家。新的鉴定标准既可以增强消费者的信心，也有助于提高食品从业者的综合竞争力。在新加坡，再先进、再安全的化学品如果未经批准，是绝对不允许添加在食品中的，否则便构成违法。

（五）积极宣传
Positive propagation

农粮局一方面大力倡导和鼓励食品企业维持高水准的安全卫生水平，一方面大力向民众推广食品安全意识，两者具有有机的关系。新加坡农粮与兽医局（AVA）于 2010 年推出了食品安全巴士（Food Safety Bus），教导学生与公众，从购买至清洗，甚至到烹煮食物时，如何正确且安全地处理食品。这辆巴士其实就是一个移动式展示厅，它通过互动的方式，包括利用游戏、不同场景的设置等方法，呈现农粮局想传达给公众的食品安全信息。此外，新加坡农粮局还举行一年一度的食品安全卓越奖颁奖礼，首次有 24 家本地食品厂商获得"卓越金奖"。这个奖于 1995 年设立，获得金奖的企业，必须连续 15 年获得 A 级鉴定。足见这个奖项具有极高的含金量。它代表的是新加坡的另一个重要品牌——食品安全品牌。

（六）新加坡进出口商品的检验检疫
Singapore inspection and quarantine of import and export commodities

新加坡对进口商品检验检疫的标准和程序十分严格。负责进口食品、动植物检验检疫的部门是农粮兽医局，负责进口药品、化妆品等商品检验的部门是卫生科学局（Health Science Authority，简称 HSA）。

1. 农产品和食品检验
农产品和食品的进口商须向 AVA 申请执照，只有获得 AVA 进口执照的贸易商才能在新加坡从事农产品和食品进口业务。AVA 有完整的一套食品安全计划，对肉、鱼、新鲜水果和蔬菜、蛋、加工食品等商品的进口来源、包装运输、检验程序、检验标准有不同的要求和详尽的规定。具体规定可查询 AVA 官方网站。

2. 动物检疫
只有获得 AVA 执照的进口商才可以在新加坡从事商业用途的动物进口。每次进口动物须向 AVA 申请许可，并提前获得海关清关许可。所有进口动物需符合 AVA 的兽医标准。具体标准可查询 AVA 官方网站。

3. 植物检疫
进口植物及植物产品需出示原产国有关机构签发的植物检疫证书并获得 AVA 的进口许可。所有进口植物及植物产品必须符合 AVA 规定的健康标准，除另有规定外，植物及植物产品进口后必须接受 AVA 检查。受 CITES 保护的濒临绝种植物，必须备有 CITES 的许可证方可进口。

4. 药品、化妆品检验

根据《药品法》《有毒物质法》和《滥用药物法令》，新加坡所有从事药品进口、批发、零售以及出口的经营者需向 HSA 取得相关许可方可开展业务。进口药品和化妆品前，需向 HSA 如实申报其成分、疗效等相关信息，获得批准后方可进口。HSA 对进口相关产品进行抽检，一旦与申报不符，即取消其经营相关产品的资格。

二、食品安全立法体系
Food safety legal framework

新加坡是东盟国家中法制最为健全、执法最为严格的国家，其食品安全领域的立法也独树一帜，或可成为值得我国完善食品安全立法参鉴的对象。

早在 2002 年新加坡政府即公布了第一部有关食品安全的法规《新加坡食品销售法》。2006 年又出台第二部有关食品安全的法规《新加坡食品管理法规》。第一部法规明确规定：不准在新加坡销售任何受污染的食品、不安全的食品或不适合人类食用的食品等；包装不合格或标贴带有误导性文字的食品不得上市销售。此外，该部法规还特别规定：严禁食品业从业人员使用有害健康的原料（食材）或危险原料加工成食品销售，活鸡、活鸭等禽类不得上市销售。新加坡的食品安全立法体系是由刑法以及行政法共同规定的，包含的食品安全犯罪行为种类非常繁杂。其主要的食品安全行政法包括《食品销售法》《饲料法》《农粮兽医管理局法》《野生动物和鸟类法》《植物管制法》《渔业法》《濒危物种（进出口）法》，以及这些行政法附属的大量行政条例等。新加坡食品安全刑法规制有如下特点。

（一）注重预防为主，刑事法网严密
Emphasis on prevention, tight criminal law net

第一，新加坡食品安全立法以预防为主，从食品生产、制造和加工的源头严格控制，预防不安全的食品流入市场，造成食品安全事故。如《农食兽医管理局法》严格规定了食品生产许可证管理制度，任何转让、租借或不按期更新许可证的行为都构成犯罪；《健康肉类与鱼类法》规定没有屠宰证而屠宰、进口、出口家畜、家禽或者鱼类，以及制作假检验检疫证明、私屠滥宰、无执照开设肉类冷库都构成犯罪；《饲料原料法》规定如没有许可证而生产或者进口饲料的，也将构成犯罪；第二，新加坡食品安全犯罪处罚的行为非常广泛，包括了从食品原料、生产、加工、包装、运输、储藏、销售、进口、监管等各个环节，法网编织得非常严密；第三，新加坡食品安全刑法的犯罪主体的范围较广，除了食品行业的生产者、经营者之外，食品行业从业人员、动物饲料的提供者、食品原料的供应者、食品仓储保管人、食品运输人都可能构成食品安全犯罪。例如，根据《食品销售法》，食品运输车辆的管理人员或者所有人不能保证食品运输车辆达到法规要求的适宜运输食品条件的，将构成运输食品车辆不清洁罪。

（二）食品安全犯罪分类
Classification of food safety crimes

食品安全犯罪分为抽象危险犯和行为犯。新加坡司法制度的根本原则是群体利益至上，因此对食品安全犯罪跟随标准大部分采用行为犯，少量采用抽象危险犯。行为犯是指只要行为人实施了食品法规定的食品犯罪行为的，行为人就构成犯罪。至于该犯罪行为是否会引起危害社会的后果，则不影响犯罪的成立。抽象危险犯，是指行为人的行为导致了一般地存在着的高度危险的结果，从而具有社会危害性，因此罪名成立。

新加坡对部分抽象危险犯的罪名的认定上，一般采用"遵循先例"原则。可见，新加坡定罪的标准设置非常灵活，很具有实用性。

（三）　新加坡食品安全相关刑罚
Food safety-related criminal penalties in Singapore

新加坡食品安全刑法规定的罪名繁多，但量刑普遍较轻。如新加坡《刑法典》规定的"销售掺假食品或饮料罪"和"销售毒的食品或饮料罪"两项罪名的量刑均为 6 个月以下有期徒刑或分别处 500 新元及 1000 新元的罚金，或者两罚并处。《食品销售法》及附属法规中的食品安全犯罪的量刑主要以罚金刑和资格刑为主，少数罪名有三年以下的有期徒刑。新加坡刑法对食品安全不法行为重在事前预防，对犯罪分子重矫正、轻惩罚，认为报复性惩罚不是刑法的最终目的，也解决不了根本性社会问题，属于典型的"严而不厉"，即刑罚轻缓，而法网严密。

第四节　食品监管
Food supervision

食品安全监管的定义是国家职能部门对食品生产、流通企业的食品安全行使监督管理的职能。具体是负责食品生产加工、流通环节食品安全的日常监管；实施生产许可、强制检验等食品质量安全市场准入制度；查处生产、制造不合格食品及其他质量违法行为。食品监管包括食品原材料、加工配方的合理性、加工环节的卫生管理、成品的质量、售后的流向等方面。随着社会文明和科学技术的快速发展，食品安全受到人们前所未有的关注，各国都加强了食品的卫生检验和控制。近期出炉的全球食品安全榜显示，新加坡能够成为首个进入前三甲的亚洲国家，主要依靠政府相关部门积极有效的管理和监督。

一、食品安全监管部门
Departments of food safety supervision

新加坡在食品安全监管方面实行少部门监管体制，负责食品安全监管的职能机构主要是国家发展部下的新加坡农粮兽医局（AVA）和国家环境及水源部下的新加坡国家环境局（NEA）。另外，新加坡对酒和饮料的监管是由新加坡关税及国产税署的酒精管理局负责。与我国食品安全体制不同的是，新加坡卫生部和海关较少参与对食品安全的监管。

（一）　新加坡农粮兽医局
Agri-food and veterinary authority of Singapore

新加坡农粮兽医局（AVA）是新加坡国家食品安全监管机构，于 2000 年 4 月 1 日承接原国家发展部所属"原产局"的职责而成立。AVA 的使命，在于确保充足、安全与卫生的食物来源，其下设有兽医公共卫生暨粮食供给、动植物健康检查、农业科技、公司服务及资讯系统 5 个部门，主要业务除保证食物安全外，还包括保证食品供应、保障动物及植物健康、保障动物福利、促进农业技术、研究与发展及保护野生动物。

AVA 主管食品安全相关法令及卫生标准，并建构整合性食品安全体系，更采取相关措施负责确保食品自进口到批发、制造至零售过程，均能合乎安全。AVA 主管的食品法规，包括了"食品销售法"及"合乎卫生肉类与鱼类法"。

AVA 为国家发展部下属机构，负责监控管理从生产或入口，直到零售前，包括了所有新鲜及加工食品的食品安全及相关行动。监管对象主要包括食品进出口和食品加工企业；监管职能范围涉及食品、动物、植物和农业、渔业。在对食品安全监管方面，农粮兽医局负责对食品的进出口和转运、食品的检验检疫、食品召回、食品应急、食品从业者、食品安全教育培训以及食品标签及广告等相关监管。

（二）国家环境局
National environment agency of Singapore

新加坡国家环境局（National environment agency of Singapore，简称 NEA）的使命是确保新加坡持续的环境清洁和卫生，内设 7 个署及 1 个学院，包括环境公共卫生署、环境保护署、气象署、政策与策划署、网络署、新加坡环境学院、人力资源署及机构事物署。在食品卫生方面，是由环境公共卫生署负责食品营业执照签发、日常卫生监督管理和违法处罚等工作，以确保饮食场所干净与食品卫生。环境公共卫生署再下设小贩处、环境卫生处及环境卫生研究所。环境卫生处负责宏观管理、政策制定、项目策划和培训工作；环境卫生处之下，设立西北部分区办事处、西南部分区办事处、中部分区办事处、东南部分区办事处、东北部分区办事处等 5 个办事处，主要负责检查、协调、督导、执法、考核等工作。

NEA 对于食品卫生的监管是从饮食业者、消费者、监管当局三方面着手，并从法规、监测、执行及教育四大机制处理。

NEA 主管与食品安全有关的法规，主要为"环境公共卫生法令及食物卫生条例"，食物卫生条例的规范内容，包括执照条件、运送与储藏食物、个人卫生与设施清洁及环境整洁等，要求执照持有者与其助手有责任确保所售卖食物合乎卫生及安全。

新加坡国家环境局监管对象主要包括食品摊贩和超市等。环境局的防疫检疫处负责对食物中毒、污染事故投诉的调查，该部门有卫生部特派的医学专家常年驻守工作。新加坡建屋发展局对饮食店的种类分布有制定权，公共理事会负责管理小贩中心的公用设施卫生。从上述的组织结构看，新加坡的食物安全管理是以环境局为主的多部门多系统负责体系。

新加坡虽然市场较小，但在食品安全监管方面具有示范作用。该国依据国际食品法典委员会的标准建立了严格的食品引入监督机制。最近，由多名国际专家组成的评审团对新加坡食品安全标准进行了评估，证实其监管机制保持了世界顶级水准。

二、食品安全监管法律体系
Legal framework for food safety supervision

在食品安全监管方面，新加坡目前已形成了一套比较健全的法律法规体系，包括《食品销售法》及其五个附属条例、《卫生肉类和鱼类法》及其六个附属条例，《环境公共卫生法》及其附属条例——《公共卫生条例》。

《食品销售法》对新加坡食品的制造、进口和销售进行了规定。该法禁止销售被污染、不合格、不安全或不适宜供人食用的食品，以及没有标识或以不正确方式标识的预包装食品。同时规定食品企业必须要取得牌照。此外，该法还禁止使用对人体有危害或伤害的食品容器。

《卫生肉类和鱼类法》对动物的屠宰以及肉类和鱼类产品的加工、包装、检查、进口、分配、销售、转运和出口以及相关事宜作了具体规定。

《环境公共卫生法》第 IV 部分对新加坡的食品企业、市场和小贩做了规定。

三、食品安全监管的特点
Characteristics of food safety supervision

政府主导，集中规划，分级管理，规范餐饮食品安全。

对于饮食店及小贩，新加坡实行统一规划和建设、集中经营的方式。如食品摊贩由新加坡环境与水源部下属国家环境局负责统一规划管理。其基本职能包括摊位的租赁和签发许可证，对小贩进行管理，负责小贩中心的发展、规划以及制定、执行收购政策；负责定期监督检查食品摊位，确保摊位符合法律、法规；定期检查各小贩中心卫生清洁状况，并随时与市议会、建屋发展局等相关部门保持沟通；负责调查市民有关食品卫生的投诉；负责对从业人员进行培训，并进行评估，从而保持高水准的食品卫生。环境局还设持枪稽查队，负责对街头无证摊贩的取缔和保安工作。

新加坡有关餐饮食品安全监管的法规主要是《环境公共卫生法令》（EPHA）和《环境公共卫生（食物卫生）条例》（FHR）以及国家环境局制定出台的一系列配套制度。新加坡餐饮监管法规体系完备，覆盖食品卫生安全管理的每一项内容，法律制度的设计注重有效性、可操作性，条文内容详尽且具体，少有疏漏和矛盾之处。周密详尽的法规规定，不论对于监管人员还是经营者，都具有很强的操作性和指导意义。

该国餐饮业发达，各类餐饮经营者总数达3万多户，餐饮从业人员超过12万，而国家环境局下设的小贩署和卫生署仅有200多名食品卫生稽查员负责执法检查，因此政府采取多种方式提升治理效能。

一是城市规划"变堵为疏"。从20世纪70年代初开始，新加坡政府大力推行街边小贩迁徙计划，由政府建屋发展局在组屋区内规划建设小贩（熟食）中心，以低租金等优惠政策将小贩从人行道引入室内集中经营并规范管理。政府还有权指定摊贩的种类和分布。小贩（熟食）中心有完备的卫生设施，并且配备公用集中冷库、装货平台和餐厨垃圾处置系统。通过"政府建设，市场运行"的方式，中心的清洁、设施维护等费用由摊位租金支出。政府后来规定，开发商在建设组屋和商业设施时，必须同步规划建设小贩（熟食）中心。政府还规定新建工厂、购物中心、办公大楼和多层工业楼的，必须在同一建筑物内设立食堂（餐厅）、食阁或咖啡店，以就近用餐减少民众到非法小贩处购买食物的风险。

二是政府和第三方力量协作培训从业者。一些餐饮从业者文化程度偏低，法规知识和食品安全常识匮乏。为此，新加坡监管当局提供食品卫生基本课程，并规定所有注册的餐饮从业者必须通过食物卫生基本课程培训和考试，取得证书方可从业。从2007年6月起，新加坡劳动力发展局将原有课程升级为国家食品及饮料业劳动力技能资格培训课程，人员培训和考试由政府认可的15家培训机构承担，借助社会培训机构的灵活性提高培训效率。为确保培训有效落实，参加培训者可以获得新加坡政府技能发展基金的资助以及缺勤补助，个人仅需支付10％左右学费，特殊情况还可以申请全额补助。

环境局对食品摊贩制定严格的管理制度。

（一）对饮食摊位分级制度管理
The management of food vendors classification system

食品检测管理是针对食品本身的，而对于具体的食品从业者的监管，新加坡政府也同样给予了高度重视，这主要体现在两个方面：对大的餐饮企业的监管和对小的食品单位——大排档的管理。新加坡对餐饮单位实施两个政策：分级管理制度和违例记分制度。

1. 分级管理制度

The classification system

新加坡比较重视食品安全标准，但其本国的食物标准不多，使用的是国际食品法典委员会的标准，要求所有相关企业采用国际标准生产。根据食品安全状况，新加坡政府将餐饮单位分为优（A）、良（B）、中（C）、差（D）四个等级。新加坡国家环境局（National Environment Agency，简称 NEA）根据每年对餐饮单位的检查结果评定等级一次。A、B、C、D 等级证书分别用青、蓝、黄、粉红色标示，每家单位将等级证书与许可执照挂在营业场所醒目处。另外，新加坡餐饮单位许可执照上都印制有二维码，消费者可以通过扫描二维码登录官方网站了解餐饮单位的卫生等级。新加坡 NEA 根据每年评定的等级确定检查频次，其中 A 级和 B 级单位一年最少 4 次，C 级和 D 级一年最少 8 次。新加坡 90% 以上的单位已达到 A、B 级。餐饮单位检查内容有 10 个大项，46 个小项，采用评分制。新加坡常规食品安全监督的重点是食品安全分级为"中""差"级别的单位，执法人员每次检查后会在被检单位的卫生档案簿上对检查发现的问题记录，作为下次检查的重点内容；对明显的违法行为，将制作法律文书进行处罚。

分级制度是加强食品生产经营者自我约束和社会舆论监督所采取的有效措施之一。新加坡要求每家单位都应在显著位置上挂牌显示各自的等级，以便就餐者识别或根据自身所好选择用餐单位。另外，新加坡的食物销售法令规定：任何被定罪人的名字、商业活动地点、触犯公共卫生条例的犯罪种类、罚款和没收情况等以及食物中毒发生的处理情况等都可在报纸上公布，增加违法者的声誉成本。同时环境发展部有 24 小时的受理举报投诉电话，欢迎舆论监督。

2. 违例记分制度

Demerit points system

新加坡 NEA 自 1987 年 9 月起对餐饮单位实行违例记分制。根据该制度规定，凡触犯公共卫生条例而被法庭定罪，或以缴罚款销案者，同时加以记分。在 12 个月内累计扣分值少于 12 分，将发出警告信；第一次一年内犯规累计 12 分或以上，将强制餐饮单位停止营业 2 周；第二次一年内犯规累计 12 分或以上，将强制餐饮单位停止营业 4 周；第三次一年内犯规累计 12 分或以上，将吊销餐饮单位许可执照。NEA 还会在被责令停止营业的餐饮单位门口张贴公告或在网上公告店主和摊主等信息。此外，还要对这些业主和食物处理人员进行离岗培训。这种制度对餐饮单位起到很好的警示和约束作用，同时也使执法部门对吊销或撤销执照变得容易操作。

（二）对饮食店及饮食摊位的管理

Management of restaurants and food stalls

地理环境以及复杂的就业环境让新加坡大排档的卫生和安全问题面临着比大的餐饮单位更加严峻的考验。

为了减少此类食品安全事件的发生，新加坡食品卫生主管部门制定了一部比旧版食品安全法更严格的"新版食品安全法"，其中对大排档之类的个体经营餐饮业提出更高、更细的食品安全管理要求。

在这样强力的监管下，新加坡形成了秩序井然的大排档中心——小贩中心，是由政府统一规划及建设，并集中管理，除具备卫生设施外，摊位设计有供水、排水、排烟过滤、餐桌椅等，并有公用的冷冻设施及公共水冲式厕所等。安置小贩的政府机构，原来包括环境发展部、建屋发展局及裕廊镇管理局等，但为了更有效地管理小贩中心，在 2004 年 4 月起，全国的小贩中心都由 NEA 接手管理。

新加坡的《环境公共卫生（食物卫生）条例》明确规定，所有小贩必须上食品卫生课程。值得一提的是，新加坡食品安全执法部门权力很大，也有威慑力，如针对小贩管理的稽查队每四人一组，配备一名持枪保安。由于执法严格，新加坡过去几年来不符合规定的食品数量呈递减趋势。

（三）　对食品从业者的监管
Supervision of food practitioners

餐饮业从业人员普遍文化程度不高，法律法规知识和食品安全常识匮乏，是餐饮业食品安全的重大隐患。为此，新加坡国家环境局在十多年前开始为餐饮业者提供食品卫生基本课程，并规定所有向环境局注册的食品操作人员（包括厨师、厨房助手和饮食摊贩及其助手等制备食物的操作人员，但不包括经理、服务员、收银员、洗碗机、清洁工以及其他服务人员）必须通过"食物卫生基本课程"培训和考试，拿到证书方可就业。

为使从业人员维持良好的食品卫生操作习惯，2010 年 10 月，新加坡国家环境局推出了"食物卫生复习课程"，要求所有从事餐饮服务的摊贩和雇员，必须每三年重新上一次食品卫生课，以掌握最新的食品卫生问题，了解一些良好的操作方式以及复习犯规计分制等。目前，这一要求已推行至饮食供应商、餐馆、学校餐厅，并将逐步扩大至其他类别的持牌饮食场所。

在法律法规和监管制度实施的过程中，如果发现需要修订法律法规制度以更有效保障食品安全，或者兼顾经营者和从业人员的利益，新加坡政府都会及时修改完善。

为进一步确保食品安全，新加坡农粮与兽医局成立了食品鉴证小组，特别针对不寻常的食品污染物进行检验。除检验食品外，食品鉴证小组的任务也包括向进口商、消费者、制造商及其他国家的食品管制单位收集情报，以便在发现问题食品时第一时间做出反应，加强食品安全。

（四）　食品安全的"社会"管理
Social management of food safety

以上几部分属于食品监管的"硬性"部分——利用政策、科技、法律，而这里所指的"食品安全"的社会管理则属于食品监管的"软性部分"——利用人们对于自身的安全意识，主要分为两部分：培养从业者的良好职业规范和道德，培养消费者的安全消费观念。

首先，新加坡食品加工企业已完全规模化，全部在规范之中，新增的中小食品企业必须达到政府的标准化要求，否则是绝对不会被批准经营的。为从根本上提高从业者们的食品安全意识，新加坡食品主管部门开始分批组织该国新入行的从业者（主要是大排档档主）参加食品安全法教育培训课程，时间为每期两天，并要在课程完毕后进行测验，只有通过测验的人才能拿到从事餐饮行业的资格合格证。食品主管部门还对获质量 A 级的企业进行重点培育，对连续获得质量 A 级的企业进行奖励；对于低等级的企业，会加大技术扶持力度，使之标准化、规范化。食品主管部门还着重提高企业主的"卫生＝金钱"的意识，让他们明白搞好食品卫生才是企业生存之道、生财之道，使食品行业的从事者都具有良好的职业道德和诚信意识。

其次，新加坡政府特别强调执法机构、食品工业和消费者相互之间的密切配合，使食品安全有了较为可靠的保障。为了指导消费，新加坡所有食品都加贴质量等级 A、B、C 标志，推荐公众食用质量等级高的食品，提高公众质量意识和质量责任。对于零售摊贩，对他们的环境卫生划分等级并制成牌匾悬挂在摊位上，让消费者自愿选择购买。对于那些有过"前科"的食品摊贩，检查人员会格外留意，加强检验。此外，加强公众的食品安全意识也被新加坡视为保证食品安全的重要一环。监管部门采取与当地食品企业定期举行研讨会和对话会，沟通和共享信息、举办食品安全奖。在对公众宣传教育方面，新加坡现在每年都有食品安全日活动，进行必要的食品安全展览与宣传工作。他们认为，食品安全是全社会共同承担的责任。政府制定标准和执法，同时其他利益相关者也要负起责任。

新加坡不仅在治理摊贩方面下足了功夫，同时也高度重视清真食品的法制化，在食品、医疗、经济等多个领域的法律法规中，对清真食品都制定了相关法规。一是设立专门的清真食品监管部门。目前，主管清真食品的政府部门是新加坡回教理事会，主要负责对新加坡境内生产和销售清真食品的企业进行清真食品认证并颁发清真认证证书。二是重视制定清真食品政策及法律。例如，新加坡在其食品、卫生、标准、商标、药品等方面的法律法规中对清真食品管理做了专门规定。三是建立清真食品认证体系。鉴于新加坡穆斯林人口较多、清真食品市场较大的状况，新加坡将清真食品管理的重点放在建立清真食品认证体系上，通过制定清真食品标准，强化清真食品认证程序来监管清真食品。通过执行这一认证体系，新加坡为市场打造了信誉度较高的以及穆斯林放心的清真食品。

从以上内容可见，新加坡的食品安全管理所用的方法非常多：制定政策和制度、先进的科技支持、法律监管和食品安全意识培养等多方面联合管理。管理的食品从业者也很全面，大到餐饮企业，小到食品摊位，这些都促使新加坡的食品安全管理比其他亚洲国家更加高效和先进。

第五节　实验室检测
Laboratory testing

一、食品安全实验室检测系统
Food safety laboratory testing system

新加坡食品实验室分为政府实验室和私人实验室两种。政府实验室主要从事食品安全监督抽检和监测，接受少量的出口委托检验。私人实验室主要服务于社会和企业，也接受政府委托的监测业务。两种实验室的业务和职能各有分工和侧重。由于政府不强制食品生产企业设置实验室，企业已成为私人实验室的主要业务客户。新加坡主要的食品检测实验室有新加坡农粮局设置的兽医公共卫生中心、新加坡卫生科学局设置的食品药品实验室、新加坡最大实验及稽核公司——Setsco Service（实科私人有限公司）。

（一）先进的实验设施设备、完善的业务流程、高效的检验时限
Advanced laboratory facilities and equipment，complete business processes，and efficient inspection time

政府实验室的基础设施及设备都很先进，设计理念也非常人性化。兽医公共卫生中心是新加坡农粮局属下的国家级政府实验室，被誉为全球最先进的食品检验中心之一，除了负责确保新加坡本地食品安全，还可以为邻近国家检测食品。据了解，新加坡政府每年在进口商品检验检疫方面的支出达7亿美元，其检验检疫水平也与投入成正比。

按项目分类实验室的管理模式有利于集中资源，形成规模检测，流水线检测，提高效率，也有利于人员积累检验经验。该实验室非常重视研究快筛方法用于食品的检测，提高检

测效率。

兽医公共卫生中心通过持续对环境中新出现的及正在出现的食品威胁保持警觉，使得食品稽查及监视计划得以持续更新，足以面对食品安全议题的改变及挑战。除了有发现疾病、食物中毒、腐败微生物、有害化学物质及毒素的公共卫生功能外，还能协助进行经济诈骗的测试，保障交易安全。兽医公共卫生中心的主要任务如下。

1. 严格检查确保食品安全

Rigorous inspection to ensure food safety

对进口食品及食品加工场所进行严格的食品安全检查，建立以科学为基础的食品稽查计划，确保食品制造者、输入者、经销商的食品供应体系都能满足食品安全的需求。另外，为了确保与国家标准及规定一致，也定期审视及更新食品稽查计划。

2. 对于食源性危害提出安全警示

Safety alerts of foodborne hazards

食源性的危害是肉眼看不见的，需要具备专门技术的专业人员使用精密设备去侦测才能发觉。兽医公共卫生中心下设兽医公共卫生研究室，提供与食品有关的化学及微生物危害分析服务，并就分析结果提出食源性危害的安全警示，供消费者参考。

3. 促进食品的出口

Promotion of food exports

兽医公共卫生中心透过稽查、检验及对肉品、鱼类及奶制品企业提供出口食品卫生认证服务，以促进出口贸易。兽医公共卫生中心的检查、测试及认证服务，已在澳洲、新西兰、日本及欧盟等40多个国家获得认可。

4. 快速回应食品安全威胁

Rapid response to food safety threats

兽医公共卫生中心致力于发展和提升工作人员的专业能力，并通过持续的训练计划，培养工作人员的专业信心及能力，以快速而有效率地回应正在发生的食品安全威胁，并为消费者提供具有品质的服务。

（二）牢牢依靠质量控制手段，确保结果准确

Firmly rely on the quality control measures to ensure the accuracy of testing results

三家实验室都非常重视对检测结果的质量控制，主要的做法一是积极参加 FAPAS、APLAC 等国际实验室能力验证测试；二是在日常检验中使用质控物进行同步试验；三是采用质谱方法对检测结果进行确认。

（三）重视对精密仪器的维护，确保正常运行

High attention to instrument precision maintenance to ensure the normal operation of instruments

食品检验主要集中在微量及痕量测定，经常使用大型精密仪器，如液质联用仪、气质联用仪等，设备价格昂贵，维护专业性强。为了仪器正常运转，三家实验室都与仪器生产企业签订了长期的维护维修协议，定期安排专业人员上门服务，提高了使用人员的技能，也确保了仪器长时间使用不出故障。

二、食品安全实验室管理
Food safety laboratory management

SINGLAS 全称是 Singapore Laboratory Accreditation Scheme，它是一个由新加坡标准工业研究院（SISIR）提供秘书处及工作人员组成的国家级机构。SINGLAS 的主要目标是：

① 确认实验室在专门测试领域的能力；

② 改进测试标准和开展有关的活动；

③ 促进测试实验室和有关设施的建立和发展；

④ 促进接受国内外认可实验室测试的结果，以推动经贸的发展。

新加坡卫生科学局（HAS）隶属于新加坡卫生部，是主导卫生科学知识的核心机构。其职能包括国家监管药品、医疗器械及其他保健产品，管理国家血库和输血，提供中医药服务，以及提供法医专业知识、法医的调查和科学分析服务等。新加坡健康促进局（HPB）隶属于新加坡卫生部，主要负责预防疾病、增进国民健康。

三、实验室服务
Laboratory services

（一）概况
Overview

1. 食物及食品检测
Testing of food & food products

兽医公共卫生实验室（VPHL）位于林厝港农业生物园的兽医公共卫生中心（VPHC），是 AVA 监管食品分析的实验室。它提供了一个全面的分析服务，涵盖了广泛的微生物和化学危害测试。其测试范围包括病原菌、食物中毒物及腐败菌、有害化学物质、毒素和经济欺诈。

实验室的主管和专业人员采用国际公认的程序和标准以及行业内最先进的技术，为公共部门和私营部门提供了一个多学科的实验室服务。

2. 质量保证和全球标准
Quality assurance & global standards

实验室执行严格的质量保证计划，除了使用标准的测试方法，还从样品管理到最终报告以及对测试结果验证的所有阶段的测试都采用严格的质量控制措施。实验室积极参加同行间的能力测试，通过参与此测试证实自己有得出可靠测试结果的能力，并与国际认可的实验室分析能力不相上下。

作为一个进口/出口检测认证实验室，他们积极寻求国际标准的认可，向他们的监管同行提供一种保证，即"我们的仪器设备齐全、专业人才充足，通过良好的实验室规范和质量保证计划，有能力出具准确的测试结果"。

（二）食品检验
Food testing

1. 化学污染物检验
Tests for chemical contaminants

2. 营养成分、食品添加剂和防腐剂检验

Tests for nutritional components, food additives & preservatives

实验室的测试服务包括食品和饲料的营养成分、食品添加剂和防腐剂以及新鲜度指标。

3. 兽药残留检验

Tests for drug residues

实验室检测肉制品、水产品、乳制品、蛋品和动物饲料中抗生素、生长促进剂和兽药的残留，包括了禁止在畜牧生产中使用的化合物。

4. 农药残留检验

Tests for pesticide residues

VPHL 被指定为食品中农药残留检测的国家参考中心。自 2004 年以来，也被认定为东盟农药残留分析参考实验室。实验室为食品的监管计划提供分析支持，以确保本地生产和进口农产品的农药残留是安全的，并且还提供出口健康认证和质量控制方案的农药检测服务。

5. 食品微生物检验

Tests for food microbiology

实验室提供新鲜和加工的肉类、鱼、奶制品、水以及其他主要产品的质量和安全性的微生物检验。实验室采用快速的自动化方法检测、识别和计数食源性致病菌和微生物卫生指标。

6. 食源性寄生虫检验

Tests for foodborne parasites

实验室通过对海鲜、肉类及其他主要产品中寄生虫的检验，以实行进口管制和出口健康认证计划。

7. 食品物理质量检验

Tests on food physical quality

实验室对罐头食品进行评估，保证罐头接缝的完整性，并确定有缺陷的产品，以补充检查当地生产和进口的产品。同时，为防止经济欺诈消费者也提供食品真伪的检验。

实验室还进行感官评价和食品质量检验，例如 pH、水分活度、色泽、外来杂质和污物。

8. 食源性毒素检验

Tests for foodborne toxins

实验室采用灵敏快速的分析方法，可筛选和检测食品及动物饲料中的毒素以实行进口管制和出口卫生认证。

9. 分子生物学和转基因分析的检验能力

Testing capability in molecular biology & GMO analyses

实验室有能力在分子生物学方面（使用 PCR）检测多种食源性致病菌及检测和定量转基因生物。

第六节　信息、教育、交流和培训
Information, education, communication and training

一、食品业在职培训计划
Food industry job training programme

食品制造业未来技能在职培训计划的内容主要以这个行业的三大人力发展需求为主，即

食品创新、食品加工及食品安全和质量管理。

除了在职培训和参与公司项目，参加培训的大学生每周还可回校上理论课。未来技能在职培训计划（Skills Future Earn and Learn Program）不仅让大学生积累工作经验，还可以学以致用，同时规划职业发展方向。在职培训计划让大学生有机会参与食品制造领域不同工作，当培训计划结束时，可决定接下来往哪个方向发展。

2015 年 4 月，劳动力发展局正式为食品制造业推出食品制造业未来技能在职培训计划，工院生可通过在读学院申请加入计划，鼓励更多雇主加入计划，提供培训机会。在职培训主要包括三个部分：课室学习、工作培训以及在职场导师的协助下参与公司项目。

从行业角度来看，在职培训计划协助培养本地人才，为行业提供食品科技员、食品加工工程师和品质保证员。从工院毕业生的立场看，则可以通过行业相关培训和在职培训，获得良好的职业起点，并可获得行业相关文凭。

二、食品法规修订
Food legislation revision

2012 年 8 月 1 日，新加坡农产品和兽医局（AVA）宣布修订"食品销售法令"，要求自 2012 年 9 月 3 日起，相关企业必须符合新规定。主要修订内容包括新增允许使用的 19 种食品添加剂，为 10 种现有食品添加剂引入新用途；为与国际惯例接轨，微量营养素硒被从污染物清单中删除，农产品和兽医局将为黄曲霉素、棒曲霉素、三氯丙二醇设定最大限量；对于食品包装和容器中的乙烯基单体含量做了严格限定传递、销售；氯乙烯单体含量超过 1ppm；产出或产出的成分中氯乙烯单体超过 0.1ppm。

新加坡农业食品兽医局（AVA）发布了 2013 年食品条例（修正案），于 2013 年 8 月 1 日生效。该修正案包括在食品条例中新增加 9 种食品添加剂，规定了婴儿配方奶粉中聚葡萄糖的使用量，并清晰定义了现有的食品添加剂（二甲基二碳酸盐）的使用量。修正案对营养信息面板做了修改，详细说明了营养素可以用微克、毫克、克或其他计量单位表示，这将更好地对现行的食品行业营养成分说明做出注释。

新加坡农食兽局（AVA）发布食品法规 2016 年修订版，并要求所有进口商遵守该法例要求。修订内容主要包括：①在包括产品贴上"有机"（或类似术语）前，该产品必须被检验和认证系统认证，该系统符合有关有机产品生产、加工、标签和销售的法典准则的要求；②按照良好生产规范在食品中允许使用的甜味剂 Advantages；③允许在婴儿配方中使用牛乳铁蛋白，并设定 100mg/100mL 的最大允许限量。此外，食品法规 2016 年修订版还包括禁止进口、销售供人类直接饮用的生牛乳；使用"变性淀粉"的产品应在标签上注明使用了"变性淀粉"。

三、食品从业人员培训
Training for food practitioners

为做好自身食品卫生安全管理，保持高水平的食品安全水准，提升食品行业的专业化，国家环境局推出了食物卫生官（FHO）计划。新加坡劳动力发展局也将 FHO 培训课程纳入国家岗位技能资格培训系统，餐饮经营者拟委任的 FHO 必须经过食品及饮料卫生审计课程培训和评估，该课程包括评估的时间为 3.5 天。通过对食品从业人员的培训，增强经营者和从业人员的食品安全知识水平，提高监管对象的守法自觉性和守法能力，提升监管效能。

四、媒体社区的宣传
Propagation via media and in the community

对儿童普及健康知识，为国民准备营养膳食建议包括让国民读懂食物标签，为老人筛查慢性病，包括教他们如何防摔、控烟、推动全民锻炼身体等，这些都是新加坡健康促进局（HPB）的要务。HPB 长期通过媒体和社区宣传，向民众发布健康食谱，呼吁科学搭配和均衡营养。在超市、蔬果市场，甚至居民区的小贩中心，每个餐饮档口都会张贴健康促进局印制的健康餐饮宣传单，提醒人们注意营养搭配。在发现成年男性中高血压患者有增加的趋势后，健康促进局及时推出了"健康饮食计划"，建议民众减少脂肪、盐的摄入。

五、与其他国家城市的合作交流
Cooperation and exchanges with other countries or cities

中国与新加坡已在 2010 年 5 月间签订了《共同开发建设中国吉林（新加坡）新型农业合作食品区框架协议书》。这个总面积将达 1450 平方公里（相当于两个新加坡）的食品区，坐落在吉林省吉林市的永吉县岔路河特色农业经济开发区内，区内将集中建设种养殖基地、食品加工、仓储物流、食品检验检测、研发及人才的培训。食品区将利用吉林省地域和资源优势，以及新加坡在农业和食品业的技术标准、科研成果等，进行安全健康食品的研发、加工，到完整产业链。食品区生产的玉米和黄豆将供新加坡国内消费之用，而大米、牛肉、猪肉和奶制品也将出口一部分到中国和日本韩国等地。

六、推出 FINEST 食品计划
The launch of FINEST food plan

为了让本国居民有较健康的食品选择，新加坡保健促进局的营养卓越中心与新加坡食品厂商联合会和标新局（SPRING）合作，推出了 FINEST 食品计划，特别针对新加坡人的健康需求，研发较健康的食品和功能性食品。在该计划下成功研发的健康食品将贴上"较健康食品"标签。

参与这项计划的包括新加坡理工学院、共和理工学院与淡马锡理工学院的食品创新和资料中心，它们将负责监督和实验"较健康食品"。参加计划的企业还可申请标新局现有科技创新计划或创新优惠计划所提供的研究津贴。

七、食品安全公共教育计划
Food safety public education programme

1. 政府角色
Role of the government
政府主要是负责建立一个框架，以此促进食品行业的安全交付并给消费者提供充足的信息。AVA 是新加坡国家食品安全管理局，为确保食品在新加坡的安全销售，AVA 设置了与国际标准一致的食品安全标准。它确保了最新食品法规的设立，并通过检查和测试计划恰当地执行。同时 AVA 也教育消费者认识食源性的危害以及如何保证食品的安全。

2. 食品行业角色
Role of the food industry
食品行业应对其向公众提供的食品安全性负责。在新加坡，食品生产商、制造商、进口商和分销商必须严格遵守 AVA 的要求，执行较高的食品安全标准。负责任的食品行业者采用良好的农业和制造业的做法，且执行食品安全保障计划，以确保他们产品的安全性和健康性。除了在食品安全方面教育员工外，他们还教育消费者安全使用产品，无论是原材料、半成品还是即食食品。

3. 消费者角色
Role of the consumer

一个消费者能够直接把握他为自己或为家人准备的食物的安全性，并可以通过食品安全风险和食品安全实践知识来武装自己，规避这些风险。通过采用安全的食品处理和制备的做法，消费者可以保护自己和家人。

作为新加坡国家食品安全局，AVA 已经建立了一个完整的食品安全体系，确保在新加坡销售的食品是安全的。通过公共教育，AVA 希望为市民提供食品安全风险及实践方面的知识，使他们能够在家保证自己和家庭的食品安全。

AVA 会进行各种食品安全讲座，教育学生和成年人使用简单的做法就可以有效地防止食品污染和食物中毒。

八、新加坡食品安全专业
Singapore food safety specialty

在新加坡食品安全专业是新兴专业，主要培养学生既具备营养与食品安全的基本理论、知识和技能，又具备食品生产知识和技能，同时注重加强学生实践动手能力、独立思考能力和科学研究能力的培养，使毕业生具有较强的择业竞争能力和较宽的就业适应能力。新加坡理工学院和新加坡淡马锡理工学院均有开设该专业课程。

毕业后可到全国各级食品卫生监督部门、食品企业的产品策划和设计、管理部门、食品企业的安全质量控制和管理部门、社区的营养与食品安全服务部门、餐饮业的营养配餐部门、教学单位和科研院所等部门从事食品生产、营养与食品安全的管理、公共营养等方面的工作。

九、新加坡食品业的鼓励计划
Singapore food industry incentive program

1. 新加坡食品业的潜力

新加坡是东南亚地区最热门的旅游胜地之一，每年有大量游客来新加坡观光旅游，因此新加坡不断有新餐馆开张，许多名厨也来到这里，想要在这个最具潜力的美食地区创业。新加坡的食品饮料业（F&B），有超过 4500 家饮食机构，并雇用超过 70000 名员工，食品和饮料业占新加坡旅游开支的 14%。另外，新加坡政府积极将新加坡打造成亚洲的美食之都，举办很多活动，如新加坡美食节和一年一度的世界名厨峰会，这也是新加坡政府的长期目标之一。

2. 新加坡餐饮业创业的鼓励制度

新加坡的 SPRING 是旨在帮助新加坡企业发展的机构，它已为能力发展计划（CDP）拨款 12 亿新元。CDP 计划是为了帮助餐饮企业发展，目标是确保餐饮业中的中小型企业（SMEs）能不断有创意，帮助这些中小型企业提高能力及效率。

3. 新加坡餐饮业服务的鼓励制度

新加坡餐饮业服务的鼓励制度有两种方式：

一是以服务品质为主。新加坡政府了推出 GEMS（Go the Extra Mile for Services）计划，帮助提高服务品质。新加坡是东南亚地区的优秀会展城市之一，GEMS 确保游客在新加坡的旅程，受到最好的服务。高质素服务有助于新加坡的形象。

另一新加坡餐饮业的鼓励制度为 CCI——以客户为中心的倡议。由 SPRING（和一些其他机构的合作）提倡，目的是协助餐饮业发展及改善其服务质量，以及提供行业标准并进行基准测试。任何项目都会被评估，依据评估结果的满意程度，最多可获得项目成本 50% 的奖励资金。

4. 新加坡餐饮业食品安全鼓励制度

国家环保局规定所有餐饮场所的食品品质、安全及卫生标准。此规定也适用于进口食品，新加坡总消费量的 90% 都是属于进口食品。餐饮机构鼓励实施 HACCP 计划，大多数澳大利亚、中国、中东和美国的餐饮业都以此作为标准。

5. 新加坡餐饮业劳动力发展的鼓励制度

新加坡政府为餐饮业提供了许多劳动力发展补助金。补助金通过"餐饮劳动力技能资格（WSQ）"、WSQ 烹饪奖学金、餐饮服务 WSQ 证书和厨师工艺等计划发放。这些计划提供课程费用的 50%～90% 的补助。新加坡餐厅协会（RAS）也与本地企业与协会发展（LEAD）合作推出各种项目，这些项目旨在通过训练餐饮服务员工帮助部门市场开发情报及资源，以改善餐饮企业的能力。

十、新加坡使用"更健康选择标签"

Healthier choice symbol

因为进食预先包装食物而摄入过量营养素可严重影响健康（例如肥胖症和糖尿病）。为解决这个问题，很多国家已推行强制性营养标签制度，帮助消费者作出有依据的食物选择。新加坡人对营养标签更感兴趣，并经常使用相关信息。原因可能是新加坡的预先包装食品除按法例要求指定营养素的含量外，还可附加一个"更健康选择标签"（Healthier Choice Symbol，简称 HCS），如图 7-1 所示。

| Higher in Whole-Grains | Higher in Calcium | Lower in Sugar | Lower in Sodium | Lower in Saturated Fat |

图 7-1 更健康选择标签的示例

HCS 标签简洁明了地显示出该食品的健康程度。印有标签的食品会被看作"较健康选择"，例如总脂肪、饱和脂肪、钠和糖的含量较同类型食品含量较低；而膳食纤维和钙的含量则比同类型食品的高。这有助于消费者在超市购物时快速辨识哪一款食物较为健康。该标签由新加坡保健促进局（隶属于新加坡政府卫生部）负责核准，是新加坡营养标签计划的一部分。

在新加坡，一些预先包装食品上也可能印有海外机构发出的较健康食品标签。相比之下，新加坡 HCS 采用不同的营养素评审标准并且切合新加坡人民的饮食习惯，因此较值得参考。事实上，新加坡人现在对 HCS 标签食物的认知和信心，远较其他海外标签食物高。这当然要归功于新加坡政府大力宣传 HCS 计划，教育市民和解释背后的依据。

十一、普及转基因食品的公众教育
Public education for genetically modified food

新加坡转基因咨询委员会近日设立了一个转基因网站，为公众提供有关转基因食品的知识及最新消息。

网站设有五大栏目：热门新闻、委员会组织、常见疑问、资料索引及联络站等。"热门新闻"栏目及时发布转基因委员会的新闻稿和有关转基因的最新消息等；"委员会组织"栏目说明委员会成立的目的、过程及下属各小组的职责；"常见疑问"栏目用浅显易懂的文字解答公众心目中对转基因的常见疑问；"资料索引"栏目则链接全世界权威、可靠的转基因网站，为公众进一步了解转基因提供资源；"联络站"栏目则回答公众通过电子邮件提出的有关转基因的问题。

到目前为止，新加坡转基因咨询委员会只批准了一种转基因康乃馨的进口。这种康乃馨属剪枝花卉，没有破坏生态平衡的危险性。目前，新加坡市面上售卖的转基因食品主要有黄豆和玉蜀黍。

十二、部分规定和要求
Some specified requirements

（一）标签——食品进入新加坡市场的首要条件
Label, a prerequisite for access to the Singapore market

随着安全消费意识的增强，食品标签必须符合规定要求已经成为各国食品市场准入的首要条件。根据新加坡政府规定，所有进口食品必须在包装的醒目位置贴有持久标签，标签的内容必须符合《新加坡食品销售条例》的要求，即标签上必须用英文清楚地描述产品的特点及其它的信息，否则不得进口销售。

根据规定，在新加坡市场上，食品标签必须包括下列内容。

① 食品的品名（或对食品真实特性的描述用语）。

② 食品的成分。当食品由两种或更多种成分构成时，对每一种成分应按它们的重量或所占比例给予恰当说明，其顺序应按照它们占有的重量百分比递减标示；如果食品中某种成分是由两种或更多其他子成分构成，则须对这些子成分予以恰当的说明，而不必对该种成分作说明。

③ 生产商、进口商、分销商、代理商的名称和地址。

④ 日期标示。根据《新加坡食品销售条例》，有16类预包装食品应标注日期，日期标示既可刻印在标签或在包装袋上，也可以使用说明方式来提供日期标示，或干脆描述预包装食品的有效食用期。

⑤ 数/重量标示。可用包装袋或容器中所装食品的最小数量（体积表示）或净重来标示。

⑥ 专用食品的标签要求。专用食品是指根据需要特殊饮食的人的特殊需求而命名和制造的，它是经过改良、化合等处理而精工制作的食品。专用食品的外包装上（被豁免的除外）应贴有标签，标签上需注明食品中各成分的含量和相关的说明信息。含有碳水化合物的食品的外包装上不能标有"无糖""脱糖"或类似含义的说明。

（二）部分食品法规草案的修订
Amendment to part of the draft food safety regulations

（1）从2004年2月12日起，要求进口食品经营者对进口以下甜味剂或含有甜味剂的食品，在申请进口入关前，应提交有效的人工甜味剂含量证明：含人工甜味剂的干紫菜、烤紫菜，含糖精的甜味剂，含蔗糖的甜味剂，含三氯蔗糖的甜味剂，含人工甜味剂的糖果、饮料、水，糖精及其盐，三氯蔗糖，双氯噻嗪钾等。

（2）准许使用以下新食品添加剂：作为一种铬营养源的吡啶甲酸铬，一种镰孢霉转基因种类派生的丝氨酸蛋白酶（胰蛋白酶），源自黑曲霉的多聚半乳糖醛酸酶，源自酿酒酵母的转化酶等。

（3）规定掠食性鱼类汞的最大限量：新加坡拟规定掠食性鱼类及其产品内总汞的最大限量为1ppm。

（4）准许在更多食品内使用植物固醇、植物固醇酯、植物甾烷醇。目前添加植物固醇/植物甾烷醇的食品组只限三个：低脂牛奶、低脂酸奶及涂抹脂肪。

（三）农药管理和登记

Pesticide management and registration

与几年前相比，新加坡农药登记要求有所提高，主要表现在药效和毒性资料要求方面。另外登记评审也比以前严格而且速度更慢。

1. 农药管理法规

Pesticide management act

新加坡的农药管理机构是AVA，农药管理法规是新加坡植物控制法的一部分，专门管理拟用于新加坡农业生产的农药产品的登记。

2. 农药登记要求总则

General requirements for pesticide registration

① 用于植物生产的农药必须在AVA取得登记。工业、公共卫生和家用农药不需要依据植物控制法在AVA申请登记（即不受AVA管理）。卫生用药需要在卫生部申请登记。

② 生产、进口、分销、供应或销售农药的个人（在新加坡注册公司并在新加坡从事业务）都可以申请农药登记，以用于新加坡植物生产。

③ 向AVA提交农药登记申请之前需要向环境部污染控制处（即NEA下属的PCD）咨询，以获得在新加坡使用农药的许可要求。对于那些受到NEA管制的被列为有毒害物质的农药产品，则需要获得PCD的毒品证之后才能向AVA提出登记申请，并附上毒品证的复印件。

④ 申请农药产品登记需要提交登记申请表，每个产品登记都需要附带一份该申请表。该申请表可以在AVA网站下载。

（四）考虑修改含铝食品添加剂使用标准

Consideration of the revision on the standard use of aluminum-containing food additives

新加坡农粮兽医局考虑修改含铝食品添加剂的使用标准，减少国人的铝摄取量。农粮兽医局近期指出，虽然含铝食品添加剂是受严格管控的物品，但只要符合相关标准，食品加工过程中加入这类添加剂还是被允许的。

农粮兽医局表示，为了确保公众的铝摄取量不超标，欧盟和国际食品法典委员会其实已采取措施减少含铝食品添加剂在食品中的使用。其他发达国家如澳洲、加拿大、新西兰和美国也已立法承认这一原则。农粮局正密切关注以上组织和国家在这方面的推进，以便修改本国含铝食品添加剂的使用标准，减少国人的铝摄取量。在这期间，农粮兽医局也劝请食品业者减少使用含铝的食品添加剂，并用其他不含铝的添加剂来取代，或研发新的加工技术。

第八章　中国食品安全管理体系
Chapter 8　Food safety management system in China

第一节　我国食品安全现状与存在问题
Current status and issues of food safety in China

"食品安全"是一个相对概念，它是随着人们生活水平的提高、科技的进步、社会的发展而不断发展变化的。对食品安全的高度关注，是社会文明、进步的标志。

近年来，我国食用农产品连年增收，食品工业迅速发展，逐渐成为集农业、加工制造业、现代物流业于一体的增长最快、最具活力的国民经济支柱产业。如今食品产业与传统食品工业概念的内涵和外延已大不相同。正是对食品产业概念界定不清晰，导致对食品安全监管界限的模糊。《食品安全法》颁布以来，我国食品安全保障体系基本建成，监测数据总体向好，食品安全表现出趋稳向好的态势。由于我国食品安全问题的复杂性，重大食品安全事件仍时有发生，消费者对食品安全的认可度不高，进出口食品安全不容乐观，食品营养安全风险因素逐渐显现等，说明我国食品安全形势依然严峻，食品安全治理任重道远。

一、食品数量安全方面：供应能力持续增强
Food security in the aspect of quantity:continuous improvement in supply capacity

经过改革开放 30 多年的发展，与食品相关的上下游行业正逐步形成独立的食品产业体系。

（一）食用农产品连年增收，保障了市场的有效供给
Steady income growth of edible agricultural products in successive years to ensure sufficient supply to the market

目前，我国主要农产品数量极大丰富，不仅解决了我国人民的"米袋子"和"菜篮子"问题，也满足了人民对食物多层次、多元化的消费需求，为保障我国乃至世界粮食安全和社会的稳定与发展做出重要贡献。

（二）食品工业发展迅速，进入提质增效的转型阶段
The rapid development of food industries enable the transition to a phase of improved quality and efficiency

近 10 年来，我国食品工业产值以年均递增 20％以上的速度持续快速发展，食品工业总产值在国内生产总值中的比重也逐年攀升，由 2000 年的 8.5％升至 2014 年的 17.1％，成为保障国计民生的重要支柱产业。

（三）进出口稳步发展，在世界食品贸易中的地位不断提升

Steady development of imports and exports enable an improved position in global food trade

我国食品产业蓬勃发展的同时，在世界食品进出口贸易中的地位也不断提升。1984 年，我国食品出口额为 37.98 亿美元，2013 年上升到 599.83 亿美元，增长 14.79 倍。在国际食品贸易中的比重从 1984 年的 1.79% 上升到 2013 年的 4.12%，成为重要的食品供给国，其中蔬菜、水产品是出口的主要商品，加工制品比重较小。2010 年成为世界最大的水产品贸易国。虽然经过 30 多年的发展，我国从依靠农产品和原料产品的出口创汇转变为非农产品占绝对优势的国家。

（四）重点食品贸易逆差不断扩大，对外依存度提高

The enlarged deficit of key food trade improved external dependence

尽管我国食品出口贸易繁荣发展，但食品进出口贸易逆差仍不断扩大。据海关总署统计，2012 年，我国食品出口 542.5 亿美元，同比增长 2.2%；进口 874.3 亿美元，同比增长 20.5%，贸易逆差达到 331.8 亿美元，粮油产品为主要的进口商品。另据 WTO 数据显示，2013 年，我国食品出口 599.83 亿美元，同比增长 6.5%，进口 956.46 亿美元，同比增长 5.5%，贸易逆差达到 356.63 亿美元，同比增加 3.9%。随着人们生活水平的提高和消费结构的升级，粮食消费总量呈现刚性增长，国内粮食供求处于紧平衡态势。在国内基本自给的基础上，我国粮食进口数量逐年增加，粮食对外依存度提高。

肉类产品消费需求缺口显现，贸易逆差已成常态。肉类产品在我国食品消费中占有相当大的比重。自 1990 年起，我国肉类总产量已经连续 23 年占据世界首位。据海关统计，2013 年，我国肉类出口总量为 89.8 万吨，进口 256.3 万吨，进口总量超过出口 166.5 万吨，贸易逆差将近 30 亿美元。

乳业受食品安全事件影响，进口量急速攀升。受国外进口奶粉原料价格持续下滑影响，奶粉进口量也不断增加，截至 2014 年 11 月，我国进口奶粉 88.4 万吨，较 2013 年增加 44.09%。2008 年"三聚氰胺"奶粉事件的发生更使得出口贸易呈现下滑趋势，包括乳粉、乳清制品、干酪、奶油、液态奶和炼乳在内的乳制品进口大幅增加，出口缓增。我国乳制品行业的整顿清理工作淘汰了一大批中小型乳制品加工企业，国内乳制品企业的整体经营状况有了较大的改善。但通过乳与乳制品进出口贸易情况可以看出，要逐步恢复国内消费者对国产乳品的信任，提高消费者信心还有很长的路要走。

（五）食品数量安全面临的问题和挑战

Issues and challenges on food security in quantity

从食品数量安全的角度来看，目前我国食物供应充足。食品数量安全是国家安全、民族安全的基本保障，不可掉以轻心，必须看到存在的问题和隐患。

1. 粮食方面

The aspect of food supply

截至 2015 年年底，我国仍有 7000 万人口没有摆脱贫困，预测显示粮食消费需求增长速度将超过产量增长速度，粮食仍处于刚性需求阶段。国内粮食供求目前已经处于紧平衡态势，在国内基本自给的基础上，粮食进口数量仍在逐年增加。

为此，我国将多方面推进粮食供给侧改革，包括积极探索市场化收购的新模式，改革完

善粮食收储机制；积极稳妥地加快消化粮食不合理库存；有效化解国内外粮价倒挂的困局，挡住低价进口粮和替代品对国内市场的严重冲击；加快推进粮食流通能力现代化，实现粮食由产区到销区、由农村到城镇的高效、便捷、有序的流通。

解决我国的粮食问题，必须坚持立足国内基本自给，适度进口调剂余缺。我们要充分运用好国际粮食市场和粮食资源，但是我们的饭碗不能系在别人的腰带上，我们也不能够与世界上那些贫困缺粮的国家在国际市场上抢粮源。据了解，成立国家粮食安全政策专家咨询委员会、建设服务国家粮食安全的"智库"，是保障国家粮食安全的客观要求、完善粮食决策咨询制度的重要途径。针对我国当前玉米、稻谷、小麦等粮食高库存的现状，以及粮食行业面临"国内与国际价格倒挂""成品粮与原粮价格倒挂"的问题，专家咨询委员会将重点研究粮食"价补分离"制度改革、粮食储备机制创新及去库存，推进粮食供给侧结构性改革。

2. 化肥农药使用超限的挑战
The challenge associated with overuse of chemical fertilizers and pesticides

目前，我国化肥单位面积施用量是国际公认上限的 1.8 倍，农药用量比发达国家高 2.5～5 倍。由于使用的盲目性和监管的疏漏，对食品安全和贸易构成了潜在威胁。

3. 乳制品问题
Dairy product safety issues

我国乳制品产量虽逐年攀升，但与世界乳业发达国家相比，单产量却处于较低水平，成年母牛平均单产是发达国家平均单产的 1/3。奶牛种畜和牧草饲料贸易以进口为主，严重影响了我国乳品产业结构的健康发展。

据海关统计，2016 年无论是进口量还是进口金额，乳制品进口都有较大幅度的增长。自"三聚氰胺"事件发生后，国内消费者对国内乳制品质量信心不足的问题还存在。乳制品属于自由贸易项下的产品，进口主要取决于市场需求和国内同类产品的竞争力。要解决我国乳制品行业面临的问题，需要长短结合、综合施策，转变发展方式，提高产品质量，增强消费者信心，提高行业整体竞争力。

4. 水产养殖
The aquaculture sector

我国养殖水产品总量超过捕捞总量，但养殖规模普遍较小，质量安全监管成本高，养殖种质退化严重，病害泛滥。同时，我国水产品生产加工总量逐年提升，但是加工能力有待进一步增强。

中国是一个渔业大国，也是一个水产养殖业大国，是世界上唯一养殖产量超过捕捞产量的渔业国家，养殖产品已成为中国水产品供给的主要来源。进入 21 世纪，中国渔业保持良好发展态势，渔业产业结构调整步伐已走在世界前列。

目前，水产品已成为重要的食物来源，占国民动物蛋白供给的 30%，而水产养殖产品占 20%。随着中国人口和经济的增长，人们对水产品的需求量也逐渐扩大。在目前条件下，只有进一步发展水产养殖业，才能生产更多更好的优质蛋白，满足国家人口增长和社会发展的新需求，保障食物安全。

5. 食品添加剂
Food additives

我国食品添加剂行业必须改变目前食品添加剂企业数量多、规模小的状况，重点扶持技术力量强、规模较大的企业，通过集约化、规模化经营，不断增强实力、提高质量、降低成本、开发新品，创立并发展我国食品添加剂行业的民族品牌，才能与国际市场上食品添加剂大公司的产品进行竞争。

二、食品质量安全方面：食品质量不断提高，食品风险隐患依然严峻

Food safety in the aspect of quality: Continuous improvement of food quality with food potential safety risks remaining severe

2009 年我国《食品安全法》颁布后，我国食用农产品、加工食品和进出口食品安全水平均得到显著提升，食源性疾病爆发率明显减少，食品安全水平表现出趋稳向好的态势。

（一）食品安全保障体系基本建成

Food safety assurance system has basically been completed

1. 基本建立较为完善的食品安全法律法规体系

The establishment of a relatively complete food safety legal framework

我国对食品安全的法制化管理发端于 20 世纪 50 年代，经过不断完善，层次分明、体系完整的食品安全法律法规体系正在逐步形成。到目前为止我国颁布的食品安全方面的法律法规、地方规章及司法解释等总共达 840 多部，形成以《食品安全法》为主，以《产品质量法》《消费者权益保护法》《进出口商品检验法》《进出境动植物检疫法》和《动物防疫法》等为辅的食品安全法律法规总体框架。

2. 初步形成新的食品安全标准体系

The initial formation of new food safety standard system

2009 年我国《食品安全法》颁布实施之前，存在各个归口管理部门的食品标准有近5000 项，缺乏系统性、科学性和可操作性，标准的矛盾、交叉、重复与缺失并存。国家卫生行政部门制定了《食品标准清理工作实施方案》，并于 2013 年 1 月正式启动食品标准清理工作。经过清理，新的国家食品产品安全标准体系初步形成，包括谷物及其制品、乳与乳制品、蛋与蛋制品、肉与肉制品、水产品及其制品、蔬菜及其制品、食用油、油脂及其制品、饮料、酒类、豆与豆制品、食用淀粉及其制品、调味品和香辛料、坚果和籽类、罐头食品、焙烤食品、糖果和巧克力、蜂产品、茶叶、辐照食品、保健食品和其他食品等 21 类约 80 项标准，包括限量标准、各类卫生操作规范、检验方法以及产品质量标准等，基本涵盖从食品原料到产品生产销售过程中涉及健康危害的各类质量安全指标。

3. 监管体系由"分段监管"格局，向统一监管转变

Thetransform of the regulatory system from the "divided-by-links" pattern to the unified pattern

2013 年 3 月 10 日《国务院机构改革和职能转变方案》发布，我国食品安全监管职责及部门已向集中化转变。目前，主要由食品药品监督管理总局（CFDA）统一监管。相较于原来"九龙治水"式的分段监管，改革后食品安全监管体制更好地整合了食品药品监管的行政资源、技术资源、信息资源，有利于更好地统一调配监管资源和更有效地查处食品药品中的违法、违规行为。

4. 食品安全监测能力显著提升

Significant improvement of food safety monitoring ability

（1）监测体系方面：我国食品安全监测范围涵盖种植、养殖、生产、流通、销售环节的初级农产品、加工品、餐饮食品和保健品。相较于发达国家，监测范围基本涵盖了除饲料以外的所有食品相关类别。监测项目包括农兽药残留、重金属、真菌毒素、食品添加剂及其他质量指标等。

（2）检验检测能力方面：截至 2010 年，我国有食品检验检测实验室近 6000 家，隶属于

农业、商务、卫生、质检等部门或行业，其中县级实验室约占71%。目前，形成了"国家级检验机构为龙头，省级和部门食品检验机构为主体，市、县级食品检验机构为补充"的食品安全检验检测体系。

（3）监测网络建设方面：我国初步构建起食品安全网络监控和预警系统。国家卫生行政部门参照全球环境监测规划/食品污染监测与评估计划（GEMS/Food），开展了食品污染物和食源性疾病监测工作，重点建设了全国食品污染物监测数据汇总系统、全国食品微生物风险监测数据汇总系统、食源性疾病（食物中毒）监测报告系统、食源性异常病例/异常健康事件报告系统等。国家质检总局建立的全国食品安全风险快速预警与快速反应体系（RARSFS）于2007年正式推广应用，初步实现国家和省级监督数据信息的资源共享，构建质监部门的动态监测和趋势预测网络。另外，商务部建设了酒类流通管理信息系统、酒类流通统计监测系统，农业部等其他部委也建设了自己的食品相关监测系统网络。这些系统提高了我国应对食品安全系统性风险的能力，通过上报的监测数据信息，及时发现食品安全隐患，进行风险预警，为食品安全风险评估、标准的制定提供科学依据。

5. 风险评估和交流已有良好开局
A good start to ward risk assessment and risk communication

（1）风险评估方面：我国食品安全风险评估工作最早起步于20世纪70年代，卫生部门先后组织开展了食品中污染物、部分塑料食品包装材料树脂及成型品浸出物等风险评估。加入WTO后，我国加强了食品中微生物、化学污染物、食品添加剂、食品强化剂等专题评估工作，开展了一系列应急和常规食品安全风险评估项目。2006年颁布实施的《农产品质量安全法》，首次引入了风险分析与风险评估的概念，确立了风险评估的法律地位，主要针对与农产品种植/养殖有关的危害因素（包括农药、兽药、化肥、饲料添加剂等农业化学投入品）开展风险评估。2009年《食品安全法》明确提出建立食品安全风险评估制度，详细规定风险评估的内容、实施主体、原则和作用。2012年，国家食品安全风险评估中心成立，初步形成风险评估制度体系和以国家食品安全风险评估中心、国家食品安全风险评估委员会为基础的食品安全风险评估工作体系。农业部也构建了以农产品质量安全风险评估专家委员会为核心，以各地农产品质量安全风险评估实验室为支撑的农产品风险评估工作网络。

（2）风险交流方面：目前我国风险交流主要有传统的信息发布、投诉举报和公开征求意见、提供信息咨询、健康教育活动、新媒体等方式和渠道。部分行业组织和网络媒体也通过科普活动参与到食品安全风险交流活动中。但就整体而言，我国食品安全风险交流仍处于食品安全保障体系中最薄弱的环节，风险交流的系统性、科学性和深度有待加强。

（二）食品安全监测数据总体向好
Generally favorable food safety monitoring data

1. 主要食用农产品安全现状——基于农业部例行监测结果的分析
Current safety status of the major edible agricultural products——based on the analysis of the routine monitoring results by the Ministry of Agriculture

食用农产品质量安全现状反映的是食品源头污染状况，是农业部农产品质量安全风险监测的重点。农业部例行监测结果显示，2009～2013年我国蔬菜质量安全例行监测合格率一直维持在96%以上，水果合格率维持在95%以上，畜禽产品维持在99%以上，水产品维持在94%以上。主要食用农产品质量安全总体保持较高水平。

2. 加工食品安全现状——基于国家食品质量监督抽查结果的分析

Current safety status of processed foods——based on the analysis of the inspection results by the general administration of quality supervision, inspection and quarantine

2012 年以前，国家质量监督检验检疫总局（简称国家质检总局）负责食品质量监督检查制度的实施。2013 年机构改革后，该职能划转至国家食品药品监督管理总局。2003～2012 年十年间国家质检总局先后抽查的样品涉及不同类别的上千种食品，对加工食品质量安全水平的提高起到积极的推动作用。监督抽查结果显示，2009～2012 年我国加工食品监督抽查合格率从 2009 年的 91.1％上升至 2012 年的 95.6％，加工食品质量安全水平逐年提高，其中国家重点监督的肉制品、乳制品、碳酸饮料、瓶（桶）装饮用水、小麦粉、食糖等均表现出较高的合格率。

3. 食源性疾病现状——基于卫生部门直报系统的分析

Current status of foodborne disease——based on the analysis of the reporting systems of the Health Department

食源性疾病反映了食品消费环节的食品安全状况，是国家卫生部门风险监测的重点。食品生物安全不是我国独有的问题，不论国家发展程度如何，都要面临来自食品生物安全的威胁。2009～2013 年通过网络直报系统统计的全国食物中毒类突发公共卫生事件共报告 1006 起，造成 38958 人中毒，757 人死亡。其中，2013 年共报告 152 起，5559 人中毒，109 人死亡，较 2009 年分别减少 43.9％、49.5％和 39.8％。2009～2013 年食源性疾病引发的公共卫生事件由 271 起降至 152 起，总体呈下降趋势，说明我国食品消费环节的食品安全水平不断提升。

（三）食品安全形势依然严峻

Food safety situation remains severe

1. 重大食品安全事件呈高发态势

A trend towards high frequency of serious food safety incidents

自 2011 年起，全国公安机关开展了食品安全综合治理和专项整治行动，食品安全整治力度很大，成效显著；然而食品安全问题多发频发，形势依然严峻。

从农业部、国家质检总局、国家卫生部门等发布的相关数据来看，我国食品安全水平整体趋稳向好。但总体来看，食品安全事件高发仍是必须面对的现实问题。来自源头污染、违法添加非食用物质、超量超范围使用食品添加剂等食品安全事件频频发生，导致公众对食品安全的信任危机。高风险食品种类如肉制品和乳制品是食品安全事件多发领域。

2. 进出口食品安全不容乐观

Unoptimistic about the safety of imported and exported foods

我国进口食品的质量安全形势不容乐观。自 2009 年以来，我国进口的不合格食品批次和数量逐年增加，不合格批次和数量仍然偏高。

3. 国内消费者对食品安全认可度不高

Low recognition towards food safety of domestic consumers

国内消费者对食品安全的认知、评价与态度，会对食品消费环境、食品企业竞争力乃至食品产业的生存与发展产生重大影响。问卷调查结果显示，消费者高度关注食品安全但总体满意度不高；消费者对各类主要食品安全状况的评价不乐观；消费者认为存在于食品加工环节的食品安全隐患最大，他们认为问题食品都是被生产加工部门生产出来的，这表明消费者对食品生产者的信任感最差。因此，国内食品企业特别是大型品牌企业，在加强自律和努力提高产品质量确保食品安全的同时，也应重视通过各种方式进行企业宣传，以增强消费者对国内食品企业的信任感。

三、食品营养安全方面：营养保障和风险因素的挑战
The aspect of food nutrition and safety: challenges on nutrition security and risk factors

（一）食品营养缺乏和过剩并存
Coexistence of food nutrient deficiency and excess

营养安全（nutrition security）的概念最早出现于 20 世纪 90 年代中期，联合国儿童基金会和世界银行都有定义，但在范围和含义上有所不同。2012 年年初 FAO 将"营养安全"定义为：所有人在任何时候都能消费在品种、多样性、营养素含量和安全性等方面数量和质量充足的食物，满足其积极和健康生活所需的膳食需要和饮食偏好，并同时具备卫生清洁的环境，适宜的保健、教育和护理。这一概念针对全球普遍存在的营养不良、超重和肥胖等问题的提出，是为保障食品营养供给和膳食平衡。

在我国，一方面，边远贫困地区儿童成长发育迟缓、缺铁性贫血等营养不良状况依然没有得到彻底解决；另一方面，营养失衡造成的慢性代谢性疾病已成为制约国计民生和社会可持续发展的重要因素。

（二）食品营养风险性因素逐渐显现
The emergence of food nutritional risk factors

随着科技的发展与进步，人们对部分食品营养安全性提出了新的质疑，一些看似安全但存在潜在风险的问题需要重新界定，例如油炸食品对健康的影响、补充维生素对人体作用的争议等。食品营养风险性因素日益引起关注，逐渐成为食品安全的重要内涵之一。

四、食品安全综合评价
Comprehensive evaluation of food safety

2013 年，英国经济学人智库（Economist Intelligence Unit，简称 EIU）发布《全球食物安全指数报告》（Global Food Security Index），该指数包括食品价格承受力、食品供应能力、质量安全保障能力等三方面 27 个定性和定量指标。报告依据世界卫生组织、联合国粮食及农业组织、世界银行等权威机构的官方数据，通过动态基准模型综合评估 107 个国家的食品安全现状，并给出总排名和分类排名。结果显示，发达国家继续占据排名的前 25%，美国、挪威、法国分列前三位。中国在 107 个国家中位居 42，其中，食品价格承受力排名 47，食品供应能力排名 41，质量安全保障能力排名 43。报告将中国列入良好表现（Good performance）一档，并将质量安全保障能力归为中国得分较高的 7 个指标之一予以特别提示。而另一发展中人口大国——印度排名则在 70 位，远落后于中国。这说明我国食品安全的国际认可度处于较高水平。

近年来，党中央、国务院高度重视食品安全工作，把食品安全工作纳入社会管理的范畴予以重点关注和重点推进。全国各地、各部门按照国务院部署，深入开展了食品安全治理整顿，强化日常监管，严厉打击了一批食品安全违法犯罪分子，消除了一大批食品安全隐患，保持了食品安全形势总体稳定向好。但制约我国食品安全的突出矛盾尚未根本解决，食品安全事故多发频发的势头仍未得到有效遏制，且有越演越烈之势，因此形势依然严峻。

第二节　我国的食品法规与主要标准
Food regulations and major standards in China

一、我国食品法律法规体系
Food laws and regulations in China

（一）我国食品法律法规体系的形成过程
Development of the food laws and regulations system in China

1. 20 世纪 50～60 年代：起步阶段
The initial stage in the 1950s-1960s

在这个阶段，我国政府针对当时清凉饮用食物引发肠道疾病、食用染料滥用的局面，颁布了相应的办法、条例，如 1953 年颁布的《清凉饮食物管理暂行办法》、1960 年颁布的《食用合成染料管理办法》和 1964 年颁布的《食品卫生管理试用条例》。

2. 20 世纪 70～80 年代：由单项管理向全面管理过渡阶段
The transition stage from individual management to comprehensive management in the 1970s-1980s

这一阶段，人们的温饱得以解决，城乡饮食出现繁荣局面，食品安全事故呈现出多样化的特点，我国食品卫生安全管理工作也随之由单项管理向全面管理过渡。1982 年制定并颁布了《中华人民共和国食品卫生法（试行）》，1995 年《中华人民共和国食品卫生法》正式实施。

3. 20 世纪 90 年代至今：法制化管理新阶段
A new stage of legalized management since the 1990s

经过几十年的努力，我国在食品安全领域初步形成了以《中华人民共和国食品安全法》等法律法规为核心，以地方性法规、政府规章和规范性文件为补充的食品安全法律法规体系。我国的食品安全法规架构分为法律、行政法规、部门规章、地方性法规和规章共 4 个层次。

在法律层面，我国涉及食品安全的主要实体法包括《产品质量法》《农产品质量安全法》《动物防疫法》等；相关法律主要包括《消费者权益保护法》《标准化法》《进出口商品检验法》等；程序法主要包括《行政许可法》《行政处罚法》《行政复议法》《行政诉讼法》等。在行政法规层面，有国务院颁发的食品安全监管相关条例，主要包括《国务院关于加强食品等产品安全监督管理的特别规定》《工业产品生产许可证管理条例》《认证认可条例》《进出口商品检验法实施条例》《农药管理条例》《生猪屠宰管理条例》《兽药管理条例》《饲料和饲料添加剂管理条例》《进出口动植物检疫法实施条例》等。

在部门规章层面，有国家食品安全监管部门制定的各种规定、办法、通则。主要有《食品生产加工企业质量安全监督管理实施细则（试行）》《查处食品标签违法行为规定》《产品标识标注规定》《流通领域食品安全管理办法》《食品企业通用卫生规范》《餐饮业食品卫生管理办法》《新资源食品管理办法》《保健食品管理办法》《食品添加剂卫生管理办法》《食品添加剂管理办法》《食品广告发布暂行规定》《食品卫生监督程序》《突发公共卫生事件应急条例》《国家重大食品安全事故应急预案》《食品卫生行政处罚办法》等。

除此之外，有的省、直辖市、副省级城市也根据当地情况制定了一些食品质量安全相关地方性法规和规章。

虽然我国食品安全工作开始进入了法制化管理的阶段，但对食品安全的依法管理还相对薄弱，还存在一些法律监管盲区，现行不少法律法规制约性还不强，不能适应发展需要。食品安全监管远远滞后于食品工业的迅猛发展，从而导致近年来食品安全事件屡有发生。因此，必须加强和完善食品安全的依法管理，制定相关法律，使食品安全真正进入法治化轨道。

（二）食品安全法
Food Safety Law

1. 食品安全法的颁布
The enactment of food safety law

《中华人民共和国食品安全法》（以下简称《食品安全法》）由中华人民共和国第十一届全国人民代表大会常务委员会第七次会议于 2009 年 2 月 28 日通过，自 2009 年 6 月 1 日起施行，《中华人民共和国食品卫生法》同时废止。根据《中华人民共和国食品安全法》，2009 年 7 月 8 日，国务院第 73 次常务会议通过《中华人民共和国食品安全法实施条例》，自公布之日起施行。

《食品安全法》的立法宗旨是为保证食品安全，保障公众身体健康和生命安全。它充分体现了"以人为本、构建和谐社会"的立法理念；从"农田到餐桌"的全程监管和重在源头的监管理念；发挥消费者制衡作用的理念；加大违法成本的经济学理念。

2.《食品安全法》的适用范围
The scope of application of the food safety law

在中华人民共和国境内从事下列活动，均应当遵守《食品安全法》。

（1）食品生产和加工（以下称食品生产），食品销售和餐饮服务（以下称食品经营）；

（2）食品添加剂的生产经营；

（3）用于食品的包装材料、容器、洗涤剂、消毒剂和用于食品生产经营的工具、设备（以下称食品相关产品）的生产经营；

（4）食品生产经营者使用食品添加剂、食品相关产品；

（5）食品的贮存和运输；

（6）对食品、食品添加剂、食品相关产品的安全管理。

供食用的源于农业的初级产品（以下称食用农产品）的质量安全管理，遵守《中华人民共和国农产品质量安全法》的规定。但是，食用农产品的市场销售、有关质量安全标准的制定、有关安全信息的公布和本法对农业投入品作出规定的，应当遵守本法的规定。

3.《食品安全法》的修订
Revision of food safety law

2014 年，第十二届全国人大常委会第九次会议初次审议了《中华人民共和国食品安全法（修订草案）》，并将《中华人民共和国食品安全法（修订草案）》在中国人大网公布，向社会公开征集意见。2015 年 4 月 24 日，十二届全国人大常委会第十四次会议表决通过了关于修改食品安全法的决定。新修改的食品安全法于 2015 年 10 月 1 日起正式施行。本次新法修改力度非常大，从原来 104 条增加成 154 条，对八个方面的制度构建进行了修改，主要表现在：完善统一权威的食品安全监管机构；明确建立最严格的全过程监管制度，进一步强调食品生产经营者的主体责任和监管部门的监管责任；更加突出预防为主、风险防范；实行食品安全社会共治，充分发挥媒体、广大消费者在食品安全治理中的作用；突出对保健食品、特殊医学用途配方食品、婴幼儿配方食品等特殊食品的监管完善；加强对高毒、剧毒农药的管理；加强对食用农产品的管理；建立最严格的法律责任制度；禁止剧毒、高毒农药用于蔬菜、瓜果、茶叶和中草药材等国家规定的农作物。

（三）产品质量法

Product quality law

《中华人民共和国产品质量法》于 1993 年 2 月 22 日由第七届全国人民代表大会常务委员会第三十次会议通过，分别于 2007 年和 2009 年进行了两次修订。

1. 产品质量法适用的产品范围

The product scope for application of the product quality law

《产品质量法》所称产品的范围，是指经过加工、制作、用于销售的产品。建筑工程产品不适用本法规定。本法第 73 条规定，军工产品质量监督管理办法，由国务院、中央军事委员会另行制定。因核设施、核产品造成损害的赔偿责任，法律、行政法规另有规定的，依照其规定。

本法规定不适用初级农产品。原国家技术监督局发布的《中华人民共和国产品质量法条文解释》中指出："未经加工天然形成的物品，如原矿、原煤、石油、天然气等；以及初级农产品，如农、林、牧、渔等产品，不适用本法规定。"

值得注意的是，本法中所称的产品，包括药品、食品、计量器具等特殊产品。但是，本法与《药品管理法》《食品卫生法》《计量法》有不同规定的，应当分别适用其规定。

2. 产品质量法适用的主客体范围

The subject or object scope for application of the product quality law

（1）主体的适用范围　根据原国家技术监督局《中华人民共和国产品质量法条文解释》规定，本法调整的主体，主要包括以下三种：第一种是生产者、销售者；第二种是监督管理产品质量的行政机关及其从事产品质量监督管理工作的国家工作人员；第三种是消费者以及虽不是产品的消费者，但受到产品缺陷损害的人。

（2）客体的适用范围　产品质量是指国家有关法律、法规、质量标准以及合同规定的对产品适用性、安全性和其他特性的要求。根据"需要"是否符合法律的规定，是否满足用户、消费者的要求，以及符合、满足的程度，产品质量可分为合格与不合格两大类。其中，合格又分为符合国家质量标准、符合部级质量标准、符合行业质量标准和符合企业自订质量标准四类。

不合格产品包括①瑕疵；②缺陷；③劣质；④假冒。

3. 产品质量法适用的空间范围

Spatial scope for application of the product quality law

产品质量法适用的空间范围是指法律在多大的地域范围内适用。本法规定：在中华人民共和国境内从事产品的生产、销售活动的，必须遵守本法，包括生产出口产品的生产者和销售进口产品的销售者。在中华人民共和国境外从事产品生产销售活动的，不适用本法，应当适用所在国家的法律。

（四）农产品质量安全法

The law of the people's Republic of China on quality and safety of agricultural products

《农产品质量安全法》由第十届全国人民代表大会常务委员会第二十一次会议于 2006 年 4 月 29 日通过，自 2006 年 11 月 1 日起施行。为保障农产品质量安全，维护公众健康，促进农业和农村经济发展，制定本法。本法所称农产品，是指来源于农业的初级产品，即在农业活动中获得的植物、动物、微生物及其产品。本法所称农产品质量安全，是指农产品质量符合保障人的健康、安全的要求。全文共八章五十六条，其主要内容如下。

（1）明确农产品质量安全管理责任制度。对农产品的质量监管，实行由政府统一领导、农业主管部门依法监管、其他有关部门分工负责的管理体制。

（2）明确农产品质量安全风险分析评估制度。对农产品进行安全风险分析评估是保障农产品质量安全的基础性工作，也是有效防范农产品质量安全风险的重要途径。

（3）明确农产品质量安全标准的强制实施制度。为确保农产品质量安全，《农产品质量安全法》建立了农产品质量安全标准强制实施制度：一是禁止生产销售不符合国家规定的农产品质量安全标准的农产品；二是建立健全农产品质量安全标准体系。农产品质量安全标准是强制性的技术规范。

（4）明确农产品产地管理制度。为了加强农产品质量安全的源头管理，《农产品质量安全法》建立了农产品产地管理制度：一是规定农产品禁止生产区域；二是落实地方政府农产品基地建设责任；三是加强农产品产地环境保护。

（5）明确农产品包装标识管理制度。由于对农产品包装和标识缺少统一规定，难以对有质量问题的农产品进行及时追溯，造成监管"盲区"。对此，《农产品质量安全法》对农产品包装和标识管理作出了明确规定：一是明确农产品的包装和标识的要求；二是明确农产品使用包装材料的要求；三是明确销售农产品必须符合安全标准。

（6）明确禁止销售农产品的范围。为了从源头上控制和保障农产品质量安全，杜绝不合格的农产品进入市场和家庭餐桌，损害人民群众的身体健康。

（7）明确农产品质量安全监督检查制度。加强农产品质量安全监管检查，是预防和避免农产品质量安全事故发生的有效举措。

（8）明确法律责任。由于农产品质量安全问题层出不穷，成为社会关注的热点难点问题。为此，《农产品质量安全法》加大了对农产品质量安全违法的处罚力度。一是明确农业主管部门的法律责任，二是明确行政机关和行政管理相对人的相关法律责任。

（五）食品行政法规、部门规章
Food administrative rules and sectoral regulations

食品行政法规是由国务院根据宪法和法律，在其职权范围内制定的有关国家食品行政管理活动的规范性法律文件，其地位和效力仅次于宪法和法律。行政法规的名称为条例、规定和办法。部门规章包括国务院各行政部门制定的部门规章和地方人民政府制定的规章。涉及的主要方面如下。

（1）在食品及食品原料的管理上，制定了《食品添加剂卫生管理办法》《新资源食品卫生管理办法》《转基因食品卫生管理办法》《保健食品注册管理办法》《禁止食品加药管理办法》《辐照食品卫生管理办法》《乳与乳制品卫生管理办法》《蛋与蛋制品卫生管理办法》《水产品卫生管理办法》《调味品卫生管理办法》《食糖卫生管理办法》《酒类管理办法》《粮食卫生管理办法》《食用植物油卫生管理办法》《茶叶卫生管理办法》《食用菌卫生管理办法》《母乳代用品销售管理办法》《肉与肉制品卫生管理办法》。

（2）在食品包装材料和容器的管理上，制定了《食品用塑料制品及原材料卫生管理办法》《食品包装用原纸卫生管理办法》《食品用橡胶制品卫生管理办法》《铝制食具容器卫生管理办法》《陶瓷食具容器卫生管理办法》《食品容器内壁涂料卫生管理办法》等。

（3）在餐饮业和学生集体用餐的管理上，制定了《餐饮业食品卫生管理办法》《街头食品卫生管理办法》《学生集体用餐卫生监督办法》《食物中毒事故处理办法》等。

（4）在食品卫生监督处罚的管理上，制定了《卫生行政处罚程序》《卫生行政执法处罚文书规范》《食品卫生监督程序》《食品卫生行政处罚办法》《卫生监督员管理办法》《健康相关产品国家监督抽检规定》等。

国家在加大食品生产经营阶段立法力度的同时，也加强了农产品种植、养殖阶段以及环境保护对农产品安全影响等方面的立法，颁布实施了《农药管理条例》《兽药管理条例》《饲料和饲料添加剂管理条例》《农业转基因生物安全管理条例》《中华人民共和国动物防疫法》《生猪屠宰管理条例》《植物检疫条例》《中华人民共和国进出境动植物检疫法》《中华人民共和国环境保护法》《中华人民共和国海洋环境保护法》《中华人民共和国水污染防治法》《中华人民共和国大气污染防治法》《中华人民共和国固体废弃物污染环境防治法》等。

二、我国的主要食品标准
Major food standards in China

（一）我国食品标准概况
Overview of food standards in China

1. 食品标准简介
Brief introduction of food standards

食品标准是食品安全卫生的重要保证，是国家标准的重要组成部分。食品标准是国家管理食品行业的依据，是企业科学管理的基础。食品标准制定的依据是《中华人民共和国食品安全法》《标准化法》、有关国际组织的规定及实际生产技术经验等。

近年来，新的食品原料、食品添加剂、食品加工技术的广泛应用以及消费者对食品安全、质量问题和营养的高要求，使得我国食品标准面临着巨大的挑战。产生这些问题的根源之一，就是我国食品安全标准仍存在一些问题。

在 20 世纪八九十年代，许多发达国家已经采用国家标准，某些标准甚至高于现行的 CAC 标准水平，而我国国家标准覆盖面还不够，标准化工作也有差距，近几年我国不断全面清理现行食品标准，解决标准之间的交叉、重复和矛盾问题，加快食品标准的制（修）订工作。国家卫生行政部门制定了《食品标准清理工作实施方案》，并于 2013 年 1 月正式启动食品标准清理工作。经过清理，新的国家食品产品安全标准体系初步形成，基本涵盖从食品原料到产品生产销售过程中涉及健康危害的各类质量安全指标。

2. 我国食品标准分类
Classification of food standards in China

（1）按照实施范围分类

我国食品标准按实施范围分类可分为国家标准、行业标准、地方标准和企业标准。

对需要在全国范围内统一的技术要求，应当制定国家标准。编号由国家标准代号（GB 或 GB/T）、发布顺序号和发布年号三个部分组成，如 GB/T 5835—2009 干制红枣。

对没有国家标准和行业标准而又需要在省、自治区、直辖市范围内统一的工业产品的安全和卫生要求，可以制定地方标准。地方标准代号是由 "DB" 加上行政区划代码前两位数字，如 DB31/T 388—2007《食品冷链物流技术与规范》（上海）。

企业生产的产品没有相应国家标准或行业标准或地方标准时应当制定企业标准，作为组织生产的依据。若已有相应的国家标准或行业标准或地方标准时，企业在不违反相应强制性标准的前提下，可以制定在企业内部适用、充分反映市场和消费者要求的企业标准。

（2）按照法律约束性分类

我国食品标准中国家标准和行业标准按法律约束性可分为强制性标准和推荐性标准。

强制性标准指具有法律属性，在一定范围内通过法律、行政法规等强制手段加以实施的标准，如 GB 7718—2004《预包装食品标签通则》。

推荐性国家标准不具有强制性，任何单位均有权决定是否采用，违反这类标准，不构成经济或法律方面的责任。应当指出的是，推荐性标准一经接受并采用，或各方商定同意纳入商品经济合同中，就成为各方必须共同遵守的技术依据，具有法律上的约束性。我国强制性标准属于技术法规的范畴，推荐性标准在一定情况下可以转化为强制性标准。

（3）按内容分类

按涉及内容的不同，我国食品标准可分为食品工业基础及相关标准、食品卫生标准、产品标准、食品包装材料及容器标准、食品添加剂标准、食品检验方法标准、各类食品卫生管理办法等。

（4）按作用范围来分类

① 技术标准　食品工业基础及相关标准中涉及技术的部分标准，如产品标准、食品检验方法标准等。

② 管理标准　主要包括技术管理、生产管理、经营管理等，如 ISO 9001、ISO 9002 质量管理标准。

③ 工作标准　具体岗位的员工在工作时的准则。

（二）食品产品标准

Food product standards

食品产品标准是为保证食品的食用价值，对食品必须达到的某些或全部要求所作的规定。我国现行的主要食品产品都有国家标准或行业标准，涉及动物性食品、植物性食品、婴幼儿食品、辐照食品、食品添加剂、食品容器、包装材料等食品或食品相关产品如食品用工具设备和消毒剂等。

食品产品标准的主要内容包括相关术语和定义、产品分类、技术要求（感官指标、理化指标、污染物指标和微生物指标等）、各种技术要求的检验方法、检验规则以及标签与标志、包装、贮存、运输等方面的要求。如 GB/T 23596—2009《海苔》，该标准规定了海苔的上述相关要求，适用于海苔产品的生产、流通和监督检验。

其中，技术要求是食品产品标准的核心内容。凡列入标准中的技术要求应该是决定产品质量和使用性能的主要指标，而这些指标又是可以测定或验证的。这些指标主要包括感官指标、理化指标、污染物指标、微生物指标。

（三）食品检验规则、食品标示和物流标准

Food inspection rules, food labeling and logistics standards

在所有的食品产品中都包含食品检验规则、食品标示标志、标签、包装、运输、贮存等要求，但还有很多食品标准将检验规则、标志、标签、包装、运输、贮存等内容合并在一起作为单独标准，如 GB/T 10346—2006《白酒检验规则和标志、包装、运输、贮存》等。

1. 食品检验规则

Food detection rules

食品检验规则的主要内容应包括检验分类、组批规则、抽样方法、判定原则和复检规则。抽样的主要内容应包括根据食品特点，应规定抽样条件、抽样方法、抽取样品的数量，易变质的产品应规定储存样品的容器及保管条件。标准中具体选择哪一种较为适合的抽样方案，应根据食品特点，参考 GB/T 13393—2008《验收抽样检验导则》进行编制。

2. 食品标志

Food labeling

表明产品基本情况的一组文字符号或图案，称为产品的标志。食品标志是产品的"标识"，它包括标签、图形、文字和符号。

产品标志应符合《中华人民共和国产品质量法》《中华人民共和国消费者权益保护法》《食品标识管理规定》等法律法规和强制性标准的规定，一般可直接引用 GB 7718—2011《食品安全国家标准 预包装食品标签通则》、GB 13432—2013《食品安全国家标准 预包装特殊膳食用食品标签》等。

3. 物流标准

Logistics standards

食品物流就是食品流通，但随着经济的发展，它所指的范围非常广泛，包括食品运输、储存、配送、装卸、保管、物流信息管理等一系列活动。

食品物流相对于其他行业物流而言，具有其突出的特点：一是为了保证食品的营养成分和食品安全性，食品物流要求高度清洁卫生，同时对物流设备和工作人员有较高要求；二是由于食品具有特定的保鲜期和保质期，食品物流对产品交货时间即前置期有严格标准；三是食品物流对外界环境有特殊要求，比如适宜的温度和湿度；四是生鲜食品和冷冻食品在食品消费中占有很大比重，所以食品物流必须有相应的冷链。

（四）食品生产安全控制标准

Standards of food manufacturing safety control

1. 食品良好操作规范

Good manufacturing practice

食品良好操作规范（GMP）是为保障食品安全、质量而制定的贯穿食品生产全过程的一系列措施、方法和技术要求，是生产符合食品标准要求的食品必须遵循的、政府制定颁布的强制性食品生产、贮存等方面的卫生法规与标准。GMP 中最关键的内容是卫生标准操作程序（SSOP），主要强调预防食品生产车间、环境、人员以及与食品接触的器具、设备中可能存在的危害及其防治措施。我国目前颁布了 GB 12693—2010《食品安全国家标准 乳制品良好生产规范》、GB 12695—2003《饮料企业良好生产规范》等 GMP 标准。

2. 食品企业生产卫生规范

Hygiene standard of food enterprise manufacturing

食品企业生产卫生规范是为保证食品安全而对食品企业生产经营条件，包括选址、设计、建筑、设备、工艺流程、操作人员等方面的卫生要求做出的规定，是政府对企业的最低要求。国家对食品企业颁布了通用卫生规范和各类食品企业卫生规范，这是食品生产企业组织生产、进行自身卫生管理的重要法规。我国是把这部规范作为国家标准颁布的，因此它可作为我国卫生标准的组成部分。

卫生控制程序（SCP）和良好操作规范（GMP）共同作为 HACCP 的基础，没有适当的 GMP 为基础，工厂就不能成功地实施 HACCP。

3. 危害分析与关键控制点体系

Hazard analysis and critical control points（HACCP）

为促进我国食品卫生状况的改善，预防和控制各种有害因素对食品的污染，保证产品卫生安全，卫生部组织制定了 GB/T 19538—2004《危害分析与关键控制点（HACCP）体系及其应用指南》，要求各地卫生行政部门结合当地实际，积极鼓励并指导食品企业实施该指南。此外，近几年我国还颁布了许多 HACCP 标准，如 GB/T 27341—2009《危害分析与关键控制点（HACCP）体系食品生产企业通用要求》、GB/T 19537—2004《蔬菜加工企业 HACCP 体系审核指南》、GB/T 27342—2009《危害分析与关键控制点（HACCP）体系乳制品生产企业要求》、GB/T 22656—2008《调味品生产 HACCP 应用规范》、NY/T 1570—2007《乳制品加工 HACCP 准则》、GB/T 19537—2004《蔬菜加工企业 HACCP 体系审核指南》等。

（五）食品检验方法标准
Standards for food detection methods

1. 食品检验方法标准概况
Overview of standards for food inspection methods

食品检验就是依据一系列不同的标准，对食品质量进行检测、评价。食品检验方法标准是对食品的质量进行测定、试验所做的统一规定，包括感官检验方法、食品卫生理化检验方法、食品卫生微生物检验方法、食品毒理学安全评价程序、保健食品功能检验方法等。不同的食品有不同的质量要求，每项要求有相应的检测方法。

我国卫生部专门颁布了"食品卫生检验方法"，分为理化检验方法标准（GB 5009）、微生物检验方法标准（GB 4789）、放射性物质检验方法标准（GB 14883）和食品安全性毒理学评价程序标准（GB 15193）。重新分类整合现行检测方法标准，构建科学、合理、有效的食品检测方法标准体系。在监测和试验工作中必须按照这些规定的方法和程序进行，才能使所得结果作为评价的依据。

2. 食品卫生微生物学检验标准
Standards for the microbiological examination of food hygiene

在不同标准中要对相应指标做出明确规定。食品卫生微生物检验方法标准主要包括总则、菌落总数、大肠菌群测定、各种致病菌的检验、产毒霉菌的鉴定、各类食品中微生物的检验等。

我国新颁布了食品卫生微生物学检验方法标准 GB/T 4789—2008，新标准对检测流程、检验方法及培养基使用等方法进行了较大改动，另外还修改了样品的采集方法，增加了质量控制和检验后样品的处理方法。新标准的颁布使 17 项新的标准出台，其中 12 项是对 GB/T 4789—2003 原有标准的修改，新增了食品卫生微生物学检验大肠杆菌 O157：H7/NM 检验、食品卫生微生物学检验金黄色葡萄球菌计数、食品卫生微生物学检验大肠杆菌计数、食品卫生微生物学检验粪大肠菌群计数、食品卫生微生物学检验阪崎肠杆菌检验 5 项国家标准。

3. 食品卫生理化检验方法标准
Standards for the physical and chemical examination of food hygiene

我国新颁布的食品卫生理化检验方法标准（GB/T 5009—2010），在原有标准的基础上，有一部分也根据实际进行了修改，另外还新增了一些食品卫生理化检验方法新标准。GB/T 5009 标准涉及食品常规理化检验、食品基本成分测定、食品添加剂和营养强化剂测定方法以及重金属、有毒有害毒素、食品添加剂、金属离子、农药残留、兽药残留、不同食品卫生标准分析方法和食品容器与包装材料卫生标准分析方法等的检测方法共 235 项标准。与 GB/T 5009—2003 相比，有 43 项新标准，其中 13 项是对 GB/T 5009—2003 原有标准的修改，

30 项是新增加的标准。

（六）食品添加剂标准
Food additive standards

2014 年 12 月 31 日国家卫计委发布了 GB 2760—2014《食品安全国家标准　食品添加剂使用标准》，该标准替代了 2011 年版本并已于 2015 年 5 月 24 日起实施。

《食品添加剂使用标准》规定了食品添加剂的使用原则、允许使用的食品添加剂品种、使用范围及最大使用量或残留量，每一食品类别规定了相应的允许使用的食品添加剂使用量。该标准适用于所有的食品添加剂生产、经营和使用者。

新标准的食品添加剂品种比原来的品种有所增加，其中有些标准是原来没有的，主要参照了国际标准制定，原则、程序等都已经和国际接轨。新标准覆盖所有食品，对食品添加剂进行了明确分类，并规定了使用范围。

（七）食品加工操作技术规程标准
Standards for food processing operation technicalrules

食品加工操作技术规程标准如 NY/T 1606—2008《马铃薯种植生产技术操作规程》、GB/T 17236—2008《生猪屠宰操作规程》、DB51/T 877—2009《无公害农产品生产技术规程茶叶》、DB51/T 876—2009《康砖茶加工技术规程》、NY/T 5245—2004《无公害食品茉莉花茶加工技术规程》、NY/T 5296—2004《无公害食品皮蛋加工技术规程》等。

第三节　我国的食品安全管理体系
Food safety management system in China

一、食品安全管理体系的构成要素
Constituent elements of the food safety management system

目前，我国食品安全的管理以政府行为为主导，通过制定有效的法律法规及统一协调的标准，组织合理的监管构架，采取正确的监管机制来保障食品的安全，并维持良好的市场秩序。其中，法律法规是监管工作的基础，规定了监管人员、经营者及消费者的权利与义务，是一切行为的基础依据。食品标准是以科学、技术和经验的综合成果为基础，经各有关方协商一致并经一个公认机构批准的，对食品规定共同的和重复使用的规则、导则或特性的文件。标准为食品安全的监管工作提供了技术保障文件和判断依据，是监管人员执法及经营者生产、销售等行为的统一准绳。有了科学、统一和协调的法律法规及标准体系，还需要组织合理的监管构架来有效地执行这些法规，使其明示和规范作用落到实处。合理的监管组织构架（机构设置及权责分配）为监管工作的顺利进行提供了人力资源保障。此外，随着世界管理理念及方法的更新，不断涌现出一些新型有效的管理方法来应对日益复杂的食品安全问题，因此，积极吸纳先进的管理方法和机制来提高监管效率也是十分必要的。

由于食品是一种典型的后经验商品，更倾向于信息不对称状态；同时，政府监管公职人员的"权利寻租"及政府决策的效率问题等又会导致"市场失灵"和"政府失灵"。这些监督力量的失灵促使社会力量日渐壮大，在传统"官民二重结构"之外出现了第三大领域，即公共事务的多元治理主体。这些主体包括食品行业协会、第三方认证及检测机构和媒体等社会力量。同时，消费者作为食品安全的权益主体，其购买和维权行为在促进企业和政府提高食品安全水平方面起着内在的核心动力作用。科技的发展为现代化食品工业的出现和发展提供了客观的生产力支持，其水平在促进行业发展和安全保障方面具有决定性影响。然而，管理与科技有其自身局限性，并不能解决一切问题。因此，生产者的道德水平和自律意识就成为影响食品质量安全的重要因素，加强企业自律就成为解决食品安全问题的重要途径。

综上所述，政府监管范围内的法律法规及标准体系、监管组织构架及机制，以及社会协同、消费者参与、企业自律及科技支撑都成为影响食品安全水平的重要因素。

二、我国食品安全管理体系的现状及存在问题
Current status and issues food safety management system in China

1. 法律法规体系现状及存在的问题
Current status and issues of laws and regulations

我国的食品安全法律体系是在新中国成立以后发展起来的。改革开放以来，我国食品卫生立法工作发展迅速，截至我国颁布的食品安全方面的法律法规、地方规章及司法解释等总共达 840 多部，其中基本法律法规 107 部，专项法律法规 683 部，相关法律法规 50 部，基本形成了以《食品安全法》《产品质量法》《农产品质量法》等为基本法律，以《食品生产加工企业质量安全监督管理办法》《食品标签标注规定》《食品添加剂管理规定》以及涉及食品安全要求的大量技术法规为主体，以各地政府的地方规章为补充的食品安全法律法规体系。

但长期以来，我国食品安全相关法律法规主要是以实现部门管理目标为目的，以部门行政管理中存在的问题为规范对象，并不以食品安全为目的精心构建和筹划，而是随着社会经济的发展逐步自发形成的。因此，我国现已颁布的涉及食品监管的法律法规虽然数量较多，但因分段立法，条款相对分散，单个法律法规调整范围较窄，一些法律规定比较宽泛，缺乏清晰准确的定义和限制，留下执法空隙和交叉。

由于新的食品安全问题不断出现，《食品安全法》及相关法规、部门规章不可避免地会存在相对滞后的问题，关于食品安全监管中依据的处罚标准尚不明确，对保健食品的监管、食品生产许可等方面的立法仍存在空白。

2. 标准体系现状及存在的问题
Current status and issues of standard system

我国通过强制性标准与推荐性标准相结合，国家标准、行业标准、企业标准相配套，基本形成了一个较为完整的标准体系。但部门烙印较强的监管模式下，标准也存在交叉、矛盾等问题。在《食品安全法》颁布后，相关部门加强了标准的修制定工作，对添加剂、农药残留等安全标准进行了清理和补充。自 2010 年以来，我国卫生部已颁布 269 项食品安全国家标准，包括乳品安全国家标准、食品添加剂使用、复配食品添加剂、真菌毒素限量、预包装食品标签和营养标签、农药残留限量以及部分食品添加剂产品标准，补充完善食品包装材料标准，提高了我国食品安全标准的统一性、科学性和实用性。

然而，要建立一个协调统一、科学有效的食品安全质量标准体系并不能一蹴而就，我国在加强标准的时效性、国际化等方面还需要不断努力。

3. 监管体系现状及存在的问题
Current status and issues of supervision system

（1）监管体制现状及存在的问题

我国食品安全监管体制是在计划经济体制下形成的原有各部门职能的基础上进行延伸，实行"分段监管为主，品种监管为辅"的分段式监管体制，不同部门负责食品生产链条的不同环节。随着 2013 年 3 月 10 日《国务院机构改革和职能转变方案》的发布，我国食品安全

监管职责及部门向集中化转变，大大减少了由于多部门管理造成的协调难及资源浪费等问题。相较于"九龙治水"式的分段监管，改革后食品安全监管体制更好地整合了食品药品监管的行政资源、技术资源、信息资源，更好地统一调配监管资源，更有效地查处食品药品中的违法行为。但是，这种组织架构依然存在可能的隐患，目前设计的食品安全监管总局，把源头治理职责放在农业部门。这样农业部既管生产，又管质量安全，很难兼顾统一。而且，单纯靠农业部门自我清理，很难完成。农业部门的主要任务是保障国家的农产品供给，而数量生产与质量生产是矛盾的。另外，食品安全标准制定和执行仍然分属于两个不同的政府部门，可能还会有矛盾产生。

（2）监管机制现状及存在的问题

① 市场准入制度 建立严格的食品质量安全市场准入制度是确保消费者健康安全和稳定食品市场秩序最关键的环节之一。严格的市场准入制度可将不合格产品阻挡在市场之外，没有市场就没有利润，此时企业就会主动提高产品质量，确保食品安全。食品质量安全市场准入制度的主要内容包括对食品生产企业实施生产许可制度、强制检验制度及市场准入标志制度。我国目前这方面的制度建设较为混乱，监管部门职责也不清楚，并没有得以良好地执行。强制检验的数量及覆盖范围较小，市场准入标志的认知和认可度不高。

② 责任制度 对于新组建的国家食药总局，食品安全主要集中由一个部门来做监管，其内部权利的设置很重要。合理的权责设置可使权力的运行相互制约，即不能既是决策者又是执行者，同时还是监督者。我国在食品安全监管领域，对监管权力的监督主要有法律约束和监察部门监督。然而，食品机构大部制改革前，翻阅中国法律法规，从《食品安全法》到《中华人民共和国刑法》，到各个部门的规章制度，关于食品安全的监察部门就有13个，食品安全最高的刑罚高至死刑。面对如此高的生命刑罚仍然有很多商家愿意铤而走险。这说明监管部门执行力度不够、监管部门问责机制不明，是目前食品安全无法有效保障的原因之一。很多时候，监管人员在面对不良商家提供的丰厚金钱等诱惑时，社会责任与公德被他们抛之脑后。与此同时，目前法律中对监管部门缺乏有效的问责机制。尽管《食品安全法》进一步明确了生产经营当中索证、索票制度，还有不安全食品的召回制度、食品安全信息发布制度等一系列规定，明确了政府和各级监管部门的监管责任，建立了问责制。但对于监察部门来说，犯罪成本是极低的。

③ 追溯及预警制度 我国在奥运会及世博会的食品安全监管中也成功应用了食品溯源及预警管理，高质量确保了两会期间的食品安全。然而，由于我国农产品生产组织化程度低、企业规模小等不利因素，使我国食品行业很难在短时期内建立食品安全及追溯体系。目前，我国在法规及标准层面都没有对追溯及预警做出明确规定，有待补充加强，以起到引导作用。

④ 风险交流制度 由于传统文化的影响，我国公民对于政府的依赖性很大，很少积极主动地去了解食品及相关安全信息，维护知情权及管理过程的参与更无从谈起；而生产者、管理者及社会中立机构等各方之间的交流范围和层面也都不广、不深；相关的法规及制度建设等工作也都未展开。

三、完善我国食品安全管理体系的对策
Strategies for improving the food safety management system in China

1. 完善法律法规体系的对策
Strategies for improving the system of laws and regulations

针对法律法规体系存在问题，首先应该废止或修改一些落后或者不合理的法律法规，补

充空白的内容，整合分散的内容，形成一套统一全面的食品安全法律法规体系。另一方面，配套完善《食品安全法》有关食品安全标准。同时，对《食品安全法》和机构整改之前已经出台的食品安全规制法律、法规及部门章程进行整合和修改将成为以后的重点工作。

2. 完善标准体系的对策
Strategies for improving the standards system

我国正处于经济高速发展的时期，应加快对当前食品标准的清理整合工作进度，尽快建立起一个与社会和经济发展相适应的、完善的食品安全标准体系。在完成乳业新国标 GB 19301—2010《生乳》的基础上，国家应加快食品中的农兽药残留、有毒有害污染物、致病微生物、真菌毒素以及食品添加剂标准修订完善工作，尽早整合形成相关的食品安全标准。此外，应对现行的食用农产品质量安全标准、食品卫生标准、食品质量标准进行全面清理，并在此基础上统一公布为食品安全国家标准。

此外，提高我国标准的国际化程度对于提升我国食品行业的竞争力有着重要意义。需改革我国标准体系结构，可借鉴美国和德国的做法，使现有强制性标准向技术性法规转化，获得法律支持，明确其效力来源与法律位阶；同时改变现有的由政府主导性食品安全标准体系，逐步向企业自愿食品安全标准体系转化，促进推荐性标准的发展。

3. 完善监管体系的对策
Strategies for improving the supervision system

（1）监管体制

① 相较于"九龙治水"式的分段监管，大部制改革后的监管职责划分和机构设置更趋于集中，顺应了目前食品安全监管组织构架设置的国际趋势，有利于监管效率的提高。因此，尽快做好部门的重新设置及职责划分，各部门将负责的工作具体细化，形成工作手册，防止出现交叉和监管空白，达到无缝衔接，协调有序。

② 从顶层设计做起，从过去单纯的重视食品（如粮食）的数量安全，转到重视食品的数量与质量双安全，改变考核指标，防止农业部在决策时盲目地为了产量牺牲质量的现象发生。

③ 基于发达国家之鉴，我国可考虑建立一个独立的部门进行风险评估和交流并对监管部门进行监督。为了提高风险评估的科学性和中立性，必须成立单独的执行部门，由其一元化地实施风险评估。对政府部门只顾发展经济的"短视"行为和执法部门的不作为，各级人大应及时启动监督程序，依法加强权力监督，及时发现、纠正和撤销违法政策以及危害食品安全的行政行为。另外，可以在人大成立一个食品安全评估工作小组，专司食品安全的评估和交流。在各地方人大也设置相应部门，实行全国人大食品安全工作小组垂直管理，不受制于任何食品安全监管部门及地方政府，保证其评估结果不受任何外力影响，体现科学和真实性。

（2）监管机制

① 市场准入制度　继续加强和完善对食品生产和加工企业实行生产许可证管理、食品质量安全市场准入认证标志管理和出厂检验制度。确保只有取得相关认证和管理的企业产品才能在市场进行流通和交易。

② 食品安全责任制度

a. 一是监管人员问责制度　尽管《食品安全法》对监管人员的失职做出了惩罚规定，但事实证明该处罚力度远不能震慑个别人员的违法行为。因此可适量加重处罚力度，并建立长效的惩罚措施，如限制其入行等。

b. 二是企业违法行为的责任制度　对于食品违法行为的责任追究，我国目前的法律法规处罚力度较轻，而在立法上对刑事责任追究的犯罪门槛定位较高，导致无法对部分小规模的违法生产经营企业和个人进行刑事责任追究，从而降低了其违法成本，与其造成的社会危害形成了鲜明对比，不足以对社会中所有的食品生产经营企业和个人构成有效的威慑。因此适度增加处罚力度，有利于对违法行为的遏制。

c. 三是追溯及风险预警制度 食品追溯体系的建设，需要通过立法对企业生产档案建立及保存做出相应的规定；要求商品经销商对产品的来源及保存状况做详细记录；要求农民或养殖企业对种植及养殖过程等做详细记录，食品加工企业也要对加工过程中的用料等过程详细记录。另外，国家还要通过建立统一的数据库，记载生产链中被监控对象移动的轨迹，监测食品的生产和销售状况，监管机关如发现食品存在问题，可以通过电脑记录很快查到食品的来源等信息，以便快速实行召回并调查事故原因。

d. 四是风险交流制度 政府在制定政策法规之后，通过危险性信息交流将相关情况通过简单通俗的语言，以及采取类比说明和变换说明方式，传递给各利益集团。利益集团应包括政府机构、食品企业、消费者、行业协会、行业专家等，各利益集团之间也应通过时效性较强的信息沟通交流，减少市场中因信息不对称而造成的食品安全危害。为了完善危险信息交流制度，还应理顺危险信息交流的流程，并建立畅通的信息交流渠道，明确在信息交流中各利益集团之间的责任和义务。同时，还应建立在特殊情况下的危险信息交流应急机制，保证在危机发生时各利益集团之间的信息交流仍能保持畅通。

4. 其他
Others

（1）社会协同

① 行业协会 行业协会之所以能够在市场经济中发挥制衡国家权力的功效，主要是源于其自身的自治性。因此，解决食品行业协会这种行政化倾向最重要的就是要减弱国家主导力量并增强市场与社会的主导力量，推动政府与市场之间的关系发生潜移默化的变化。具体做法即取消行业协会的业务主管单位，仅保留登记管理机关。

此外，行业协会应对内"协调"、对外"维权"。首先，在成员合法权益受到威胁或损害时，协会有权以自己的名义提出诉讼或支持诉讼，或者以其他非诉讼手段维护成员合法利益；其次，应发挥与政府及消费者或消费者组织之间的协调功能。对政府，协会应积极参与各项政策标准的制定。对消费者，协会应该努力制定一套得以受理并裁决会员与消费者之间、会员之间甚至会员与非会员之间的争端和纠纷的解决机制。

② 第三方认证 政府通过扶持食品安全宣传类电视节目和报刊专栏，在与消费者最紧密的媒体平台上宣传食品质量认证，相比在一些专业性平台上，效果会更好些。同时可以建立专业商品委员会，提供一个食品质量认证技术和人才支撑体系，再加上各认证机构的技术委员会，这样，融合了质量认证技术和人才的分行业的商品委员会，完全可以直接参与本行业的各类食品标准的起草和拟定，并担负起对独立于消费者和生产商的第三方认证机构的监督以及体系审核员从业资格的审核工作，达到规范认证机构的工作，提高体系认证含金量的目的。

③ 媒体力量 媒体具有相对独立性，有法律法规保护其正当权益，媒体才能最大限度地发挥其监督作用。新闻媒体监督最重要的就是实事求是，因此只有不断地增进新闻工作者的自身修养和社会责任意识，才能更好地发挥新闻媒体监督作用，才能在践行新闻媒体监督职责的过程中，做好自身的监督和自律。全面把握和正确反映社会生活的本质和主流，真正做到诚实公正、清正廉洁、遵纪守法、服务大众。

（2）消费者参与

① 维权　因损失小、怕麻烦或规避诉讼风险等原因而放弃对自身合法权益的维护，无疑是对侵权行为的放纵。因此，应在全国各地举办形式多样的教育活动，地方相关部门或委托各地消费者协会定期定量地进行食品安全维权活动的宣传和教育活动，使消费者维权意识深入人心，极大地调动消费者维权的主观能动性。同时，应将这种活动纳入地方规章，为教育宣传活动的执行提供行政依据。

② 信息发布和公众听证　国家机关应依职权或者依申请公布食品安全管理信息，满足消费者的知情权。在决策、执行机构中吸收公众代表的参与，积极鼓励公众提出宝贵意见；建立食品安全专门咨询组织，制定科学、民主的评议程序，以及向公众提供专门的活动平台，使这些制度正式化、日常化；公开举行食品安全重大问题听证会、讨论会；建立与消费者维权组织的对话机制等。

③ 教育　消费者的知识水平和安全意识对预防食品安全问题有着重要影响。我国《食品安全法》规定，国家鼓励社会团体、基层群众性自治组织开展食品安全法律、法规以及食品安全标准和知识的普及工作，倡导健康的饮食方式，增强消费者食品安全意识和自我保护能力。该项工作不能仅依靠社会团体及公益组织，应将该事宜提到各级管理部门的工作议程上，从多个层面和多种形式实现公众食品安全知识的普及。

（3）企业自律

① 社会责任和诚信　首先，通过对生产者、加工及销售企业统一组织培训，提高他们自觉参与产品质量安全管理的积极性，使每个从业者都把产品质量上升到人品和人格高度来认识和维护。其次，强化企业作为食品安全第一责任人的理念，建立企业的信用记录制度、信用信息通报与共享制度。再次，建立企业信用评级、诚信激励机制、信用预警机制及失信惩戒机制；对生产、加工、使用单位的食品质量安全卫生情况进行跟踪监测，逐步促成优胜劣汰的机制。让企业及其员工发自内心地认识到各自的主体地位和社会责任，从根源上减少食品安全事件的发生。

② 员工培训　首先，企业自身应改进人力资源的管理模式，摒除"对员工培训是在为他人作嫁衣"的偏见，努力提高一线员工的食品安全知识，将GMP、HACCP等真正落实到每一个员工身上。其次，政府和有关部门应对企业培训提供相关的政策、资金和技术支持，鼓励并协助食品企业普及食品安全知识。再次，学校等专业机构，应联合政府与食品企业建立食品安全培训机构，提高食品行业相关从业人员的整体素质，提高学校、政府和食品企业的正面影响力。最后，应在食品企业、专业机构及政府之间建立食品安全知识网，使得最新、最好、最实用的食品安全能够快速有效地在行业内传播。

③ 企业标准　作为企业的长期战略目标，制定高于国家标准，具有自身优势和特色的企业标准，对于促进产品质量的持续提高十分必要。因此，行业领军企业应该率先制定较高企业标准，促使自身提升的同时带动本行业标准的进步。

④ 管理方法　美国、欧盟等发达国家以法律形式规定食品企业必须实行HACCP管理。然而，我国至今HACCP在食品企业的采用率依然很低，同时没有良好的记录与备案制度，不能很好地保证其食品安全保障能力。因此，有能力的企业应该积极主动采用先进有效的管理方法，提高管理水平。同时，政府应加大扶持力度，制定相关的激励制度，并提供一定的技术服务，促进和帮助企业建立起有效的管理制度，管理和提高企业的安全水平。

（4）科技支撑

① 检测技术　我国应借鉴发达国家加大对快速检测技术的研究投入，提高检测产品的稳定性和灵敏度；同时加强食品检测机构的管理，建立仪器、数据资源共享网络平台。

② 危险分析技术 我国目前正处于食品安全事故高发期，因此，需要付出较多的时间和精力来解决好食品安全的风险评估。主要问题有风险评估的技术支撑体系尚不完善，危害识别技术、危害特征描述技术、暴露评估技术层次有待进一步提升；食品中诸多污染物暴露水平数据缺乏，用于风险评估的膳食消费数据库和主要食源性危害的数据库还很不完善。当务之急是进一步提升我国食品安全风险评估的技术水平，建立与完善适合我国国情的评估模型和方法。

③ 追溯技术 目前我国对于可追溯系统的研究尚处于起步阶段，虽然在可追溯系统的建设过程中我们已经积累了一定经验，但仍然面临不少难题。首先，生产经营组织化程度低，使得追溯系统在实际推广和实行中存在操作困难；其次，个体识别技术、数据信息结构和格式标准化、追溯系统模型等关键技术的攻关也十分重要。

④ 预警技术 食品安全预警数据分析体系是一项涉及食品工程、统计分析、数据库信息管理、计算机网络等多领域和新兴技术的研究。目前，我国在此领域的研究还比较粗浅，食品安全数据仓库的应用尚未涉及多维数据应用领域等，都需要进一步研究和完善。同时，我国食品检测技术与设备的研发水平不高，难以为预警体系的建设提供强有力的科技支撑。

⑤ 动植物防疫 随着经济的进步，商品的流动性增强，动植物防疫与检疫受到世界各国的普遍重视。因此，我国应首先在全国动物检疫标准化技术委员会的统一协调下，参照WHO指定的OIE《诊断试验和疫苗标准手册》，制订符合国际要求，适合我国国情的动物疫病诊断标准，建立完善的诊断标准体系。其次，加大计算机、网络信息技术及生物技术在动植物检疫和防疫中的应用研究，提高防疫能力。

⑥ 产地环境监测 解决农产品的污染，应对产地的环境质量进行监控，从源头降低农产品中的农兽药残留水平。目前，我国各地对化肥农药的使用情况都做出了相应的标准，但还缺乏结构活性相关数据信息和我国的水流域污染模型系统。因此，我国农业产地环境风险分析要取得更大发展，还需要在充分利用计算机模拟技术和空间分析技术的基础上进行更深入探讨，并加大农业污染基础研究领域科研强度，克服基础数据缺乏的问题。

第四节 我国的食品安全监管
Food safety supervision in China

国际国内目前还没有关于食品安全监管的明确定义，比较接近的概念有食品安全控制和食品质量管理。FAO/WHO 在《保证食品质量与安全，强化国家食品控制体系指南》（下简称《指南》）中，将食品安全控制定义为：一种强制性的规则行为，以强化国家或地方当局对消费者的保护，并确保所有食品在其生产、加工、储藏、运输及销售过程中，是安全、健全和宜于人类消费的；符合安全及质量要求；以及依照法律所述诚实、准确地予以标注。《指南》认为，食品安全控制的首要任务是强化食品立法，以确保食品消费安全，使消费者脱离不安全、不卫生和假冒的食品，这要通过禁止出售购买者所不期望的非天然或不符合质量需求的食品的方式来实现。

食品质量管理的概念源于质量管理的定义。GB/T 19000—2008/ISO 9000：2005 标准对质量管理的定义是："在质量方面指挥和控制组织的协调的活动"。这里的活动通常包括质量方针、质量目标以及质量策划、质量控制、质量保证和质量改进。食品质量管理就是为保证和提高食品质量所进行的质量策划、质量控制、质量保证和质量改进活动。通常情况下企业、政府部门、消费者、研究机构、中介组织都可以进行食品安全管理活动。

因此，我们可以将食品安全监管定义为：有关监管主体为保障食品安全，而对食品生产企业以及相关的消费者、其他团体和个人实施的干预行为。

一、我国的食品安全监管体系
Food safety supervision system in China

食品安全监管体系是在食品安全监管过程中，由互相联系、互相制约的各个组成部分构成的有机整体，这个体系具有整体性、相关性、目的性和环境的适应性等特征。

食品安全监管体系是要素的集合体，其功能是由体系内部要素的有机联系和结构所决定的。这个体系的要素主要有三个部分：监管主体、监管对象和监管手段。其中每一个部分又有构成整体的子要素。这些要素之间依靠信息互相沟通并发挥作用。监管体系的整体与要素、要素与要素、系统与环境之间存在着有机联系，体系要素的功能服从于整体的功能，但整个监管体系的功能并不是要素功能的简单相加。从技术层面讲，食品安全监管主要有预警体系、追溯体系和召回体系构成。

1. 食品安全预警体系
Food safety early warning system

食品安全预警体系是通过对食品安全问题的监测、追踪、量化、分析、信息通报、预报等建立起的一整套针对食品安全问题的预警的功能系统。广义的食品安全概念包含数量安全、质量安全和可持续发展三个方面，对应的食品安全预警体系也分为食品数量安全预警体系、食品质量安全预警体系和食品可持续安全预警体系。

一个完整的食品安全预警体系可以监控食品供给数量与质量、食品生产和制造环节与环境的可持续发展的安全状况，能够对食品安全问题发出预警，防止重大安全事故的发生。

2. 食品安全追溯体系
Food safety traceability system

追溯是在生产、加工和销售等各个关键环节中，对食品、饲料以及有可能成为食品或饲料组成成分的所有物质的溯源或追踪能力。追溯对企业和政府都具有重要意义，对企业而言，可以通过追溯控制整个生产过程，同时也可以对上游供应商进行考核，使其自身供应链的管理和生产过程更加透明。另外，可以满足企业差异化竞争的诉求，最终提高企业的综合竞争力。对政府而言，可以通过追溯对食品企业进行有效监管，并且发生食品安全事故时，企业或政府可以通过追溯系统对产品进行强有力的召回。追溯对确保食品的质量与安全具有极为重要的意义。

3. 食品安全召回体系
Food safety recall system

食品召回制度是指食品的生产商、进口商或者经销商在获悉其生产、进口或经销的食品存在可能危害消费者健康、安全的缺陷时，依法向政府部门报告，及时通知消费者，并从市场和消费者手中收回问题产品，予以更换、赔偿等积极有效的补救措施，以消除缺陷产品危害风险的制度。实施食品召回制度的目的，就是及时收回缺陷食品，避免流入市场的缺陷食品对人身安全损害的发生或扩大，维护消费者的利益。

我国的食品召回制度与国外实行的食品召回制度相比，显得还很不成熟，亟待加以完善。完善食品召回制度，除了借鉴国外食品召回制度的具体做法外，还需要从提高我国食品安全水平的角度考量，从提高食品安全检测水平、健全食品卫生标准、建立食品安全信用体系、整饬食品监管体制及厉行食品卫生法制等多方面着手，从体制、机制和法制等方面建立与完善长效的食品安全体系，形成统一开放、公平竞争和规范有序的食品市场环境。

目前，我们看到的食品召回，基本上是企业在政府的干预下的召回。而在发达国家，召回的主角是企业，是产品的生产者。也就是说，我们和发达国家的最主要差别就是企业自觉与不自觉的区别。究其原因：第一，食品召回制度成本过高，国内企业难以承担。食品召回制度其成本由食品的生产商、进口商和经销商承担。据美国学者研究，召回缺陷食品引起的所有者经济损失平均占公司财产的1.5%～3.0%。第二，我国食品生产企业规模相对较小，自身总体素质不高，食品召回的实行将使企业承担较大的经济责任，在这种情况下，大多数中小企业难以承受。

二、我国的食品安全监管机构及职能分配
Food safety regulators and function distribution in China

自2013年3月10日发布《国务院机构改革和职能转变方案》后，这种多部门监管的模式宣告结束，我国的食品安全监管体制模式向集中化转变。该方案规定，今后涉及食品安全监管的将有两个部门：一是农业部，仍负责农田（饲养）环节的监管；另一个部门是国家食品药品监督管理总局，它是将国务院食品安全委员会办公室的职责、国家食品药品监督管理局的职责、国家质量监督检验检疫总局的食品安全监督管理职责、国家工商行政管理总局的食品安全监督管理职责加以整合而组建的，其主要职责是对生产、流通、消费环节的食品和药品的安全性、有效性实施统一监督管理。

第五节　我国食品安全实验室检测
Food safety laboratory inspection or testing in China

一、我国食品安全检测机构
Food safety testing agencies and institutions in China

受国务院食安办委托，原中国疾病预防控制中心营养与食品安全所的食品安全研究团队，对全国食品检验检测机构资源进行了问卷调查。结果显示，2010年我国有食品检验检测实验室近6000家，分别隶属于农业、商务、卫生、工商、质检（包括出入境检验检疫）、食药、粮食等部门或行业，其中县级实验室约占71%。

目前，我国食品安全检验检测体系主要由以下几部分组成。

（一）卫生系统
Sanitation system

2000年，在科技部多项基金的启动下，卫生部门建立并逐步完善了国家食品安全监测系统，其中包括食品污染物监测（以化学污染物为主）和食源性疾病监测（以生物性污染和食物中毒为主）。

1. 食品污染物监测
Food Pollution monitoring
根据我国居民消费状况、食品产量和分布以及食源性疾病流行病学特征，参考全球食品污染物监测规划（GEM/FOOD）中推荐监测项目的名单，选择污染物监测项目和食品品种。

2. 食源性疾病监测
Foodborne disease surveillance
（1）建立了国家食源性疾病监测点　并通过对过往数据分析，进一步确证我国的食物中

毒主要发生在集体食堂、饭店等公共餐饮场所，主要问题食品以动物性食品（肉类、水产品等）为主。

（2）建立了病原菌监测哨点　对生肉、熟肉制品、生奶、冰激凌、酸奶、生食水产品等六类食品，开展对主要食物病原菌，包括肠炎沙门菌、大肠杆菌 O157：H7、单核细胞增生性李斯特菌等的主动监测。

（3）对沙门菌进行定量监测　监测结果表明，在我国食物中毒病原菌中，沙门菌仍居首位，其中肉类食品污染最严重（污染阳性率高达 14％），该现象与我国食物中毒以肉类食品多发相符。

（4）启动了新的食物中毒报告项目　为适应微生物危险性评估的理论和进行定量危险性评估的技术要求，在原有食物中毒报表中增加了暴露人群、个体摄入量等相关因素项目，从而完善了对食物中毒暴发监测、预警等基本信息的采集和分析，可以为降低我国食物中毒发病率提供新的技术依据。

（5）病原菌溯源　建立了食物病原菌多重 PCR 快速检测技术和 DNA 指纹图谱分析技术，将其应用于微生物性食物中毒的溯源和食源性疾病快速诊断与控制，使我国微生物性食源性疾病的监测与溯源达到国外同类技术的先进水平。

（二）农业系统
Agricultural system

从 20 世纪 80 年代中期开始，按照国家关于加快建立健全农产品安全检验检测体系的有关要求，从农业产业发展的客观要求出发，通过建立国家级质检中心、农产品及农业投入品和产地环境类部级质检中心、省级农业投入品及产地环境类质检站（所）、地（市）、县级农业投入品及产地环境检测站（室）加强农产品安全检验检测体系的建设和管理工作。检测范围包括农业环境、农业投入品、农产品等，能够满足从农业生产资料、农业产地环境到农产品生产及其消费全过程的监测。

2014 年 5 月，农业部发布"关于加强农产品质量安全检验检测体系建设与管理的意见"，提到国家批复实施的"十一五"和"十二五"建设规划，不断完善农产品质检体系。

除此之外，国家也实施了农产品安全例行监测制度。从 2000 年开始，农业部建立了使用农产品和农业投入品安全定点监测制度，全面开展了农产品和影响农产品安全的主要农业投入品的定点监测、跟踪检查与普查工作。

（三）质检系统
Quality inspection systems

质检总局一直比较重视健全农产品和食品安全检验检测体系的建设。特别是近年来，为配合食品安全监管工作，质检系统对食品检验检测体系的建设力度不断加大，已基本形成了较为完善的食品安全检验检测体系。目前，已基本形成了以国家级技术机构为中心，以省级检验机构为主体，市、县技术机构为基础，既能满足日常食品安全监督检验工作，又能承担前沿和尖端食品安全检验及科学研究任务的食品检验检测体系。

（四）其他
Others

作为食品安全体系建设的重要一环，其他有关部门和各地政府也十分重视食品安全检验检测体系的建设。中国绿色食品发展中心在全国委托了 38 个管理机构，11 个国家级产品质量监测机构，56个省级环境监测机构，形成了覆盖全国的绿色食品质量管理和技术服务网络，初步建立起了涵盖产地环境、生产过程、产品质量、包装储运、专用生产资料等环节的质量标准体系框架和绿色食品质量监督体系。

二、我国现行食品安全监测体系存在的问题
Current issues of food safety monitoring system in China

目前，我国虽然已初步形成食品安全检验检测体系，但食品检验检测机构仍存在着许多突出问题，造成我国对食品安全状况"家底不清"的情况。

另外，我国食品中农药和兽药残留以及生物毒素等的污染状况尚缺乏系统监测资料。更令人担忧的是一些对健康危害大而在贸易中又令人十分敏感的污染物，如二噁英及其类似物（包括多氯联苯）、氯丙醇和某些真菌毒素的污染状况至今仍然不清楚。再如，疯牛病与人的克雅病的关系在欧洲已经确定。我国每年都有克雅病发生，而我国牛中是否有疯牛病、羊中是否有瘙痒病的发生，是否传染给人而发生克雅病，还不清楚。之所以出现这种情况，原因有以下几个方面。

（一）体系不健全，检验检测的环节、对象和地域范围有限
Unsound system, limited inspection and testing segments, objects and territorial scope

从检测体系的构成来看，我国主要是政府机构的强制性检验检测，而食品业者自身的检验检测意识不够，也缺乏相应的要求。

从监管环节来看，发达国家通常都建立食品安全例行监测制度；而我国食品质量检验监测体系不健全，传统式、突击式和运动式抽查虽然较多，但监管监测工作不能全程化、日常化，导致有害食品生产销售依然普遍。目前监管的重点放在最终产品监督上，对其过程控制还不够重视。

从监管对象来看，管理检查的大都是好企业，没有人愿意监管不合规范的企业，对分散的农户食品的监管更是无人问津。从地域分布来看，现有质检机构在各地分布不均衡。特别是中西部地区食品安全监测体系的建设滞后，面向广大市场准入急需的地（市）级和县级基层综合性食品检测机构几乎是空白的。

（二）机构重复，资源浪费
Waste of resources due to replication of institutions or functions

由于检验机构分属不同，缺乏统一的发展规划，低水平重复建设情况比较普遍，有的部门还在新建检测机构。各部门竞相购置检测设备，并有越演越烈之势。农业、卫生、工商等部门都在近年投入大量资金购置了相同或相近的检测设备，造成设备利用率不高，严重浪费资源。农业、卫生、质检和工商四个部门各自执法。卫生部门查许可证、卫生标准、生产环境，农业部门管行业规范，工商部门管违规经营，质检部门查质量标准等。在实施食品卫生质量抽检方面，四家检测机构都有权依据法律的规定，各自实施或者委托食品检测机构进行食品卫生质量的抽检。在信息公布方面，四个行政部门都能各自公布食品卫生质量抽检的结果。在对违法行为的行政处罚方面，对同一违法行为，四家执法大队都能分别根据食品安全法、产品质量法、消费者权益保护法给予行政处罚。虽然监管如此密集，成本巨大，但是成效并不明显。

（三）部门分割，互不认账

Separation of departments, mutual disapprove

我国食品安全检验检测机构数量众多，总体具有一定实力，但分布广泛，因而造成实力比较分散。一是区域分布广泛，我国省、市、县各级都设有食品安全检验检测机构；二是部门分布广泛，各级质量技术监督、检验检疫、农业、商贸、卫生防疫及疫病控制、工商、环保部门，以及科研院所、大专院校及企业都设有食品检验检测机构，但这些机构相互交流不多，工作不协调，检测数据不能共享，影响了检验检测体系整体作用的发挥。

（四）支撑保障体系不完善

Incomplete supporting assurance system

1. 标准数量不足，质量不高，配套性差

Insufficient standards, low quality, and a poor overall match

我国现有的与食品有关的国家标准、行业标准所涉及的食品种类，与我国上市产品的检验需要相比，比较滞后。现有的食品安全标准有部分已过时，其中的参数设置以及指标要求不尽合理，与国际标准难以接轨。产品质量标准与检测方法标准的配套性差，检测方法标准缺乏。

2. 食品安全管理的法律依据不足

Lack legal basis for food safety management

我国现有法律法规体系中还缺少一部专门针对食品安全监管的法律法规，现有的《食品安全法》和《产品质量法》均不能涵盖食品的监督管理。

3. 食品安全监测没有形成制度化

Lack of institutionalization for Food safety supervision system

发达国家通常都由政府出资，建立食品安全例行监测制度，对食品实施"从农田到餐桌"的全过程监控。而我国目前对食品安全监测的投入仍然有限，市场准入性检测费用大都由食品生产者或经营者支付，既影响政府监督职能的发挥，又增加了成本。

4. 检测手段落后，缺乏速检方法和手段

Ineffective and backward testing methods, lack of fast inspection methods and means

我国食品检验检测仪器设备数量虽多，但多为小型和常规设备，自动化和精密程度较低。拥有气（液）相色谱仪、气质联用仪、液质联用仪等先进一流设备的检验机构不多。由于缺乏速检方法和手段，不仅抑制了食品检验检测体系效率的提高，甚至造成不得不放弃严格检验程序的后果。

5. 检验监测技术落后，缺乏对可操作技术的掌握

Ineffective and backward supervision and inspection techniques, lack of control of operational technologies

与国外同类质检机构相比，我国质检机构的检测能力亟待提高。国外的农业环境质检机构在大气、水、土壤和污染源等方面的可检测项目约有 680 个，而我国同类质检机构能检项目约 140 个，差距明显。因此，迫切需要在加强引进和消化国外先进检测技术与方法的基础上，结合中国实际情况，研究制定适合不同层次检测的技术和方法，并形成一定规模的技术储备，缩小与国外发达国家检测技术水平的差距。

6. 试验环境条件差

Poor laboratory environmental conditions

国际同类质检机构的实验室布局，均是按照仪器设备的使用环境条件和检测项目所要求的工作条件设计的，实验室相对隔离，布局合理，实验室的防尘、通风、保温或恒温效果好，能满足检测工作流程和检测技术人员工作要求。而我国的检测机构，基本上是在原有单位科研实验室基础上改造建立起来的，大多实验室是由办公室改建而成。因此，许多实验室的环境条件达不到检测标准规定的要求。

7. 专业人员素质亟待提高

The need of improving Need to improve the quality of professional staff

食品质量检验是一项涉及多门学科，科学性、技术性都很强的工作。然而，由于长期以来对从事食品检验检测人员没有一定的资质要求，造成目前食品检验人员素质参差不齐的状况。首先是检验人员学历水平不高；其次是管理型、经营性人才缺乏，直接影响了检验机构参与市场竞争的能力；第三是对业务骨干专业培训不够，导致技术更新和专业技能提高的速度缓慢；第四是由于事业单位人事制度改革滞后，没有建立良好的用人激励机制，加之收入和福利不高等原因，造成人才流失严重；第五是质检机构参与国外学术技术交流的机会较少，对国外同类检测机构的检测技术与方法了解不多，从而影响了检测工作的深入开展和与国际的对接。

第六节 我国食品安全信息、教育、交流和培训
Food safety information，education，communication and training in China

随着社会经济的发展，人们对食品的要求不断提高。科技的进步以及新技术的应用，使食品的种类及形式极大丰富。相伴而来的是食品安全问题不断出现，食源性疾患没有得到有效控制等。一些没有科学依据的食品防病甚至治病的言论在社会上广为流传，给人民群众的身心健康带来严重影响，反映出全民食品安全知识的缺乏。因此，加强食品安全知识的宣传教育、交流和培训，提高全民食品安全知识水平和自我保护能力，营造全社会共同关注、共同参与的良好食品安全氛围是非常必要的。

一、食品安全事件及不科学的言论危害
Food safety incidents and the negative impact of unscientific statements

近年来，不断出现的食品安全事件及不科学的食物治病言论，归纳起来主要有以下几类。

1. 使用非食品添加剂和滥用食品添加剂

Application of non-food additives and abuse of food additives

2005 年，发现使用非食品添加剂"苏丹红"生产豆瓣酱、红心鸭蛋等多种食品；2008年，发现三鹿奶粉中添加非食品添加剂——三聚氰胺，使全国 29.4 万婴儿因使用问题奶粉而患上泌尿系统结石病。还有，馒头违法使用漂白剂硫黄熏蒸，油条、糕点过量使用膨松剂，使用工业用甲醛浸泡水发海产品等。这些添加剂在人们生活中充当着杀手，危害着人们的健康。

2. 农药、兽药的滥用
Abuse of pesticides and veterinary drugs

农产品、禽蛋产品中有毒有害物质残留量高，源头污染严重。我国农药污染的农田约1600万公顷。在畜、水产品养殖中滥用抗生素、激素等有害物质，如猪饲料中使用瘦肉精，水产品养殖中使用可导致人体致畸、致癌、致突变的化学制剂——孔雀石绿，使水产品遭到污染，进而对人们的身体健康造成威胁。

3. 生物危害因素
Biological hazards

除由细菌引起的食源性疾病没有得到有效控制外，2005年出现的禽流感疫情，近几年出现的猪口蹄疫病疫情，都造成了禽畜大量感染。

4. 不科学的食物治病言论
Unscientific food remedy theories

近几年来，全国出现了养生热。除一些传统的中医按摩保健方法外，有一些宣传单独一种或几种食品就能防病甚至治病。例如，绿豆能治很多病、生吃茄子治病、大蒜和萝卜治病等言论，混淆了食品跟药品的概念，误导了广大民众，甚至延误了疾病的治疗时机。

近几年出现的各种食品安全事件无一不对广大人民群众造成巨大的心理冲击，对国家形象造成严重损害，对相关食品产业造成巨大经济损失，对食品的出口造成恶劣影响。广大人民群众在某些食品出现食品安全事件后，纷纷停止购买相关食品。"三鹿奶粉事件"后出现了群众不喝牛奶的现象，"禽流感"后又出现了不吃禽肉禽蛋的现象。这些事例的背后，反映出全社会食品安全相关知识的缺乏，遇到食品安全事件盲目恐慌，只能采取简单的抵制行动。近年来出现的食疗养生热，一些不科学甚至是伪科学的言论，将食品的功效无限扩大，引起全社会对食疗养生的狂热盲从，食品保健养生甚至治病在社会上广泛流传，冲击居民膳食平衡的观念，致使人体营养缺乏甚至营养不良，危害国民身体健康，反映出人们对传统养生之道有认知，却知之不深，也使中医养生产业的消费安全得不到保护。

二、重视食品安全教育培训的普及
Attention to the popularity of food safety education and training

国务院办公厅《关于严厉打击食品非法添加行为，切实加强食品添加剂监管的通知》提出，政府要强化科普宣教工作。各地区、各有关部门要通过多种形式，大力宣传相关法律法规和标准知识，各类违法添加和滥用食品添加剂行为及其危害以及严厉惩处的措施，要宣传至农户、农业企业、农民专业合作经济组织、食品生产企业、食品经营单位和餐饮服务单位以及从业人员，做到家喻户晓、应知尽知。各地要特别针对小作坊、小摊贩、小餐饮等进行集中宣教培训，开展案例警示教育，使其了解相关法律法规和政策规定，从而自觉地规范生产经营行为。与此同时，根据《国务院关于加强食品安全工作的决定》和《食品安全宣传教育工作纲要（2011—2015年）》的有关要求，国务院食品安全委员会办公室于2011年确定，在每年六月的第三周举办"全国食品安全宣传周"，通过搭建多种交流平台，以多种形式、多个角度、多条途径，面向贴近社会公众，有针对性地开展风险交流、普及科普知识活动，因活动期限为一周而得名。

三、构建食品安全教育宣传体系的意义
The significance of constructing the food safety education and publicity system

随着公众对食品安全的关注程度不断加大，食品宣传教育工作的重要性日益凸显，目前

已经成为政府维护公众健康和社会稳定不可缺少的组成部分。政府部门对食品宣传教育工作也日趋重视。2006年，国家食品药品监督管理局印发《全国食品安全宣传教育纲要》，天津、云南、新疆等地也纷纷出台《食品安全宣传教育纲要》，指出要形成政府、企业、科研教育机构、消费者共同参与的多方位的宣传教育网络体系，使社会公众的食品安全意识明显提高。

在我国开展食品安全信息、教育、交流和培训的依据：

1.《食品安全宣传教育工作纲要（2011—2015年）》确定每年6月第三周为"食品安全宣传周"（随着参与单位的增加而适度变化），在全国范围内集中开展形式多样、内容丰富、声势浩大的食品安全主题宣传活动，通过报刊、广播、电视、互联网等各种媒体进行集中报道。

2.《国务院关于加强食品安全工作的决定》规定，将食品安全纳入公益性宣传范围，列入国民素质教育内容和中小学相关课程，加大宣传教育力度。充分发挥政府、企业、行业组织、社会团体、广大科技工作者和各类媒体的作用，深入开展"食品安全宣传周"等各类宣传科普活动，普及食品安全法律法规及食品安全知识，提高公众食品安全意识和科学素养，努力营造"人人关心食品安全、人人维护食品安全"的良好社会氛围。

3.《中华人民共和国食品安全法》（修订版）

食品安全宣传教育工作对于政府部门提高行政效率、化解食品安全危机、树立良好的政府形象有着极其重要的意义。

第一，有利于危机事件的处理。食品安全事件暴发时，公众最想了解的是事件的真相。作为掌握大量信息资源和技术能力的政府，如果能在第一时间及时、有效地告知广大民众食品安全事件的真相，就能避免更多的人受到有毒食品的侵害，公众也就不会再去听信各种小道消息的误导，这对于稳定人心、维护社会稳定有着极其重要的意义。

第二，有利于行政效率的提高。由于食品安全监管链条长、环节多、牵涉面广，以政府部门当前的人力、物力和财力配备不可能做到不留死角的全覆盖监管。而食品安全宣传教育工作将改变食品监管单纯依靠事后"亡羊补牢"式的打击整治的传统方法，变被动的事后补救为主动的事前引导，通过提高公众的食品安全意识，增强食品生产销售企业的法制意识和社会责任感，从而形成社会监管的合力，共同维护食品安全，这将从根本上提高政府行政效率，降低行政成本。

第三，有利于政府形象的树立。政府形象的好坏对政府的目标、意图能否顺利实现与完成发挥着举足轻重的作用。良好的政府形象对社会公众具有强大的公信力、凝聚力、感染力和号召力。这对处于复杂的社会政治漩涡中的食品监管部门有着更为现实的意义，食品安全宣传教育工作满足了公众趋利避害的诉求和媒体新闻报道的需要，促进了政府与公众、政府与媒体之间的信息沟通和情感交流，增进了公众和媒体对政府工作的认可，优化了政府内外环境的共生、互动关系，从而有利于政府形象的提升。

四、加强食品安全宣传教育的对策建议
Proposals on the strategies for strengthening food safety publicity and education

要消除食品安全事件及不科学言论对社会的危害，就需要在全民中进行广泛而系统的食品安全教育，普及食品安全知识，这是提高全民素质的一种重要方法和途径。

（一）建立健全宣传教育工作长效机制

The establishment and improvement of a long-term mechanism for publicity and education

建立系统性宣传教育机制，要使食品宣传教育工作"事前有计划、事中有检查、事后有评估"，提高宣传教育工作的主动性，要让宣传教育工作成为整个食品安全监管工作的一个重要组成部分，做到宣传教育与监管工作、政风测评工作相互结合、相互促进、相互推动。可以探索引进专职宣传策划和公众宣传专业人士开展宣传工作，充分利用网络等现代化的宣传手段和宣传方式开展食品安全宣传教育工作，加强宣传手段和方式的创新，突破传统，开拓创新。同时，要充分发挥社会各界的力量，政府要积极鼓励社会多方面参与食品安全的宣传工作，鼓励企业、第三部门乃至个人宣传食品安全知识，建立多层次的食品安全宣传队伍，提高食品安全宣传教育工作的针对性和广泛性。积极开展食品安全教育进校园、进社区、进农村的"三进"活动。

（二）着重克服宣传教育工作薄弱的环节

Focusing on overcoming weak links of publicity and education

食品监管部门积极做好信息上报和信息发布工作，加大对外正面宣传的力度，加强与专业媒体之间的交流沟通，铲除食品安全虚假信息传播、生存的土壤，树立食品监管部门的良好形象。进一步完善食品预警信息公示制度，在集贸市场、超市等食品消费人群集聚地及时发布食品抽检信息和预警信息，提高公众食品的知晓率。与企业建立良好的互通机制，通过创建食品安全示范街等各种手段充分发挥企业的先进示范作用，推动树立较强的社会责任感。同时，食品生产经营者要认真学习掌握食品安全法律、法规、标准和食品安全规范等知识；完善食品从业人员的准入制度；加大对从业人员的培训力度，培训工作要有计划、分步骤、有结果，可通过短信平台向食品从业人员和质量负责人宣传最新法律法规知识，真正提高从业人员的食品从业水平和法律法规意识。

（三）探索建立科学的宣传教育工作评估反馈机制

The exploration of setting up scientific assessment and feedback mechanisms for publicity and education

为了及时准确地了解宣传工作的效果，要建立起客观的效果评估方法，可以根据不同宣传项目和目标受众，采用不同的评估方法。如委托专业机构进行评估（如市民食品安全状况调查），采取学生教育过程中的问卷调查方式，使评估具有客观性等的方法。另外，政风测评工作也是反映政府形象的重要手段，可以通过政风测评工作侧面反映食品监管部门的宣传教育工作是否取得实效。"民以食为天，食品安全大如天"。食品安全是一项复杂的系统工程。因此，从生产到流通再到消费各个环节都要抓好，从政府到企业再到消费者，人人都要明白，家家都要参与。通过广泛、深入、持续、有效的宣传、教育和培训，树立起政府负总责，强化企业是第一责任人的意识，提高全民的食品安全意识和自我保护能力，促进食品产业健康发展，维护国家良好形象。

参考文献

[1] 赵光远. 食品质量管理 [M]. 北京：中国纺织出版社，2013.

[2] 陈宗道，刘金福，陈绍军. 食品质量与安全管理（第2版）[M]. 北京：中国农业大学出版社，2011.

[3] 李威娜. 食品安全与质量管理 [M]. 上海：华东理工大学出版社，2013.

[4] 曹竤. 食品质量安全认证 [M]. 北京：科学出版社，2015.

[5] 王大宁. 食品安全保障体系系列丛书-食品安全认证认可实施指南 [M]. 北京：中国质检出版社，2014.

[6] 马长路，王立晖. 食品安全质量控制与认证 [M]. 北京：北京师范大学出版社，2015.

[7] GB/T 22003—2008 食品安全管理体系审核与认证机构要求 [S].

[8] GB/T 27341—2009 危害分析与关键控制点（HACCP）体系食品生产企业通用要求 [S].

[9] 梁颖，卢海燕，刘贤金. 食品安全认证现状及其在我国的应用分析 [J]. 江苏农业科学，2012，40（6）：7-9.

[10] GB/T 27341—2009 危害分析与关键控制点（HACCP）体系食品生产企业通用要求 [S].

[11] GB 14881—2013 食品安全国家标准食品生产通用卫生规范 [S].

[12] GB/T 15091—1994 食品工业基本术语 [S].

[13] 顾世顺. 对比分析实施 HACCP 与 ISO 22000 认证的异同 [J]. 质量与认证，2014，（8）：54-55.

[14] 于田田. 食品安全管理体系必备手册—要素·概念·难点·逻辑理解 [M]. 北京：中国轻工业出版社，2010.

[15] 马长路. 食品企业管理体系建立与认证 [M]. 北京：中国轻工业出版社，2009.

[16] 李磊，王枫，周昇昇，等. 食品安全体系认证 FSSC 22000 及在中国的发展 [J]. 食品研究与开发，2015，36（18）：196-220.

[17] 史戈峰. FSSC 22000 认证常见问题解答 [J]. 质量与认证，2015，（7）：68-69.

[18] 李蓓. 英国零售商协会 BRC 认证及发展 [J]. 质量与认证，2015，（6）：72-73.

[19] 荆永楠. BRC 和 IFS 标准在罐头食品企业中的应用研究 [D]. 厦门：集美大学，2015.

[20] 卢炳环. 食品安全管理体系浅析 [J]. 肉类工业，2014，34（1）：36-37.

[21] 黄子程，姬莹莹，姬松涛. 对 BRC 以及 IFS 食品审核标准特点的初步剖析及比较 [J]. 食品工业科技，2011，32（8）：357-360.

[22] 黄浦雁. 食品安全管理学 [M]. 北京：中国质检出版社，2015.

[23] 蒙诚. 中美食品安全问题比较研究 [D]. 北京：外交学院，2012.

[24] 段晓婷. 中美食品安全法律制度比较研究 [D]. 沈阳：辽宁大学，2013.

[25] 韩永红. 美国食品安全法律治理的新发展及其对我国的启示——以美国《食品安全现代化法》为视角 [J]. 法学评论，2014，（3）：92-101.

[26] 王玉娟. 美国食品安全法律体系和监管体系 [J]. 经营与管理，2010，（6）：57-58.

[27] 胡琼伟，徐凌忠，卢颖，等. 美国食品安全管理体系及其借鉴 [J]. 中国农村卫生事业管理，2014，34（9）：1084-1086.

[28] 潘晓芳. 中美食品安全管理体系比较研究 [D]. 杭州：浙江大学，2005.

[29] 宦萍. 美国食品安全体系的特点 [J]. 检验检疫科学，2006，16（5）：78-80.

[30] 于维军. 管窥美国的食品安全管理体系 [J]. 中国动物保健，2006，（3）：17-20.

[31] 陈锐，张凤，吴卫卫，等. 美国食品安全监督管理现状 [J]. 中国卫生监督杂志，2011，18（1）：64-69.

[32] 刘俊敏. 美国的食品安全保障体系及其经验启示 [J]. 理论探索，2008，（6）：133-136.

[33] 戴强. 美国的食品安全管理体系 [J]. 时代经贸：学术版，2007，5（1）：37-39.

[34] 赵平，吴彬. 美国食品安全监管体系解析 [J]. 郑州航空工业管理学院学报，2009，27（5）：101-104.

[35] 刘丽娜. 美国食品安全监管制度对我国的借鉴 [J]. 中国药业，2007，16（22）：13-14.

[36] 宋怡林. 美国食品安全监管法律制度的经验 [J]. 世界农业，2014，（5）：82-85.

[37] 胡静. 论美国食品安全信息公开法律制度 [D]. 湘潭：湘潭大学，2014.

[38] 关日晴，李泳雪. 美国实验室模式对提升我国药检所管理水平的启示 [J]. 中国食品药品监管，2008，（11）：29-30.

[39] 李世敏. 美国食品安全教育体系及其特点 [J]. 中国食物与营养，2006，（11）：11-14.

[40] 王崇民，逯文娟. Silliker 实力可为食品安全护航——访梅里埃营养科学副总裁 Pam Coleman [J]. 食品安全导刊，2012，（12）：38-39.

[41] 苟铭. 国际食品安全培训实验室将于明年开放 [J]. 中国质量技术监督，2010，（8）：78.

[42] 徐晨. 美国食品安全风险分析体系研究及其借鉴 [J]. 上海食品药品监管情报研究，2013，（3）：1-4.

[43] 廖卫东. 食品公共安全规则：制度与政策研究 [M]. 北京：经济管理出版社，2011.

[44] 凯普里阿诺. 欧盟食品安全 50 年 [J]. 太平洋学报，2008，(3)：1-16.

[45] 岳宁. 基于食品贸易发展的中国进出口食品安全科技支撑体系研究 [D]. 无锡：江南大学，2010.

[46] 冀建云，吴迪. 借鉴欧盟经验完善我国食品安全标准体系 [J]. 探求，2014，(2)：46-51.

[47] 吕坤. 中国与欧盟食品安全标准的差距及协调 [D]. 天津：南开大学，2010.

[48] 王铁良. 国内外动物源食品中兽药残留风险分析研究 [D]. 武汉：华中农业大学，2010.

[49] 高培钧，程劲松，肖国荣. 中国与欧盟、美国和日本食品标签法规标准的比较研究 [J]. 食品工业科技，2013，34 (21)：269-277.

[50] 夏研. 欧盟食品安全标准的法律分析 [D]. 湘潭：湘潭大学，2013.

[51] 沈平. 国际转基因生物食用安全检测及其标准化 [M]. 北京：中国物资出版社，2010.

[52] 比·威尔逊. 美味欺诈：食品造假与打假的历史（周继岚，第 1 版）[M]. 北京：三联书店，2010.

[53] 魏秀春. 英国食品安全立法研究述评 [J]. 井冈山大学学报（社会科学版），2011，32 (2)：127.

[54] 王殿华，苏毅清，钟凯，等. 风险交流：食品安全风险防范新途径-国外的经验及对我国的借鉴 [J]. 中国应急管理，2012，(7)：42-47.

[55] 恩格斯. 英国工人阶级状况（单行本）[M]，北京：人民出版社，1956.

[56] 魏秀春. 英国学术界关于英国食品安全监管研究的历史概览 [J]，世界历史，2011，(2)：123-125.

[57] David B. R. Playing Politics with Science：Balancing Scientific Independence and Government Oversight [M]. Oxford：Oxford University Press，2009.

[58] Brain B. LGC Standards Proficiency Testing [M]. The Forth International Food Safety Symposium, Shanghai, 2009.

[59] 高琦，赵璇. 日本食品安全问题分析及对我国的借鉴意义 [J]. 日本研究，2013，(3)：30-36.

[60] 王德迅. 日本危机管理体制研究 [M]. 北京：中国社会科学出版社，2013.

[61] 谷悦. 日本消费者与政府合力建"食品安全大国"[J]. 中国食品，2015，(1)：28-31.

[62] 林苗，李志勇. 主要贸易国农食产品及化妆品技术性贸易措施指南 [M]. 北京：中国标准出版社，2009.

[63] 王贵松. 日本食品安全法研究 [M]. 北京：中国民主法制出版社，2009.

[64] 刘畅. 日本食品安全规制研究 [D]. 长春：吉林大学，2010.

[65] 郝生宏. 日本农产品（食品）安全管理体系及启示 [J]. 食品研究与开发，2014，35 (12)：98-101.

[66] 吕克俭. 日本商务通览 [M]. 成都：四川大学出版社，2012.

[67] 边红彪. 解读 2015 年日本进口食品监控检查指导计划 [J]. 标准科学，2015，(9)：82-85.

[68] 韩丹丹. 新加坡食品安全法律制度研究 [J]. 标准科学，2012，(2)：84-88.

[69] 徐润龙，罗华标. 新加坡和中国香港食品安全监管经验对完善中国大陆食品安全监管工作的启示 [J]. 中国食品卫生杂志，2014，26 (2)：164-167.

[70] 杨振发. 新加坡食品安全刑法保护制度对我国的启示 [J]. 食品工业科技，2015，36 (4)：28-30.

[71] 邱从乾，刘晔青，王李伟，等. 中国香港和新加坡餐饮食品安全监管状况及思考 [J]. 2015，27 (6)：308-310.

[72] 任建莎. 街头食品的安全监管模式研究 [D]. 泰安：泰山医学院，2013.

[73] 苑营. 吉林（中国-新加坡）食品城项目融资策略研究 [D]. 长春：吉林大学，2013.

[74] Benjamin LC Lee. 新加坡的饮食指南. 亚洲各国膳食指南的发展会议暨第 11 届亚洲营养大会前期研讨会 [C]. 新加坡，2011.

[75] 胡颖廉. 城市食品安全治理的新加坡经验 [N]. 学习时报，2016.

[76] 曹梦南. 加快推进中新吉林食品区建设 [N]. 吉林日报，2016.

[77] 张建新，陈宗道. 食品标准与法规 [M]. 中国轻工业出版社，2007.

[78] 王子阳. 加快中新吉林食品区建设 [N]. 吉林日报，2015.

[79] 陈冰纯. 新加坡推出新食品安全认证标准 [N]. 中华合作时报，2014.

[80] 旭日干，庞国芳. 中国食品安全现状、问题及对策战略研究 [M]. 北京：科学出版社，2015.

[81] 孙宝国，周应恒. 中国食品安全监管策略研究 [M]. 北京：科学出版社，2013.

[82] 程景民. 中国食品安全监管体制运行现状和对策研究 [M]. 北京：军事医学科学出版社，2013.

[83] 刘录民. 我国食品安全监管体系研究 [M]. 北京：中国质检出版社，2013.

[84] 吴澎，赵丽芹，张淼. 食品法律法规与标准 [M]. 北京：化学工业出版社，2015.